多元统计分析

吴密霞　刘春玲　编著

科 学 出 版 社

北 京

内 容 简 介

本书系统介绍了多元统计分析的基本理论、方法和相关最新发展. 全书共分 11 章. 第 1 章主要介绍了多元分析的发展及其主要研究内容. 第 2 章讨论矩阵论方面的补充知识和多元正态分布的相关重要定理. 第 3 章介绍了多元正态随机矩阵的几种重要分布. 第 4 章和第 5 章介绍了多元正态总体的参数估计和检验问题以及缺失数据情形的相关研究. 第 6 章介绍了几类多元线性模型的估计和检验问题. 第 7 章至第 11 章依次介绍了主成分分析、因子分析、典型相关分析、判别分析，以及聚类分析的基本思想和应用.

本书可作为高等学校数学、数理统计或统计、生物统计、计量经济等相关专业的高年级本科生、研究生的选修课教材，也可作为数学、生物、医学、金融、经济等领域的教师或科技工作者的参考书.

图书在版编目（CIP）数据

多元统计分析/吴密霞，刘春玲编著. —北京：科学出版社，2014

ISBN 978-7-03-040496-1

Ⅰ. ①多…　Ⅱ. ①吴…　②刘…　Ⅲ. ①多元分析-统计分析

Ⅳ. ①O212.4

中国版本图书馆 CIP 数据核字(2014)第 080929 号

责任编辑：李　欣／责任校对：朱光兰

责任印制：徐晓晨／封面设计：陈　敬

科学出版社出版

北京东黄城根北街 16 号

邮政编码：100717

http://www.sciencep.com

北京九州迅驰传媒文化有限公司印刷

科学出版社发行　各地新华书店经销

*

2014 年 6 月第　一　版　开本：720×1000　1/16

2025 年 6 月第六次印刷　印张：13 1/4

字数：267 000

定价：78.00 元

（如有印装质量问题，我社负责调换）

前　　言

多元统计分析是数理统计学中一个重要分支, 在生物、医学、经济、金融、环境科学、抽样调查及工程技术领域得到愈来愈广泛应用. 因此, 多元统计分析已被列入国内外多数高等院校的数理统计、生物统计、计量经济等专业的高年级本科生、研究生所学习或研究的内容之一.

目前, 关于多元统计分析的优秀专著和教材有许多, 如 Anderson(1957,1984), Mardia, Kshirsagar(1972), Gnanadesikan(1977,1997), Kent, Bibby(1979), Muirhead (1982), 王学仁, 王松桂 (1990), 张尧庭, 方开泰 (2003), Morrison(2005), Johnson (2005), Johnson,Wichern(2007), 王静龙 (2008), 何晓群 (2008), Hardle, Simar(2012) 等. 每本书各有特点. 经过多年学习和仔细研读之后, 本书作者受益匪浅, 结合 5 年连续讲授“多元统计分析”研究生课程的心得, 编写了本书.

本书系统介绍了多元统计分析的基本理论、方法及其相关最新发展. 全书共分 11 章. 第 1 章主要介绍了多元分析的发展和主要研究内容. 第 2 章讨论矩阵论方面的补充知识和多元正态分布的相关重要定理. 第 3 章介绍了多元正态随机矩阵的几种重要分布. 第 4 章介绍了多元正态总体的均值向量和协方差阵的极大似然估计, 以及缺失情形的相关研究成果. 第 5 章分别介绍了单总体、多总体下多元正态分布的均值向量、协方方差阵检验问题. 第 6 章介绍了几类多元线性模型的估计和检验问题. 第 7 章至第 11 章依次介绍了主成分分析、因子分析、典型相关分析、判别分析, 以及聚类分析的基本思想, 并给出实例分析.

借本书出版之际, 特别感谢第一作者的导师王松桂教授, 感谢他多年来在科研上给予的指导、鼓励, 此书的编写也得益于研究生期间王松桂教授讲授的“多元统计分析”课, 不但使作者对多元分析产生了浓厚的兴趣, 同时打下了扎实的基础, 尤其是本书第 3 章的许多定理的证明就采用了当时王松桂教授讲授课上所用的方法. 同时也特别感谢第二作者的两位导师: 中国科学院数学与系统科学研究院的陈希孺院士和王启华研究员, 感谢两位作者博士后期间的两位指导老师: 美国国家健康研究院 Kai-Fun Yu 研究员和 Aiyi Liu 研究员, 感谢北京工业大学的杨振海教授、张忠占教授、薛留根教授、李寿梅教授、程维虎教授、陈立萍副教授等各位老师多年来给予的大力支持和帮助. 感谢北京工业大学统计专业 2012 级研究生赵延同学和李晓红同学、2013 级研究生刘青同学, 他们提供了书中的部分数据分析. 在此也特别感谢第一作者的女儿孙铭岳, 感谢她在本书的编著阶段给予的支持和配合.

另外, 本书的写作和出版得到了国家自然科学基金 (11171011)、北京市自然科

学基金 (1132007)、北京市教委科技项目 (km201410005011)、北京市人才强教计划“青年骨干教师培养计划”项目 (PHR20110820)、北京工业大学京华人才培养计划项目和校基础基金的资助. 作者愿借此机会表示诚挚的谢意.

尽管该手稿已经作为北京工业大学统计专业研究生的“多元统计分析”课程讲义连续讲授四次, 期间不断修改和调整多次, 但由于编者水平所限, 书中错误或不当之处在所难免, 恳请国内同行及广大读者不吝赐教.

北京工业大学　吴密霞
香港理工大学　刘春玲
2014 年 2 月 28 日

目　　录

符号表
第 1 章　概述 ······ 1
1.1　一元统计分析的局限性 ······ 1
1.2　多元分析的目标 ······ 4
第 2 章　矩阵与正态向量 ······ 6
2.1　矩阵运算知识 ······ 6
2.1.1　Kronecker 乘积与向量化运算 ······ 6
2.1.2　矩阵分解 ······ 7
2.1.3　分块矩阵 ······ 10
2.2　变换的雅可比行列式 ······ 12
2.3　指数型分布族的性质 ······ 14
2.4　多元正态分布 ······ 15
2.4.1　多元正态分布的定义 ······ 15
2.4.2　边缘分布和条件分布 ······ 20
2.4.3　正态变量的二次型和独立性 ······ 21
2.5　正态性的检验 ······ 25
2.6　椭球等高分布族 ······ 28
第 3 章　几种重要的多元分布 ······ 30
3.1　Wishart 分布 ······ 30
3.1.1　Wishart 阵的密度函数 ······ 31
3.1.2　Wishart 分布的性质 ······ 36
3.1.3　Wishart 阵行列式的分布 ······ 43
3.2　Hotelling-T^2 统计量 ······ 45
3.3　Wilks-Λ 分布 ······ 47
第 4 章　多元正态总体的参数估计 ······ 53
4.1　多元正态分布样本统计量 ······ 53
4.2　多元正态分布参数的极大似然估计 ······ 53
4.3　极大似然估计的改进 ······ 56
4.3.1　多元正态分布均值估计的改进 ······ 56
4.3.2　多元正态分布协方差阵估计的改进 ······ 58

4.4 样本相关系数的分布 ······ 60
4.5 缺失数据下参数估计 ······ 63
第 5 章 假设检验 ······ 66
5.1 单正态总体均值的检验 ······ 66
5.1.1 $\boldsymbol{\Sigma} = \boldsymbol{\Sigma}_0$ 已知情形 ······ 66
5.1.2 $\boldsymbol{\Sigma}$ 未知情形 ······ 67
5.1.3 Hotelling-T^2 与似然比检验和并交检验的关系 ······ 68
5.1.4 置信域 ······ 72
5.1.5 异常值的检验 ······ 76
5.2 两总体均值向量的检验 ······ 78
5.2.1 协方差阵相等情形 ($\boldsymbol{\Sigma}_1 = \boldsymbol{\Sigma}_2 = \boldsymbol{\Sigma}$) ······ 79
5.2.2 成对试验数据的检验问题 ($\boldsymbol{\Sigma}_1 \neq \boldsymbol{\Sigma}_2$, 但 $n = m$) ······ 81
5.2.3 Behrens-Fisher 问题 ($\boldsymbol{\Sigma}_1 \neq \boldsymbol{\Sigma}_2$, $n \neq m$) ······ 82
5.3 多总体均值向量的检验 ······ 83
5.3.1 Wilks-Λ 检验 (平方和分解法) ······ 83
5.3.2 Roy 最大特征根检验 (利用交并原理) ······ 87
5.4 协方差阵的检验 ······ 89
5.4.1 单总体协方差阵的检验 ······ 89
5.4.2 多总体协方差阵的检验 ······ 92
5.4.3 多正态总体均值向量和协方差阵的同时检验 ······ 95
5.5 独立性检验 ······ 96
5.6 缺失数据下的均值检验 ······ 97
第 6 章 多元线性模型 ······ 101
6.1 多元方差分析模型 ······ 101
6.2 一般的多元线性模型 ······ 103
6.3 多元生长曲线模型 ······ 107
第 7 章 主成分分析 ······ 111
7.1 总体主成分 ······ 111
7.1.1 主成分的定义和性质 ······ 111
7.1.2 主成分的现实意义以及解释能力 ······ 112
7.2 样本主成分 ······ 113
7.2.1 样本主成分的定义 ······ 113
7.2.2 样本主成分的渐近结果 ······ 114
7.2.3 实例分析 ······ 116

第 8 章　因子分析 …… 120
8.1　因子分析模型 …… 120
8.1.1　因子载荷矩阵不唯一 …… 121
8.1.2　因子分析具有尺度不变性 …… 122
8.2　因子载荷矩阵的估计方法 …… 122
8.2.1　主成分法 …… 123
8.2.2　主因子法 …… 124
8.2.3　极大似然法 …… 126
8.3　因子旋转 …… 127
8.4　因子分析模型的拟合度检验 …… 129
8.5　因子得分 …… 131
8.5.1　Bartlett 因子得分 …… 131
8.5.2　Thompson 因子得分 …… 133
8.6　因子分析与主成分分析的关系 …… 135
第 9 章　典型相关分析 …… 137
9.1　相关的定义 …… 137
9.2　总体的典型相关分析 …… 139
9.2.1　总体的典型相关的定义 …… 139
9.2.2　典型相关系数的性质 …… 141
9.3　样本典型相关分析 …… 142
9.3.1　样本典型相关的定义 …… 142
9.3.2　典型相关系数个数的检验 …… 143
9.3.3　实例分析 …… 144
第 10 章　判别分析 …… 148
10.1　距离判别 …… 148
10.1.1　两总体的距离判别 …… 148
10.1.2　多总体的距离判别 …… 152
10.2　费希尔线性判别 …… 153
10.3　贝叶斯判别 …… 155
10.4　错判概率 …… 159
10.5　实例分析 …… 162
第 11 章　聚类分析 …… 168
11.1　距离和相似系数 …… 168
11.1.1　距离 …… 168
11.1.2　相似系数 …… 170

11.2 类间距离 ······ 172
11.3 聚类方法 ······ 174
11.3.1 系统聚类法 ······ 174
11.3.2 动态聚类法 ······ 181
11.4 影响聚类的因素 ······ 185
11.5 分类数的确定 ······ 186
参考文献 ······ 188
附录 A 因子分析例子的 R 程序 ······ 194
附录 B 聚类分析例子的 R 程序 ······ 198
索引 ······ 200

符　号　表

$\triangleq$	“定义为”或“记为”
$\overset{d}{=}$	“同分布于”
$\boldsymbol{A} \geqslant 0$	$\boldsymbol{A}$为对称半正定方阵
$\boldsymbol{A} > 0$	$\boldsymbol{A}$为对称正定方阵
$\mathrm{rk}(\boldsymbol{A})$	矩阵$\boldsymbol{A}$的秩
$\mid \boldsymbol{A} \mid$	矩阵$\boldsymbol{A}$的行列式
$\mathrm{tr}(\boldsymbol{A})$	方阵 $\boldsymbol{A}$ 的迹
$\lambda_i(\boldsymbol{A})$	$\boldsymbol{A}$的第 i 个顺序特征根
$\mathcal{M}(\boldsymbol{A})$	矩阵$\boldsymbol{A}$的列向量张成的子空间
$\mathbf{1}_n' = (1, \cdots, 1)$	元素皆为 1 的 $n \times 1$ 列向量
$\boldsymbol{J}_n = \mathbf{1}_n \mathbf{1}_n'$	元素皆为 1 的 $n \times n$ 矩阵
$\mathrm{Vec}(\boldsymbol{A})$	将 $\boldsymbol{A}$ 的列向量依次排成的列向量
$\mathrm{diag}(a_1, \cdots, a_n)$	对角元素分别为 $a_1, \cdots, a_n$ 的对角矩阵
$\boldsymbol{A} \otimes \boldsymbol{B}$	矩阵 $\boldsymbol{A}$ 与 $\boldsymbol{B}$ 的 Kronecher 乘积
$E(\boldsymbol{X})$	随机变量或向量 $\boldsymbol{X}$ 的均值
$\mathrm{Var}(X)$	随机变量 X 的方差
$\mathrm{Cov}(X, Y)$	随机变量或向量 X, Y 的协方差
$\boldsymbol{u} \sim N_p(\boldsymbol{\mu}, \boldsymbol{\Sigma})$	均值为 $\boldsymbol{\mu}$, 协方差阵为 $\boldsymbol{\Sigma}$ 的 p 维正态向量
$W_p(n, \boldsymbol{\Sigma})$	自由度为 n 的 Wishart 分布
$T_{p,n}^2$	Hotelling-T^2 统计量
MSE	均方误差
MVUE	最小方差无偏估计
LRT	似然比检验
UIT	并交检验
$\det(\boldsymbol{A})$	矩阵 $\boldsymbol{A}$ 的行列式

第 1 章　概　　述

1.1　一元统计分析的局限性

对待同时观察的多个变量 $X=(X_1,X_2,\cdots,X_p)$, 通常有如下两种分析方法来处理多变量的观测数据. 一种方法就是把多个变量单独进行研究 —— 一元统计分析. 这主要针对这些变量之间相互独立的情形, 但若这些变量之间相关, 这种方法就只考虑了它们各自的边缘分布特征, 丢失变量之间的相关信息, 故使得分析结果往往低效或无效. 因此, 在变量相关情形, 另一种方法就是把这多个变量一起研究 —— 多元统计分析. 此时, $X=(X_1,X_2,\cdots,X_p)$ 被看作 p 维空间的随机点. 下面用一个简单的例子来揭示一元统计分析方法的局限性.

例 1.1.1 (王静龙, 2008)　英国著名统计学家 K.Pearson 曾进行了一项研究, 研究家庭成员间的相似性, 其中一项是研究父子身高, 分别记为 X,Y. 他测量了 1078 个父亲及其成年儿子的身高, 经计算, 父亲的平均身高为 172.7cm, 标准差 6.86cm, 儿子的平均身高为 175.3cm, 标准差 6.86cm, 它们之间的相关系数为 0.5. 本例的目标是得到一个区域 $\mathcal{D}$, 使得

$$P((X,Y)\in\mathcal{D})=95\% \ . \tag{1.1.1}$$

一般情形, 人的身高和体重的生理测量值都服从正态分布, 故假设父亲和儿子的身高的联合分布为正态分布. 由于样本量很大, 不妨令总体均值、标准差和相关系数分别等于样本均值、标准差和相关系数, 即 $\mu_1=172.7\text{cm}$, $\mu_2=175.3\text{cm}$, $\sigma=6.86\text{cm}$, $\rho=0.5$. 于是有 $X\sim N(172.7,6.86^2)$, $Y\sim N(175.3,6.86^2)$.

依据一元统计分析方法, 忽视相关系数, 即认为 X 和 Y 独立, 故

$$P((X,Y)\in\mathcal{D})=P((X)\in\mathcal{D}_1)\times P((Y)\in\mathcal{D}_2)=95\%,$$

这里, $\mathcal{D}=\mathcal{D}_1\times\mathcal{D}_2$. 由于 X 和 Y 变量对等, 故令

$$P(X\in\mathcal{D}_1)=P(Y\in\mathcal{D}_2)=\sqrt{95\%}\ =97.47\%.$$

于是得

$$\begin{cases}\mathcal{D}_1=\left(172.7-6.86U_{1-0.9747/2},172.7+6.86U_{1-0.9747/2}\right)=(159.29,186.11),\\ \mathcal{D}_2=\left(175.3-6.86U_{1-0.9747/2},175.3+6.86U_{1-0.9747/2}\right)=(161.89,188.71).\end{cases} \tag{1.1.2}$$

因此, $\mathcal{D}$ 为正方形. 但我们知道家庭成员中父亲的身高与其儿子的身高正相关, 所以(1.1.2)成立, 并不能保证(1.1.1)成立. 这是一个很明显的不足, 因为父亲高的, 儿子往往也比较高; 同样父亲矮的, 儿子也常常会矮. 因此, 正方形左上角和右下角发生的可能性很小, 没必要保留. 故区域 $\mathcal{D}$ 取椭圆更为恰当 (图 1.1).

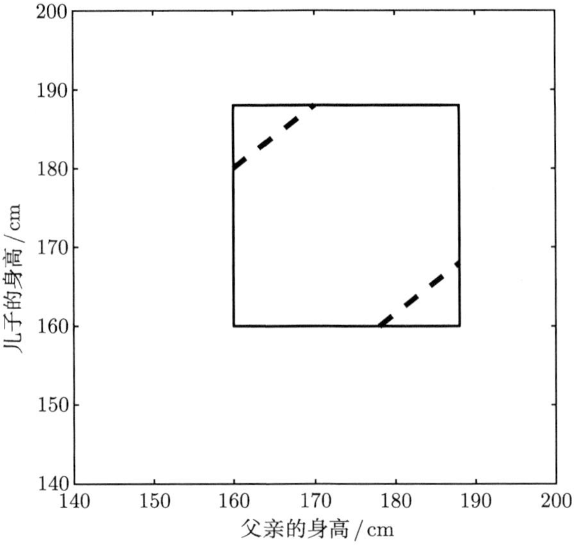

图 1.1

下面采用多元方法, 将父亲的身高和儿子的身高一起研究, 从而构建椭圆区域 $\mathcal{D}$. 设 $Z=(X,Y)\sim N_2(\mu_1,\mu_2,\sigma_1^2,\sigma_2^2,\rho)$, 其密度函数为

$$f(x,y)=\frac{1}{2\pi\sigma_1\sigma_2\sqrt{1-\rho^2}}\exp\left\{-\frac{1}{2(1-\rho^2)}\left[\frac{(x-\mu_1)^2}{\sigma_1^2}-\frac{2\rho(x-\mu_1)(y-\mu_2)}{\sigma_1\sigma_2}+\frac{(y-\mu_2)^2}{\sigma_2^2}\right]\right\}.$$

如同一元正态分布, 二元正态分布的密度函数曲面也是单峰对称的. 注意到二元正态分布的密度函数中, 当 $\rho>0$ 时, (X,Y) 的值集中在方向自左向右向上 (斜率大于 0) 的直线附近; 当 $\rho<0$ 时, (X,Y) 的值集中在方向自左向右向上 (斜率小于 0) 的直线附近; 当 $\rho=0$ 时, (X,Y) 的值集中在方向自平行于其中一条坐标轴 (斜角等于 0° 或者 90°) 的直线附近. 因此取使得(1.1.1)成立的区域 $\mathcal{D}$ 的边界为密度等高椭圆曲线比较好, 即

$$\mathcal{D}=\left\{(x,y):\frac{(x-\mu_1)^2}{\sigma_1^2}-\frac{2\rho(x-\mu_1)(y-\mu_2)}{\sigma_1\sigma_2}+\frac{(y-\mu_2)^2}{\sigma_2^2}\leqslant c\right\},$$

见图 1.2, 其中 c 满足条件(1.1.1). 由于 $\sigma_1=\sigma_2=\sigma=6.86$, $\rho=0.5$, 故上区域可被简写成

$$D^*=\left\{(x,y):(x-172.7)^2-(x-172.7)(y-175.3)+(y-175.3)^2\leqslant c^*\right\},$$

其中 $c^*=c\sigma^2=\big(2(1-\rho^2)\ln 20\big)\,6.86^2=211.47$.

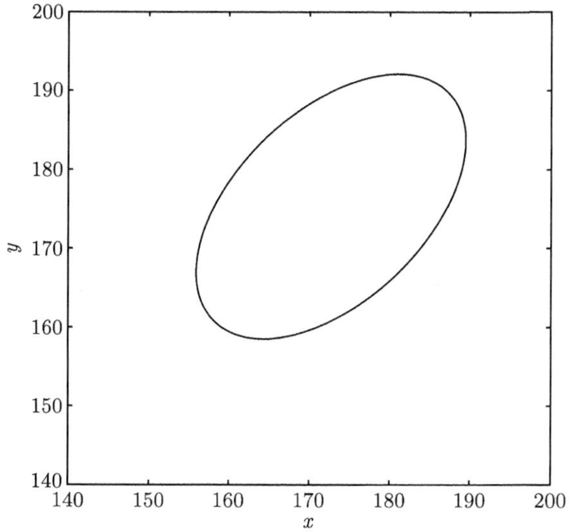

图 1.2

事实上, 记 $\boldsymbol{z}=(x,y)'$, $\boldsymbol{\mu}=(\mu_1,\mu_2)'$,

$$\boldsymbol{\Sigma}=\sigma^2\begin{pmatrix}1&\rho\\ \rho&1\end{pmatrix}.$$

$\boldsymbol{Z}=(X,Y)$ 的密度函数可表达为矩阵形式

$$f(x,y)=\frac{1}{2\pi\sqrt{|\boldsymbol{\Sigma}|}}\exp\left\{-\frac{1}{2}(\boldsymbol{z}-\boldsymbol{\mu})'\boldsymbol{\Sigma}^{-1}(\boldsymbol{z}-\boldsymbol{\mu})\right\}. \tag{1.1.3}$$

令 $\boldsymbol{w}=\boldsymbol{\Sigma}^{-1/2}(\boldsymbol{z}-\boldsymbol{\mu})$, $R^2=c/(1-\rho^2)$. 于是

$$\mathcal{D}=\left\{(\boldsymbol{z}-\boldsymbol{\mu})'\boldsymbol{\Sigma}^{-1}(\boldsymbol{z}-\boldsymbol{\mu})=\boldsymbol{w}'\boldsymbol{w}\leqslant R^2\right\},$$

利用极坐标变换, 令 $w_1=r\cos\theta$, $w_2=r\sin\theta$, 则

$$\begin{aligned}\iint\limits_{D} f(x,y)dxdy&=\frac{1}{2\pi}\int\int\limits_{\boldsymbol{w}'\boldsymbol{w}\leqslant R^2}\exp\left(-\frac{\boldsymbol{w}'\boldsymbol{w}}{2}\right)dw_1dw_2\\&=\frac{1}{2\pi}\int_0^{2\pi}d\theta\int_0^{R}\exp\left(-\frac{r^2}{2}\right)rdr\end{aligned}$$

$$=(1-e^{-R^2/2})=0.95.$$

因此, $R^2=2\ln 20$. 于是

$$c=(1-\rho^2)R^2=2(1-\rho^2)\ln 20.$$

结合事实 $c^*=c\sigma^2$, 便可求得 $c^*=211.47$. 另外, 可以证明所求得 $\mathcal{D}^*$ 是所有满足条件(1.1.1)的 $\mathcal{D}$ 中面积最小的.

1.2　多元分析的目标

多元分析研究的对象是多个变量同时测量的数据, 研究的目标是应用多元分析方法和技术实现以下几个目标 (Johnson, Wichern, 2007) :

- 数据降维和结构简化. 为了更容易解释所研究的对象, 就需要在不损失主要信息的情况下尽可能地将结构简单化. 如将太空扫描仪收集到的多光谱图像数据转换成二维可视图片或影像.
- 分组和归类. 根据某些测量特征, 将相似的个体或变量合理分组. 另外, 建立某些判别准则, 可将新个体归到相应的类中. 如保险公司推出一个新产品, 需要通过市场调研数据寻找该产品潜在的消费人群. 制定一个判别准则, 来判断个体是否酗酒. 这需要借助的多元分析的方法分别为聚类分析和判别分析.
- 调查变量间的依赖关系. 多个变量间的关系自然是研究者感兴趣的问题, 如果变量间相互独立, 这时多元分析问题就可降为一元统计分析. 若不独立, 则需要知道某个或某些变量是如何依赖其他变量的. 如某种病与哪些因素有关, 最理想的是能建立它们间的关系模型.
- 预测. 多元变量间关系研究的一个主要目的是预测, 即基于其他变量的观测值来预测感兴趣的某个或某些变量的取值. 如从会计和财务的几个数据来识别出潜在的资不抵债的保险公司.
- 假设检验. 应用中往往需要对多元总体的参数的具体假设进行检验, 从统计角度来验证该假设合理与否. 如通过测量大城市中环境污染的几个变量, 来判断该地区污染一周内大致保持不变, 还是工作日与周末显著不同.

解决以上问题, 主要涉及的多元统计分析基本方法有总体参数的统计推断、主成分分析、因子分析、典型相关分析、判别分析和聚类分析. 在应用中这些方法并非单独使用, 往往需要相互配合, 最终得到有效的分析结果. 由于多元统计分析处理的是多维数据, 故其计算上远比一元分析要复杂得多, 难度大得多. 然而, 目前的许多统计软件已经有相当成熟的相应软件包, 这使得多元分析各方法的实施更加容易.

目前, 多元分析中的大部分理论和方法都是基于正态分布假设下得到的, 故矩阵运算和正态分布的性质对真正掌握多元分析的基本方法起着重要的作用. 因此,

本书在介绍以上六种方法前, 分别在第 2 章和第 3 章介绍了多元分析中涉及的矩阵知识、多元正态分布性质以及几种重要的多元分布.

第 2 章　矩阵与正态向量

2.1　矩阵运算知识

2.1.1　Kronecker 乘积与向量化运算

本节我们要介绍矩阵的两种特殊运算: Kronecker 乘积与向量化运算, 它们在线性模型、多元统计分析等分支的参数估计理论中有特别重要的应用.

定义 2.1.1　设 $\boldsymbol{A}=(a_{ij})$ 和 $\boldsymbol{B}=(b_{ij})$ 分别为 $m\times n$, $p\times q$ 的矩阵, 定义矩阵 $\boldsymbol{C}=(a_{ij}\boldsymbol{B})$, 这是一个 $mp\times nq$ 的矩阵, 称为 $\boldsymbol{A}$ 和 $\boldsymbol{B}$ 的Kronecker乘积, 记为 $\boldsymbol{C}=\boldsymbol{A}\otimes\boldsymbol{B}$, 即

$$\boldsymbol{A}\otimes\boldsymbol{B}=\begin{pmatrix} a_{11}\boldsymbol{B} & a_{12}\boldsymbol{B} & \cdots & a_{1n}\boldsymbol{B} \\ a_{21}\boldsymbol{B} & a_{22}\boldsymbol{B} & \cdots & a_{2n}\boldsymbol{B} \\ \vdots & \vdots & & \vdots \\ a_{m1}\boldsymbol{B} & a_{m2}\boldsymbol{B} & \cdots & a_{mn}\boldsymbol{B} \end{pmatrix}. \tag{2.1.1}$$

Kronecker 乘积具有下列性质:

(a) $\boldsymbol{0}\otimes\boldsymbol{A}=\boldsymbol{A}\otimes\boldsymbol{0}=\boldsymbol{0}$,

(b) $(\boldsymbol{A}_1+\boldsymbol{A}_2)\otimes\boldsymbol{B}=(\boldsymbol{A}_1\otimes\boldsymbol{B})+(\boldsymbol{A}_2\otimes\boldsymbol{B})$, $A\otimes(\boldsymbol{B}_1+\boldsymbol{B}_2)=(\boldsymbol{A}\otimes\boldsymbol{B}_1)+(\boldsymbol{A}\otimes\boldsymbol{B}_2)$,

(c) $(\alpha\boldsymbol{A})\otimes(\beta\boldsymbol{B})=\alpha\beta(\boldsymbol{A}\otimes\boldsymbol{B})$,

(d) $(\boldsymbol{A}_1\otimes\boldsymbol{B}_1)(\boldsymbol{A}_2\otimes\boldsymbol{B}_2)=(\boldsymbol{A}_1\boldsymbol{A}_2)\otimes(\boldsymbol{B}_1\boldsymbol{B}_2)$,

(e) $(\boldsymbol{A}\otimes\boldsymbol{B})'=\boldsymbol{A}'\otimes\boldsymbol{B}'$,

(f) $(\boldsymbol{A}\otimes\boldsymbol{B})^{-1}=\boldsymbol{A}^{-1}\otimes\boldsymbol{B}^{-1}$.

定义 2.1.2　设随机阵 $\boldsymbol{X}=(\boldsymbol{x}_1,\boldsymbol{x}_2,\cdots,\boldsymbol{x}_n)$ 是一个 $p\times n$ 矩阵, 把矩阵 $\boldsymbol{X}$ 按列向量 $\boldsymbol{x}_1,\cdots,\boldsymbol{x}_n$ 依次排成一个 $pn\times 1$ 的向量

$$\mathrm{Vec}(\boldsymbol{X})=\begin{pmatrix} \boldsymbol{x}_1 \\ \vdots \\ \boldsymbol{x}_n \end{pmatrix},$$

则称 $\mathrm{Vec}(\boldsymbol{X})$ 为矩阵 $\boldsymbol{X}$ 的向量化运算, 称 Vec( ) 为矩阵的向量化符号.

向量化运算具有下列性质:

(a) $\mathrm{Vec}(\boldsymbol{A}+\boldsymbol{B})=\mathrm{Vec}(\boldsymbol{A})+\mathrm{Vec}(\boldsymbol{B})$,

(b) $\text{Vec}(\alpha\boldsymbol{A}) = \alpha\text{Vec}(\boldsymbol{A})$, 这里 α 为数,
(c) $\text{tr}(\boldsymbol{AB}) = (\text{Vec}(\boldsymbol{A}'))'\text{Vec}(\boldsymbol{B})$,
(d) 设 $\boldsymbol{a}$ 和 $\boldsymbol{b}$ 分别为 $n\times 1$ 和 $m\times 1$ 向量, 则 $\text{Vec}(\boldsymbol{ab}') = \boldsymbol{b}\otimes\boldsymbol{a}$,
(e) $\text{Vec}(\boldsymbol{ABC}) = (\boldsymbol{C}'\otimes\boldsymbol{A})\text{Vec}(\boldsymbol{B})$.

下面只证明性质 (e), 其余留作练习.

设 $\boldsymbol{C}_{m\times n} = (c_{ij}) = (\boldsymbol{c}_1,\cdots,\boldsymbol{c}_n)$, $\boldsymbol{B} = (\boldsymbol{b}_1,\cdots,\boldsymbol{b}_m)$, 依定义, 有

$$
\begin{aligned}
(\boldsymbol{C}'\otimes\boldsymbol{A})\text{Vec}(\boldsymbol{B}) &= \begin{pmatrix} c_{11}\boldsymbol{A} & c_{21}\boldsymbol{A} & \cdots & c_{m1}\boldsymbol{A} \\ c_{12}\boldsymbol{A} & c_{22}\boldsymbol{A} & \cdots & c_{m2}\boldsymbol{A} \\ \vdots & \vdots & & \vdots \\ c_{1n}\boldsymbol{A} & c_{2n}\boldsymbol{A} & \cdots & c_{mn}\boldsymbol{A} \end{pmatrix} \begin{pmatrix} \boldsymbol{b}_1 \\ \boldsymbol{b}_2 \\ \vdots \\ \boldsymbol{b}_m \end{pmatrix} \\
&= \begin{pmatrix} \boldsymbol{A}\boldsymbol{\Sigma} c_{j1}\boldsymbol{b}_j \\ \boldsymbol{A}\boldsymbol{\Sigma} c_{j2}\boldsymbol{b}_j \\ \vdots \\ \boldsymbol{A}\boldsymbol{\Sigma} c_{jn}\boldsymbol{b}_j \end{pmatrix} \\
&= \begin{pmatrix} \boldsymbol{ABc}_1 \\ \boldsymbol{ABc}_2 \\ \vdots \\ \boldsymbol{ABc}_n \end{pmatrix} = \text{Vec}(\boldsymbol{ABC}).
\end{aligned}
$$

性质 (e) 得证.

在多元统计分析中, 经常需要考虑对称随机阵的向量化运算. 设 $\boldsymbol{A} = (a_{ij})_{p\times p}$ 为对称随机阵, 因其只含有 $p(p+1)/2$ 个不同的随机变量, 故只需对矩阵 $\boldsymbol{A}$ 的下三角部分向量化成 $p(p+1)/2\times 1$ 的向量. 记

$$
\text{Svec}(\boldsymbol{A}) = (a_{11}, a_{21}, \cdots, a_{p1}, a_{22}, \cdots, a_{p2}, \cdots, a_{pp})',
$$

则称 $\text{Svec}(\boldsymbol{A})$ 为对称矩阵 $\boldsymbol{A}$ 的向量化运算.

2.1.2 矩阵分解

定理 2.1.1 (Schmidt 三角化分解) $\boldsymbol{A}$ 为 $n\times m$ 阵 $(n\geqslant m)$, 则 $\boldsymbol{A}$ 可分解为

$$
\boldsymbol{A} = \boldsymbol{QR},
$$

其中 $\boldsymbol{Q}$ 为 $n\times m$ 列正交阵, $\boldsymbol{R}$ 为上三角阵, 其对角元素非负, 当 $\text{rk}(\boldsymbol{A}) = m$ 时, $\boldsymbol{R}$ 的对角元素全为正.

证明　设 $\boldsymbol{A}=(\boldsymbol{a}_1,\cdots,\boldsymbol{a}_m)$, $\mathrm{rk}(\boldsymbol{A})=k\leqslant m$. 不失一般性, 假设 $\boldsymbol{a}_1,\cdots,\boldsymbol{a}_k$ 为线性无关的. (不然, 只需对 $\boldsymbol{A}$ 做简单列变换即可, 列变换矩阵是正交矩阵, 两正交矩阵的乘积仍为正交矩阵, 不影响结论.) 首先采用施密特 (Schmidt) 正交换方法将 $\boldsymbol{a}_1,\cdots,\boldsymbol{a}_k$ 正交化, 即令

$$\boldsymbol{b}_1=\boldsymbol{a}_1,$$

$$\boldsymbol{b}_j=\boldsymbol{a}_j-h_{j-1j}\boldsymbol{b}_{j-1}-\cdots-h_{1j}\boldsymbol{b}_1,\quad j=2,\cdots,k,$$

这里

$$h_{ij}=\frac{\boldsymbol{a}_j'\boldsymbol{b}_i}{\boldsymbol{b}_i'\boldsymbol{b}_i},\quad i=1,\cdots,i-1.$$

然后将 $\boldsymbol{b}_j$ 标准化得

$$\boldsymbol{q}_j=\frac{1}{\|\boldsymbol{b}_j\|}\boldsymbol{b}_j,\quad j=1,\cdots,k.$$

于是 $\boldsymbol{q}_1,\cdots,\boldsymbol{q}_k$ 就是矩阵 $\boldsymbol{A}$ 列空间上的一组标准正交基. 结合上两式, 于是

$$\boldsymbol{a}_j=\sum_{i=1}^{j}r_{ij}\boldsymbol{q}_i,\quad j=1,\cdots,k.$$

这里 $r_{jj}=1$, $r_{ij}=h_{ij}\|\boldsymbol{b}_i\|\ (i\leqslant j)$.

当 $k=m$ 时, 则 $\boldsymbol{A}=\boldsymbol{QR}$, 这里正交矩阵 $\boldsymbol{Q}=(\boldsymbol{q}_1,\cdots,\boldsymbol{q}_k)$, 上三角矩阵 $\boldsymbol{R}=(r_{ji})$, 其中 $r_{ij}=0\ (i>j)$.

当 $k<m$ 时, 由于 $\boldsymbol{a}_{k+1},\cdots,\boldsymbol{a}_m$ 都可由 $\boldsymbol{a}_1,\cdots,\boldsymbol{a}_k$ 线性表出, 故可由 $\boldsymbol{q}_1,\cdots,\boldsymbol{q}_k$ 线性表出, 不妨记

$$\boldsymbol{a}_j=\sum_{j=1}^{k}r_{ij}\boldsymbol{q}_j,\quad j=k+1,\cdots,m.$$

于是, $\boldsymbol{A}=\boldsymbol{QR}$, 这里

$$\boldsymbol{Q}=(\boldsymbol{q}_1,\cdots,\boldsymbol{q}_k,\boldsymbol{q}_{k+1},\cdots,\boldsymbol{q}_m),$$

其中 $\boldsymbol{q}_1,\cdots,\boldsymbol{q}_k,\boldsymbol{q}_{k+1},\cdots,\boldsymbol{q}_m$ 为由 $\boldsymbol{q}_1,\cdots,\boldsymbol{q}_k$ 扩充的 m 维空间上的一组标准正交基, $\boldsymbol{R}=(r_{ij})$, 其中 r_{ij} 除了主对角线以下的元素 $r_{ij}\ (i>j)$ 皆为 0 外, 对任意 $i>k$ 或 $j>m$, $r_{ij}=0$.

由定理 2.1.1 的证明, 可以看出上三角阵 $\boldsymbol{R}$ 的对角元素皆非零, 当且仅当矩阵 $\boldsymbol{A}$ 列满秩. 应用 Schmidt 三角化分解, 得

定理 2.1.2 (Cholesky 分解)　设 $\boldsymbol{C}>0$. 则存在一个下三角矩阵 $\boldsymbol{T}$ 使得

$$\boldsymbol{C}=\boldsymbol{TT}'.$$

事实上, 若 $\boldsymbol{C} > 0$, 则存在非奇异阵 $\boldsymbol{A}$ 使得 $\boldsymbol{C} = \boldsymbol{A}'\boldsymbol{A}$. 对 $\boldsymbol{A}$ 做 Schmidt 三角化分解, 得 $\boldsymbol{A} = \boldsymbol{Q}\boldsymbol{R}$, 其中 $\boldsymbol{Q}$ 为正交矩阵, $\boldsymbol{R}$ 为上三角矩阵. 于是

$$\boldsymbol{C} = \boldsymbol{A}'\boldsymbol{A} = \boldsymbol{R}'\boldsymbol{Q}'\boldsymbol{Q}\boldsymbol{R} = \boldsymbol{R}'\boldsymbol{R}.$$

记 $\boldsymbol{T} = \boldsymbol{R}'$, 故 $\boldsymbol{T}$ 为下三角阵, 定理 2.1.2 得证.

定理 2.1.3 (矩阵谱分解) 设 $\boldsymbol{A}_{n\times n}$ 为对称矩阵, 则存在一个正交方阵 $\boldsymbol{P}_{n\times n}$, 使得

$$\boldsymbol{A} = \boldsymbol{P}\boldsymbol{\Lambda}\boldsymbol{P}' = \sum_{i=1}^{p} \lambda_i \boldsymbol{\varphi}_i \boldsymbol{\varphi}_i', \tag{2.1.2}$$

这里

$$\boldsymbol{P} = (\boldsymbol{\varphi}_1, \cdots, \boldsymbol{\varphi}_p), \quad \boldsymbol{\Lambda} = \mathrm{diag}(\lambda_1, \cdots, \lambda_p),$$

其中 $\lambda_1, \cdots, \lambda_p$ 为 $\boldsymbol{A}$ 的特征根, $\boldsymbol{\varphi}_1, \cdots, \boldsymbol{\varphi}_p$ 为相应的正交化标准化的特征向量.

推论 2.1.1 设 $\boldsymbol{A}_{p\times p}$ 为对称矩阵, 则

$$\mathrm{tr}(\boldsymbol{A}) = \sum_{i=1}^{p} \lambda_i, \quad |\boldsymbol{A}| = \prod_{i=1}^{p} \lambda_i. \tag{2.1.3}$$

当 $\mathrm{rk}(\boldsymbol{A}) = r < p$ 时, 则 $\boldsymbol{A}$ 仅有 r 个非零特征根, $\lambda_1, \cdots, \lambda_r$. 于是 (2.1.2) 中的 $\boldsymbol{\Lambda}_n$ 可表示为

$$\boldsymbol{\Lambda}_n = \begin{pmatrix} \boldsymbol{\Lambda}_r & 0 \\ 0 & 0 \end{pmatrix},$$

这里, $\boldsymbol{\Lambda}_r = \mathrm{diag}(\lambda_1, \cdots, \lambda_r)$. 对 $\boldsymbol{P}$ 进行相应的分块, $\boldsymbol{P}_{p\times p} = (\boldsymbol{P}_1, \boldsymbol{P}_2)$, 其中 $\boldsymbol{P}_1$ 为 $p \times r$ 的, 于是

$$\boldsymbol{A} = \boldsymbol{P}\begin{pmatrix} \boldsymbol{\Lambda}_r & 0 \\ 0 & 0 \end{pmatrix}\boldsymbol{P}' = \boldsymbol{P}_1\boldsymbol{\Lambda}_r\boldsymbol{P}_1'. \tag{2.1.4}$$

称 $\boldsymbol{P}_1\boldsymbol{\Lambda}_r\boldsymbol{P}_1'$ 为 $\boldsymbol{A}$ 的满秩谱分解.

推论 2.1.2 设 $\boldsymbol{A}_{p\times p}$ 为对称幂等矩阵, $\mathrm{rk}(\boldsymbol{A}) = r$, 则 $\boldsymbol{A}$ 的所有非负特征根皆为 1, 且存在一个 $p \times r$ 列正交矩阵 $\boldsymbol{P}$, 使得 $\boldsymbol{A} = \boldsymbol{P}\boldsymbol{P}'$.

对任意 $m \times p$ 的矩阵 $\boldsymbol{A}$, 注意到 $\boldsymbol{A}'\boldsymbol{A}$ 为对称阵, 故存在正交方阵 $\boldsymbol{Q}_{p\times p}$, 致

$$\boldsymbol{Q}'\boldsymbol{A}'\boldsymbol{A}\boldsymbol{Q} = \begin{pmatrix} \boldsymbol{\Lambda}_r^2 & 0 \\ 0 & 0 \end{pmatrix}.$$

记 $\boldsymbol{B} = \boldsymbol{A}\boldsymbol{Q}$, 上式即为

$$\boldsymbol{B}'\boldsymbol{B} = \begin{pmatrix} \boldsymbol{\Lambda}_r^2 & 0 \\ 0 & 0 \end{pmatrix}.$$

这说明 $\boldsymbol{B}$ 的列向量相互正交, 且前 r 个列向量长度分别为 $\lambda_1, \cdots, \lambda_r$, 后 $p-r$ 个列向量为零向量. 于是, 存在一正交方阵 $\boldsymbol{P}_{m\times m}$, 使得

$$\boldsymbol{B}=\boldsymbol{P}\begin{pmatrix}\boldsymbol{\Lambda}_r & 0\\ 0 & 0\end{pmatrix}.$$

再由 $\boldsymbol{B}=\boldsymbol{A}\boldsymbol{Q}$, 立得

$$\boldsymbol{A}=\boldsymbol{P}\begin{pmatrix}\boldsymbol{\Lambda}_r & 0\\ 0 & 0\end{pmatrix}\boldsymbol{Q}'. \tag{2.1.5}$$

注意到

$$\boldsymbol{A}\boldsymbol{A}'=\boldsymbol{Q}\begin{pmatrix}\boldsymbol{\Lambda}_r & 0\\ 0 & 0\end{pmatrix}\boldsymbol{Q}',$$

于是有

定理 2.1.4 (奇异值分解) 设 $\boldsymbol{A}$ 为 $m\times p$ 的矩阵, $\mathrm{rk}(\boldsymbol{A})=r$, 则存在两个正交方阵 $\boldsymbol{P}_{m\times m}$, $\boldsymbol{Q}_{p\times p}$, 使得

$$\boldsymbol{A}=\boldsymbol{P}\begin{pmatrix}\boldsymbol{\Lambda}_r & 0\\ 0 & 0\end{pmatrix}\boldsymbol{Q}'=\boldsymbol{P}_1\boldsymbol{\Lambda}_r\boldsymbol{Q}_1', \tag{2.1.6}$$

这里, $\boldsymbol{P}=(\boldsymbol{P}_1,\boldsymbol{P}_2)$, $\boldsymbol{Q}=(\boldsymbol{Q}_1,\boldsymbol{Q}_2)$,

$$\boldsymbol{\Lambda}_r=\mathrm{diag}(\lambda_1,\cdots,\lambda_r),$$

其中 $\lambda_i>0$, $i=1,2,\cdots,r$ 为 $\boldsymbol{A}$ 的奇异值, $\lambda_1^2,\cdots,\lambda_r^2$ 为 $\boldsymbol{A}'\boldsymbol{A}$ 的非零特征根, $\boldsymbol{P}_1$ 和 $\boldsymbol{Q}_1$ 的列向量分别为 $\boldsymbol{A}'\boldsymbol{A}$ 和 $\boldsymbol{A}\boldsymbol{A}'$ 对应于 r 个非零特征根的标准化正交化的特征向量.

2.1.3 分块矩阵

在多元分析的统计推断中, 往往需要考虑部分变量的统计性质, 此时分块矩阵的运算就尤为重要了. 下面主要介绍几个最常用的结论.

设 $\boldsymbol{A}$ 是一个 $p\times p$ 矩阵. 对 $\boldsymbol{A}$ 进行分块

$$\boldsymbol{A}=\begin{pmatrix}\boldsymbol{A}_{11} & \boldsymbol{A}_{12}\\ \boldsymbol{A}_{21} & \boldsymbol{A}_{22}\end{pmatrix},$$

其中 $\boldsymbol{A}_{11}$ 和 $\boldsymbol{A}_{22}$ 分别为 $p_1\times p_1$ 和 $p_2\times p_2$ 的方阵, $\boldsymbol{A}_{12}$ 和 $\boldsymbol{A}_{21}$ 分别为 $p_1\times p_2$ 和 $p_2\times p_1$ 的矩阵, $p_1+p_2=p$. 于是

定理 2.1.5 (分块矩阵的逆) 设 $\boldsymbol{A}$ 为可逆方阵. 则若 $|\boldsymbol{A}_{11}| \neq 0$, 有

$$\boldsymbol{A}^{-1} = \begin{pmatrix} \boldsymbol{A}_{11}^{-1} + \boldsymbol{A}_{11}^{-1}\boldsymbol{A}_{12}\boldsymbol{A}_{22.1}^{-1}\boldsymbol{A}_{21}\boldsymbol{A}_{11}^{-1} & -\boldsymbol{A}_{11}^{-1}\boldsymbol{A}_{12}\boldsymbol{A}_{22.1}^{-1} \\ -\boldsymbol{A}_{22.1}^{-1}\boldsymbol{A}_{21}\boldsymbol{A}_{11}^{-1} & \boldsymbol{A}_{22.1}^{-1} \end{pmatrix};$$

若 $|\boldsymbol{A}_{22}| \neq 0$, 有

$$\boldsymbol{A}^{-1} = \begin{pmatrix} \boldsymbol{A}_{11.2}^{-1} & -\boldsymbol{A}_{11.2}^{-1}\boldsymbol{A}_{12}\boldsymbol{A}_{22}^{-1} \\ -\boldsymbol{A}_{22}^{-1}\boldsymbol{A}_{21}\boldsymbol{A}_{11.2}^{-1} & \boldsymbol{A}_{22}^{-1} + \boldsymbol{A}_{22}^{-1}\boldsymbol{A}_{21}\boldsymbol{A}_{11.2}^{-1}\boldsymbol{A}_{12}\boldsymbol{A}_{22}^{-1} \end{pmatrix},$$

其中

$$\boldsymbol{A}_{22.1} = \boldsymbol{A}_{22} - \boldsymbol{A}_{21}\boldsymbol{A}_{11}^{-1}\boldsymbol{A}_{12}, \quad \boldsymbol{A}_{11.2} = \boldsymbol{A}_{11} - \boldsymbol{A}_{12}\boldsymbol{A}_{22}^{-1}\boldsymbol{A}_{21}.$$

证明 若 $|\boldsymbol{A}_{11}| \neq 0$, 则有

$$\begin{pmatrix} \boldsymbol{I} & 0 \\ -\boldsymbol{A}_{21}\boldsymbol{A}_{11}^{-1} & \boldsymbol{I} \end{pmatrix}\begin{pmatrix} \boldsymbol{A}_{11} & \boldsymbol{A}_{12} \\ \boldsymbol{A}_{21} & \boldsymbol{A}_{22} \end{pmatrix}\begin{pmatrix} \boldsymbol{I} & -\boldsymbol{A}_{11}^{-1}\boldsymbol{A}_{12} \\ 0 & \boldsymbol{I} \end{pmatrix} = \begin{pmatrix} \boldsymbol{A}_{11} & 0 \\ 0 & \boldsymbol{A}_{22.1} \end{pmatrix}. \tag{2.1.7}$$

由 $\boldsymbol{A}$ 可逆, 证得 $\boldsymbol{A}_{22.1}$ 可逆. 对上式两边求逆矩阵, 得

$$\begin{aligned}\begin{pmatrix} \boldsymbol{A}_{11} & \boldsymbol{A}_{12} \\ \boldsymbol{A}_{21} & \boldsymbol{A}_{22} \end{pmatrix}^{-1} &= \begin{pmatrix} \boldsymbol{I} & -\boldsymbol{A}_{11}^{-1}\boldsymbol{A}_{12} \\ 0 & \boldsymbol{I} \end{pmatrix}\begin{pmatrix} \boldsymbol{A}_{11}^{-1} & 0 \\ 0 & \boldsymbol{A}_{22.1}^{-1} \end{pmatrix}\begin{pmatrix} \boldsymbol{I} & 0 \\ -\boldsymbol{A}_{21}\boldsymbol{A}_{11}^{-1} & \boldsymbol{I} \end{pmatrix} \\ &= \begin{pmatrix} \boldsymbol{A}_{11}^{-1} + \boldsymbol{A}_{11}^{-1}\boldsymbol{A}_{12}\boldsymbol{A}_{22.1}^{-1}\boldsymbol{A}_{21}\boldsymbol{A}_{11}^{-1} & -\boldsymbol{A}_{11}^{-1}\boldsymbol{A}_{12}\boldsymbol{A}_{22.1}^{-1} \\ -\boldsymbol{A}_{22.1}^{-1}\boldsymbol{A}_{21}\boldsymbol{A}_{11}^{-1} & \boldsymbol{A}_{22.1}^{-1} \end{pmatrix}.\end{aligned}$$

用完全同样的方法可以证明定理的后半部分. 定理证毕.

由定理 2.1.5 证明中的等式 (2.1.7), 也可得到如下结论.

推论 2.1.3 (分块矩阵的行列式) 设 $\boldsymbol{A}$ 为可逆方阵. 则若 $|\boldsymbol{A}_{11}| \neq 0$, 则

$$|\boldsymbol{A}| = |\boldsymbol{A}_{11}| \cdot |\boldsymbol{A}_{22.1}|; \tag{2.1.8}$$

若 $|\boldsymbol{A}_{22}| \neq 0$, 则

$$|\boldsymbol{A}| = |\boldsymbol{A}_{22}| \cdot |\boldsymbol{A}_{11.2}|. \tag{2.1.9}$$

对照定理 2.1.5 中 $\boldsymbol{A}^{-1}$ 的两种表达相应的主对角块, 可得到如下推论.

推论 2.1.4 设 $\boldsymbol{A}$ 和 $\boldsymbol{C}$ 分别为 $n \times n$ 和 $m \times m$ 的可逆阵, $\boldsymbol{B}$ 和 $\boldsymbol{D}$ 为 $n \times m$ 的矩阵, 则

$$(\boldsymbol{A} + \boldsymbol{BCD}')^{-1} = \boldsymbol{A}^{-1} - \boldsymbol{A}^{-1}\boldsymbol{B}(\boldsymbol{C}^{-1} + \boldsymbol{D}'\boldsymbol{A}^{-1}\boldsymbol{B})^{-1}\boldsymbol{D}'\boldsymbol{A}^{-1}. \tag{2.1.10}$$

进一步, 由推论 2.1.3 和推论 2.1.4 得

推论 2.1.5　设

$$\boldsymbol{B} = \begin{pmatrix} 1 & \boldsymbol{b}' \\ \boldsymbol{a} & \boldsymbol{A} \end{pmatrix},$$

其中, $\boldsymbol{A}$ 为 $p \times p$ 的可逆方阵, $\boldsymbol{a}$ 和 $\boldsymbol{b}$ 为 $p \times 1$ 的向量, 则

$$|\boldsymbol{B}| = |\boldsymbol{A} \pm \boldsymbol{a}\boldsymbol{b}'| = |\boldsymbol{A}|(1 \pm \boldsymbol{b}'\boldsymbol{A}^{-1}\boldsymbol{a}), \tag{2.1.11}$$

$$(\boldsymbol{A} \pm \boldsymbol{a}\boldsymbol{b}')^{-1} = \boldsymbol{A}^{-1} \mp \frac{1}{1 \pm \boldsymbol{b}'\boldsymbol{A}^{-1}\boldsymbol{a}} \boldsymbol{A}^{-1}\boldsymbol{a}\boldsymbol{b}'\boldsymbol{A}^{-1}. \tag{2.1.12}$$

定理 2.1.6　设 $\boldsymbol{A}$ 和 $\boldsymbol{B}$ 分别为 $n \times p$ 和 $p \times n$ 的矩阵, $n > p$. 则 $\boldsymbol{AB}$ 和 $\boldsymbol{BA}$ 具有相同的非零特征根, 相应的重数也相等. 如果 $\boldsymbol{x}$ 为 $\boldsymbol{AB}$ 的对应于非零特征根 λ 的特征向量, 则 $\boldsymbol{y} = \boldsymbol{Bx}$ 为 $\boldsymbol{BA}$ 的对应于该特征根 λ 的特征向量.

证明　由等式 (2.1.8) 和 (2.1.9), 得

$$\begin{vmatrix} \lambda \boldsymbol{I}_n & -\boldsymbol{A} \\ \boldsymbol{B} & \boldsymbol{I}_p \end{vmatrix} = \lambda^{n-p}|\boldsymbol{BA} - \lambda \boldsymbol{I}_p| = |\boldsymbol{AB} - \lambda \boldsymbol{I}_n|. \tag{2.1.13}$$

因此, 证得 $\boldsymbol{AB}$ 的特征根等于 $\boldsymbol{BA}$ 的 p 个特征根再加上 $n-p$ 个零, 即 $\boldsymbol{AB}$ 和 $\boldsymbol{BA}$ 具有相同的非零特征根, 相应的重数也相等. 设 $\boldsymbol{x}$ 为 $\boldsymbol{AB}$ 的对应于非零特征根 λ 的特征向量, 则

$$\boldsymbol{ABx} = \lambda \boldsymbol{x}.$$

上式两边同时左乘 $\boldsymbol{B}$ 得

$$\boldsymbol{BA}(\boldsymbol{Bx}) = \lambda(\boldsymbol{Bx}),$$

即证得 $\boldsymbol{Bx}$ 为 $\boldsymbol{BA}$ 的对应于该特征根 λ 的特征向量. 定理证毕.

2.2　变换的雅可比行列式

雅可比行列式在求多元随机向量、随机矩阵的变换下的分布时起着非常重要的作用, 本节介绍雅可比微分以及多元分析中几个常用变换的雅可比.

设 $\boldsymbol{x} = (x_1, \cdots, x_n)$ 是 $n \times 1$ 随机向量, 其密度函数为 $f(\boldsymbol{x})$, 变换 $\boldsymbol{y} = \boldsymbol{y}(\boldsymbol{x}) = (y_1(\boldsymbol{x}), \cdots, y_n(\boldsymbol{x}))$ 是一一对应的. 若偏导数 $\dfrac{\partial x_i}{\partial y_j}$ $(i, j = 1, \cdots, n)$ 存在且连续, 则 $\boldsymbol{y} = \boldsymbol{y}(\boldsymbol{x})$ 的密度函数存在, 且可表达为

$$g(\boldsymbol{y}) = f(\boldsymbol{x}(\boldsymbol{y}))J(\boldsymbol{x} \to \boldsymbol{y}), \tag{2.2.1}$$

其中 $J(\boldsymbol{x} \to \boldsymbol{y})$ 为变换 $\boldsymbol{y} = \boldsymbol{y}(\boldsymbol{x})$ 的雅可比行列式, 其定义为

$$J(\boldsymbol{x} \to \boldsymbol{y}) = \left|\det\left(\frac{\partial x_i}{\partial y_j}\right)\right|, \tag{2.2.2}$$

(2.2.1) 就是两随机向量间变换的雅可比微分表达式, 这里 $|\det(\cdot)|$ 行列式的绝对值.

对于随机矩阵之间变换, 其雅可比微分表达式需要借助于微分外积方法. 微分外积是人们定义一种微分乘积运算, 其定义如下:

定义 2.2.1 满足反对称律性 $dy_i dy_j = -dy_j dy_i$ 的微分乘积, 简称外积, 用符号 $\wedge$ 表示, $dy_i \wedge dy_j = -dy_j \wedge dy_i$.

若 $\boldsymbol{X}_{n\times m}$ 为任意矩阵, 用 $(d\boldsymbol{X})$ 表示 $d\boldsymbol{X}$ 的 nm 个元素的外积, 则

$$(d\boldsymbol{X}) \triangleq \wedge_{j=1}^{m} \wedge_{i=1}^{n} dx_{ij}.$$

若 $\boldsymbol{X}_{m\times m}$ 为对称矩阵, 用 $(d\boldsymbol{X})$ 表示 $d\boldsymbol{X}$ 的 $m(m+1)/2$ 个不同元素的外积, 则

$$(d\boldsymbol{X}) \triangleq \wedge_{i=1}^{m} \wedge_{j=i}^{n} dx_{ij}.$$

若 $\boldsymbol{X}_{m\times m}$ 为反对称矩阵, 用 $(d\boldsymbol{X})$ 表示 $d\boldsymbol{X}$ 的 $m(m-1)/2$ 个不同元素的外积, 则

$$(d\boldsymbol{X}) \triangleq \wedge_{i=1}^{m} \wedge_{j=i}^{n} dx_{ij}.$$

下面介绍多元分析中几个常用变换的雅可比.

定理 2.2.1 设 $\boldsymbol{X} = \boldsymbol{BY}$, 其中 $\boldsymbol{X}_{n\times m}$ 和 $\boldsymbol{Y}_{n\times m}$ 为随机矩阵, $\boldsymbol{B}_{n\times n}$ 为已知的非奇异阵, 则

$$J(\boldsymbol{X} \to \boldsymbol{Y}) = |\det(\boldsymbol{B})|^m.$$

定理 2.2.2 设 $\boldsymbol{X} = \boldsymbol{BYC}$, 其中 $\boldsymbol{X}_{n\times m}$ 和 $\boldsymbol{Y}_{n\times m}$ 为随机矩阵, $\boldsymbol{B}_{n\times n}$ 和 $\boldsymbol{C}_{m\times m}$ 为已知的非奇异阵, 则

$$J(\boldsymbol{X} \to \boldsymbol{Y}) = |\det(\boldsymbol{B})|^m |\det(\boldsymbol{C})|^n.$$

定理 2.2.3 设 $\boldsymbol{X} = \boldsymbol{BYB}'$, 其中 $\boldsymbol{X}_{m\times m}$ 和 $\boldsymbol{Y}_{m\times m}$ 为随机矩阵, $\boldsymbol{B}_{m\times m}$ 为已知的非奇异阵, 则

$$J(\boldsymbol{X} \to \boldsymbol{Y}) = |\det(\boldsymbol{B})|^{m+1}.$$

定理 2.2.4 设 $\boldsymbol{A} = \boldsymbol{TT}'$, 其中随机矩阵 $\boldsymbol{A}_{m\times m} > 0$, $\boldsymbol{T}_{m\times m}$ 为对角元为正的下三角矩阵, 则

$$J(\boldsymbol{A} \to \boldsymbol{T}) = 2^m \prod_{i=1}^{m} t_{ii}.$$

关于这几个定理的证明, 可参见刘金山 (2005).

2.3　指数型分布族的性质

定义 2.3.1　指数型分布族的自然形式为

$$c(\theta)\exp\left\{\sum_{i=1}^{k}\theta_i T_i(x)\right\}h(x), \tag{2.3.1}$$

对应的它的自然参数空间为

$$\Omega=\left\{\theta:\int\exp\left\{\sum_{i=1}^{k}\theta_i T_i(x)\right\}h(x)dx<\infty\right\}.$$

指数分布族具有以下分析性质:

性质 2.3.1　假设指数分布族已写成自然形式(2.3.1), 其自然参数空间 Ω 是 k 维欧氏空间 R^k 中的一个凸子集.

该性质表明若 Ω 在 R^k 中有内点, 则 Ω 的全部内点是 R^k 的一个凸区域.

性质 2.3.2　若指数分布族已写成自然形式(2.3.1), 则 $T(x)=(T_1(x),\cdots,T_k(x))'$ 是参数 $\theta=(\theta_1,\cdots,\theta_k)'$ 的充分统计量. 进一步, 若其自然参数空间 Ω 有内点, 则 $T(x)=(T_1(x),\cdots,T_k(x))'$ 也是参数 $\theta=(\theta_1,\cdots,\theta_k)'$ 的完备统计量; 且

$$E(T_i(x))=-\frac{\partial\ln C(\theta)}{\partial\theta_i}=-\frac{1}{C(\theta)}\frac{\partial C(\theta)}{\partial\theta_i},\quad i=1,\cdots,k,$$

$$\mathrm{Cov}(T_i(x),T_j(x))=-\frac{\partial^2\ln C(\theta)}{\partial\theta_i\partial\theta_j},\quad 1\leqslant i\leqslant j\leqslant k.$$

假设指数分布族已写成自然形式 (2.3.1). 令 Ω_0 表示 Ω 的全部内点构成的集合, 假设 Ω_0 非空. 设 $x=(x_1,\cdots,x_n)'$ 为来自该指数分布族自然形式的样本.

性质 2.3.3　如果对任意的 $(x_1,\cdots,x_n)$, 方程组

$$E\left(\sum_{i=1}^{n}T_i(x_j)\right)=-\frac{n}{C(\theta)}\frac{\partial C(\theta)}{\partial\theta_i}=\sum_{i=1}^{n}T_i(x_j),\quad i=1,\cdots,k$$

在 Ω_0 有解, 则解必定唯一且为 θ 的极大似然估计.

定理 2.3.1(Blackwell-Rao-Lehmann-Scheffe 定理)　若 T 是 θ 的充分完备统计量, 且 $E(g(T))=\tau(\theta)$, 则 $g(T)$ 为 $\tau(\theta)$ 的最小方差无偏估计(the minimum-variance unbiased estimator, MVUE).

2.4 多元正态分布

2.4.1 多元正态分布的定义

这节我们介绍一类最重要的多元分布, 即多元正态分布. 对于一元情形, 若随机变量 X 具有密度函数

$$f(x)=\frac{1}{\sqrt{2\pi}\sigma}\exp\left\{-\frac{1}{2\sigma^2}(x-\mu)^2\right\},\quad -\infty<x<+\infty,$$

则称 X 为具有均值 μ, 方差 σ^2 的正态随机变量, 记为 $N(\mu,\sigma^2)$. 将其推广到多元情形, 我们可以做如下定义.

定义 2.4.1 设 n 维随机向量 $\boldsymbol{X}=(X_1,\cdots,X_n)$ 具有密度函数

$$f(\boldsymbol{x})=\frac{1}{(2\pi)^{n/2}|\boldsymbol{\Sigma}|^{1/2}}\exp\left\{-\frac{1}{2}(\boldsymbol{x}-\boldsymbol{\mu})'\boldsymbol{\Sigma}^{-1}(\boldsymbol{x}-\boldsymbol{\mu})\right\},\tag{2.4.1}$$

其中 $\boldsymbol{x}=(x_1,\cdots,x_n)'$, $-\infty<x_i<+\infty$, $i=1,\cdots,n$, $\boldsymbol{\mu}=(\mu_1,\cdots,\mu_n)'$, $\boldsymbol{\Sigma}>0$ 是正定矩阵, 则称 $\boldsymbol{X}$ 为 n 维正态随机向量, 记为 $N_n(\boldsymbol{\mu},\boldsymbol{\Sigma})$, 这里参数 $\boldsymbol{\mu}$ 为 $\boldsymbol{x}$ 的均值向量, $\boldsymbol{\Sigma}$ 为 $\boldsymbol{x}$ 的协方差阵.

从定义 2.4.1 可以看出, 多元正态分布完全由它的均值向量 $\boldsymbol{\mu}$ 和协方差阵 $\boldsymbol{\Sigma}$ 所确定. 特别地, 若 $\boldsymbol{\mu}=\boldsymbol{0},\boldsymbol{\Sigma}=\boldsymbol{I}$, 此时称 $\boldsymbol{x}$ 服从标准正态分布 $N(0,\boldsymbol{I})$, 它的概率密度函数具有如下形式

$$f(\boldsymbol{x})=\frac{1}{(2\pi)^{\frac{n}{2}}}\exp\left\{-\frac{1}{2}\sum_{i=1}^{n}x_i^2\right\},$$

容易证明, 它的 n 个分量 $X_1,\cdots,X_n$ 皆服从 $N(0,1)$ 且相互独立.

定义 2.4.1 是用概率密度函数定义分布, 它需要假设协方差阵 $\boldsymbol{\Sigma}>0$. 下面引进多元正态分布的另一种定义.

定义 2.4.2 设 $\boldsymbol{x}$ 为 $n\times 1$ 维随机向量. 若存在 $n\times r$ 的秩为 r 的矩阵 $\boldsymbol{A}$, 使得 $\boldsymbol{x}=\boldsymbol{A}\boldsymbol{u}+\boldsymbol{\mu}$, 这里 $\boldsymbol{u}=(u_1,\cdots,u_r)'$, $u_i\sim N(0,1)$ 且相互独立, $\boldsymbol{\mu}$ 为 $n\times 1$ 非随机向量. 则称 $\boldsymbol{x}$ 服从均值为 $\boldsymbol{\mu}$, 协方差阵为 $\boldsymbol{\Sigma}=\boldsymbol{A}\boldsymbol{A}'$ 的多元正态向量, 记为 $\boldsymbol{x}\sim N_n(\boldsymbol{\mu},\boldsymbol{\Sigma})$.

这个定义是由我国统计学先驱许宝騄先生提出的, 他把多元正态向量定义为若干个相互独立一元标准正态随机变量的线性变换. 在这个定义中, $\boldsymbol{\Sigma}$ 可以是半正定的, $|\boldsymbol{\Sigma}|=0$, 这时的分布称为奇异正态分布. 如果限制 $\boldsymbol{\Sigma}>0$, 则这个定义与定义 2.4.1 是等价的. 定义 2.4.2 不仅仅是把多元正态的定义推广到奇异正态的情形, 而且根据这种定义, 容易推导多元正态分布的一些性质.

应用定义 2.4.2, 很容易证明下面的定理.

定理 2.4.1 设 $\boldsymbol{x} \sim N_n(\boldsymbol{\mu}, \boldsymbol{\Sigma}), \boldsymbol{\Sigma} \geqslant 0$, $\boldsymbol{B}$ 为 $m \times n$ 任意实矩阵, 则 $\boldsymbol{y} = \boldsymbol{B}\boldsymbol{x} \sim N(\boldsymbol{B}\boldsymbol{\mu}, \boldsymbol{B}\boldsymbol{\Sigma}\boldsymbol{B}')$.

证明 设 $\mathrm{rk}(\boldsymbol{\Sigma}) = r$, 根据定义 2.4.2, 存在 $n \times r$ 矩阵 $\boldsymbol{A}$, $\mathrm{rk}(\boldsymbol{A}) = r$, $\boldsymbol{X}$ 可表为

$$\boldsymbol{x} = \boldsymbol{A}\boldsymbol{u} + \boldsymbol{\mu}, \quad \boldsymbol{A}\boldsymbol{A}' = \boldsymbol{\Sigma}, \quad \boldsymbol{u} \sim N(\boldsymbol{0}, \boldsymbol{I}_r).$$

于是

$$\boldsymbol{y} = \boldsymbol{B}\boldsymbol{A}\boldsymbol{u} + \boldsymbol{B}\boldsymbol{\mu},$$

再由定义 2.4.2, 定理得证.

定理 2.4.1 表明, 多元正态向量的任意线性变换仍为正态向量.

例 2.4.1 设 $\boldsymbol{x} = (X_1, X_2, X_3)' \sim N_3(\boldsymbol{\mu}, \boldsymbol{I}_3)$, 其中 $\boldsymbol{\mu} = (2, 1, 3)'$. 求 $2X_1 + X_2 - X_3$ 和 $X_2 + 2X_3$ 的联合分布.

解 记

$$Y_1 = 2X_1 + X_2 - X_3, \quad Y_2 = X_2 + 2X_3.$$

于是

$$\boldsymbol{y} = \begin{pmatrix} Y_1 \\ Y_2 \end{pmatrix} = \begin{pmatrix} 2 & 1 & -1 \\ 0 & 1 & 2 \end{pmatrix} \boldsymbol{x} \triangleq \boldsymbol{B}\boldsymbol{x}.$$

应用定理2.4.1立得: $\boldsymbol{y}$ 服从正态分布 $N_2(\boldsymbol{\mu}_y, \boldsymbol{\Sigma}_y)$, 其中

$$\boldsymbol{\mu}_y = \boldsymbol{B}\boldsymbol{\mu} = \begin{pmatrix} 2 \times 2 + 1 - 3 \\ 1 + 2 \times 3 \end{pmatrix} = \begin{pmatrix} 2 \\ 7 \end{pmatrix},$$

$$\boldsymbol{\Sigma}_y = \mathrm{Cov}(\boldsymbol{y}) = \boldsymbol{B}\mathrm{Cov}(\boldsymbol{x})\boldsymbol{B}' = \boldsymbol{B}\boldsymbol{B}' = \begin{pmatrix} 6 & -1 \\ -1 & 4 \end{pmatrix}.$$

下面是定理 2.4.1 的两个常用推论.

推论 2.4.1 设 $\boldsymbol{x} \sim N_n(\boldsymbol{\mu}, \boldsymbol{\Sigma}), \boldsymbol{\Sigma} > 0$, 则

$$\boldsymbol{y} = \boldsymbol{\Sigma}^{-\frac{1}{2}}\boldsymbol{x} \sim N(\boldsymbol{\Sigma}^{-\frac{1}{2}}\boldsymbol{\mu}, \boldsymbol{I}_n).$$

推论 2.4.1 表明: 我们可以用一个线性变换把诸分量相关且方差不等的多元正态向量变换为多元标准正态向量.

推论 2.4.2 设 $\boldsymbol{x} \sim N_n(\boldsymbol{\mu}, \sigma^2\boldsymbol{I})$, $\boldsymbol{Q}$ 为 $n \times n$ 正交阵, 则 $\boldsymbol{Q}\boldsymbol{x} \sim N_n(\boldsymbol{Q}\boldsymbol{\mu}, \sigma^2\boldsymbol{I})$.

本推论表明: 诸分量相互独立且具有等方差的正态向量, 经过正交变换后, 变为诸分量仍然相互独立且具有等方差的正态向量.

下面定理给出多元正态分布的特征函数.

应用定义 2.4.2, 我们也很容易获得多元正态分布的特征函数. 我们知道 $N(0,1)$ 的特征函数为

$$\varphi(t)=\exp\left(-\frac{t^2}{2}\right).$$

于是 $\boldsymbol{u}\sim N_r(\boldsymbol{0},\boldsymbol{I}_r)$ 的特征函数为

$$\varphi_u(\boldsymbol{t})=\exp\left(-\frac{\boldsymbol{t}'\boldsymbol{t}}{2}\right),\quad \boldsymbol{t}\in R_r.$$

记 $i=\sqrt{-1}$, 那么 $\boldsymbol{x}=\boldsymbol{A}\boldsymbol{u}+\boldsymbol{\mu}$ 的特征函数

$$\begin{aligned}\varphi_x(\boldsymbol{t})&=E\left(\exp(\boldsymbol{t}'\boldsymbol{x})\right)\\&=E\left[\exp(i\boldsymbol{t}'(\boldsymbol{A}\boldsymbol{u}+\boldsymbol{\mu}))\right]\\&=\exp(i\boldsymbol{t}'\boldsymbol{\mu})\cdot E\left[\exp(i\boldsymbol{t}'\boldsymbol{A}\boldsymbol{u})\right]\\&=\exp(i\boldsymbol{t}'\boldsymbol{\mu})\cdot\varphi_u(\boldsymbol{A}'\boldsymbol{t})\\&=\exp(i\boldsymbol{t}'\boldsymbol{\mu})\cdot\exp\left(-\frac{\boldsymbol{t}'\boldsymbol{A}\boldsymbol{A}'\boldsymbol{t}}{2}\right)\\&=\exp\left(i\boldsymbol{t}'\boldsymbol{\mu}-\frac{\boldsymbol{t}'\boldsymbol{A}\boldsymbol{A}'\boldsymbol{t}}{2}\right),\quad \boldsymbol{t}\in R_n.\end{aligned}$$

因为随机变量的分布是由它的特征函数唯一确定的, 于是证明了如下定理.

定理 2.4.2 $\boldsymbol{x}\sim N_n(\boldsymbol{\mu},\boldsymbol{\Sigma})$ 当且仅当它的特征函数为

$$\varphi_x(\boldsymbol{t})=\exp\left(i\boldsymbol{t}'\boldsymbol{\mu}-\frac{\boldsymbol{t}'\boldsymbol{A}\boldsymbol{A}'\boldsymbol{t}}{2}\right),\quad \boldsymbol{t}\in R_n.$$

定理 2.4.2 是随机向量 $\boldsymbol{x}$ 是否服从正态分布的一个判断定理, 但该定理仅适用于理论证明中. 在实际应用中, 根据观测数据验证随机向量 $\boldsymbol{x}$ 的正态性问题, 往往借助于以下定理.

定理 2.4.3 具有均值向量 $\boldsymbol{\mu}$, 协方差阵为 $\boldsymbol{\Sigma}$ 的随机向量 $\boldsymbol{x}$ 服从多元正态分布当且仅当对任意实向量 $\boldsymbol{c}$, $\boldsymbol{c}'\boldsymbol{x}\sim N(\boldsymbol{c}'\boldsymbol{\mu},\boldsymbol{c}'\boldsymbol{\Sigma}\boldsymbol{c})$, 这里 $\boldsymbol{\Sigma}\geqslant 0$.

证明 必要性由定义 2.4.2 或定理 2.4.1 导出. 现在证明充分性. 若对任意 $\boldsymbol{c}$, $\boldsymbol{c}'\boldsymbol{x}\sim N(\boldsymbol{c}'\boldsymbol{\mu},\boldsymbol{c}'\boldsymbol{\Sigma}\boldsymbol{c})$, 则对一切 $t\in R$, 有

$$\varphi_{\boldsymbol{c}'\boldsymbol{x}}(t)=\exp\left(it\boldsymbol{c}'\boldsymbol{\mu}-\frac{(\boldsymbol{c}'\boldsymbol{\Sigma}\boldsymbol{c})t^2}{2}\right).$$

特别地, 令 $t=1$,

$$\varphi_{\boldsymbol{c}'\boldsymbol{x}}(1)=\exp\left(i\boldsymbol{c}'\boldsymbol{\mu}-\frac{(\boldsymbol{c}'\boldsymbol{\Sigma}\boldsymbol{c})}{2}\right)=\varphi_{\boldsymbol{x}}(\boldsymbol{c}).$$

于是随机向量 $\boldsymbol{x}$ 的特征函数

$$\varphi_{\boldsymbol{x}}(\boldsymbol{c}) = \exp\left(i\boldsymbol{c}'\boldsymbol{\mu} - \frac{\boldsymbol{c}'\boldsymbol{\Sigma}\boldsymbol{c}}{2}\right).$$

由定理 2.4.2 , 这正是 $N(\boldsymbol{\mu}, \boldsymbol{\Sigma})$ 的特征函数. 依唯一性定理, 知 $\boldsymbol{x} \sim N(\boldsymbol{\mu}, \boldsymbol{\Sigma})$. 证毕.

由于多元分析的许多方法是基于随机向量 $\boldsymbol{x}$ 的多元正态假设, 直接验证 $\boldsymbol{x}$ 为多元正态是一个很困难的问题. 定理 2.4.3 将多元正态性检验转化为一元变量的情形, 而一元正态性检验的方法相当成熟, 如 Q-Q 图就是一个很直观、有效的常用方法.

令定理 2.4.3 中的 $\boldsymbol{c}' = (0, \cdots, 0, 1, 0, \cdots, 0)$, 则

$$\boldsymbol{c}'\boldsymbol{x} = X_i, \quad \boldsymbol{c}'\boldsymbol{\mu} = \mu_i, \quad \boldsymbol{c}'\boldsymbol{\Sigma}\boldsymbol{c} = \sigma_{ii}.$$

于是有如下推论.

推论 2.4.3 设 $\boldsymbol{x} \sim N_n(\boldsymbol{\mu}, \boldsymbol{\Sigma})$, $\boldsymbol{\mu} = (\mu_1, \cdots, \mu_n)'$, $\boldsymbol{\Sigma} = (\sigma_{ij})$, 则 $X_i \sim N(\mu_i, \sigma_{ii})$, $i = 1, \cdots, n$.

这个推论表明, 若 $\boldsymbol{x} = (X_1, \cdots, X_n)'$ 为维正态向量, 则它的任一分量也是正态向量. 但反过来结论未必成立, 即 $X_1, \cdots, X_n$ 均为正态变量, $\boldsymbol{x} = (X_1, \cdots, X_n)'$ 的联合分布未必为正态. 下面是两个反例.

例 2.4.2 (Gnanadesikan, 1977) 设 U_1, U_2, U_3 是来自标准正态分布 $N(0,1)$ 一个简单样本. 定义

$$X_1 = \frac{U_1 + ZU_3}{\sqrt{1+Z^2}}, \quad X_2 = \frac{U_2 + ZU_3}{\sqrt{1+Z^2}},$$

这里 Z 为任意随机变量. 显然

$$X_i|_Z \sim N(0,1)$$

且与 Z 无关. 因此, X_i 的条件分布等于其无条件分布, 即

$$X_i \sim N(0,1), \quad i = 1, 2,$$

并且变量 X_1 和 X_2 都与 Z 独立.

然而, 尽管在给定 $Z = z$ 条件下, X_1, X_2 为 U_1, U_2, U_3 的线性组合, 由定理2.4.1知 (X_1, X_2) 的条件分布为

$$(X_1, X_2)|_{Z=z} \sim N_2(0, \boldsymbol{\Sigma}),$$

其中

$$\boldsymbol{\Sigma} = \begin{pmatrix} 1 & \dfrac{z^2}{1+z^2} \\ \dfrac{z^2}{1+z^2} & 1 \end{pmatrix},$$

但是 X_1 和 X_2 的条件协方差为 z 的函数, 当 Z 为随机变量时, (X_1, X_2) 的无条件分布不一定为正态分布.

例 2.4.3 设 (X, Y) 的联合密度函数为

$$f(x,y) = \frac{1}{2\pi}\exp\left(-\frac{x^2+y^2}{2}\right)\left[1-\frac{xy}{(x^2+1)(y^2+1)}\right], \quad -\infty < x, y < +\infty.$$

显然, 这不是二元正态分布的密度函数, 然而 X 和 Y 的边缘分布为 $N(0,1)$. 事实上, X 的边缘密度函数

$$\begin{aligned} f_X(x) &= \int_{-\infty}^{\infty} f(x,y)dy \\ &= \frac{1}{2\pi}\int_{-\infty}^{\infty}\exp\left(-\frac{x^2+y^2}{2}\right)dy - \frac{1}{2\pi}\int_{-\infty}^{\infty}\frac{xy}{(x^2+1)(y^2+1)}e^{-\frac{1}{2}(x^2+y^2)}dy. \end{aligned}$$

注意到对固定的 x, 上式的第二项被积函数是 y 的奇函数, 因此该项积分为零. 结合事实:

$$\int_{-\infty}^{\infty}\frac{1}{\sqrt{2\pi}}e^{-\frac{y^2}{2}}dy = 1,$$

于是

$$\begin{aligned} f_X(x) &= \frac{1}{2\pi}\int_{-\infty}^{\infty}\exp\left(-\frac{x^2+y^2}{2}\right)dy \\ &= \frac{1}{\sqrt{2\pi}}\exp\left(-\frac{x^2}{2}\right)\int_{-\infty}^{\infty}\frac{1}{\sqrt{2\pi}}\exp\left(-\frac{y^2}{2}\right)dy \\ &= \frac{1}{\sqrt{2\pi}}\exp\left(-\frac{x^2}{2}\right). \end{aligned}$$

因此, $X \sim N(0,1)$. 由于 x 和 y 在 $f(x,y)$ 的表达式中地位完全对称, 故也证得 $Y \sim N(0,1)$.

例 2.4.3 可被推广到多元情形, 即设 $x_1, \cdots, x_n$ 的联合密度为

$$f(x_1,\cdots,x_n) = \frac{1}{(2\pi)^{n/2}}\exp\left(-\frac{1}{2}\sum_{i=1}^{n}x_i^2\right)\left(1-\frac{\prod\limits_{i=1}^{n}x_i}{\prod\limits_{i=1}^{n}(x_i^2+1)}\right).$$

显然, $X_1, \cdots, X_n$ 的联合分布不是多元正态的, 但用前面同样的方法, 可以证明

$$X_i \sim N(0,1), \quad i = 1, \cdots, n,$$

即每个变量的边缘分布为正态分布.

2.4.2 边缘分布和条件分布

将 $\boldsymbol{x},\boldsymbol{\mu},\boldsymbol{\Sigma}$ 作如下分块

$$\boldsymbol{x}=\begin{pmatrix}\boldsymbol{x}_1\\ \boldsymbol{x}_2\end{pmatrix},\quad \boldsymbol{\mu}=\begin{pmatrix}\boldsymbol{\mu}_1\\ \boldsymbol{\mu}_2\end{pmatrix},\quad \boldsymbol{\Sigma}=\begin{pmatrix}\boldsymbol{\Sigma}_{11} & \boldsymbol{\Sigma}_{12}\\ \boldsymbol{\Sigma}_{21} & \boldsymbol{\Sigma}_{22}\end{pmatrix}. \tag{2.4.2}$$

这里 $\boldsymbol{x}_1$, $\boldsymbol{\mu}_1$ 皆为 $m\times 1$ 向量, $\boldsymbol{\Sigma}_{11}$ 为 $m\times m$ 矩阵.

定理 2.4.4　设 $\boldsymbol{x}\sim N_n(\boldsymbol{\mu},\boldsymbol{\Sigma})$, 则

(a) $\boldsymbol{x}_1\sim N_m(\boldsymbol{\mu}_1,\boldsymbol{\Sigma}_{11})$, $\boldsymbol{x}_2\sim N_{n-m}(\boldsymbol{\mu}_2,\boldsymbol{\Sigma}_{22})$;

(b) $\boldsymbol{x}_1$ 和 $\boldsymbol{x}_2$ 独立当且仅当 $\boldsymbol{\Sigma}_{12}=0$;

(c) $\boldsymbol{x}_{2.1}\sim N_{n-m}(\boldsymbol{\mu}_{2.1},\boldsymbol{\Sigma}_{22.1})$, 且与 $\boldsymbol{x}_1$ 独立;

(d) 给定 $\boldsymbol{x}_1$ 时, $\boldsymbol{x}_2$ 的条件分布为

$$\boldsymbol{x}_2|_{\boldsymbol{x}_1}\sim N_{n-m}\left(\boldsymbol{\mu}_2+\boldsymbol{\Sigma}_{21}\boldsymbol{\Sigma}_{11}^{-}(\boldsymbol{x}_1-\boldsymbol{\mu}_1),\ \ \boldsymbol{\Sigma}_{22.1}\right), \tag{2.4.3}$$

这里

$$\boldsymbol{x}_{2.1}=\boldsymbol{x}_2-\boldsymbol{\Sigma}_{21}\boldsymbol{\Sigma}_{11}^{-}\boldsymbol{x}_1,\quad \boldsymbol{\mu}_{2.1}=\boldsymbol{\mu}_2-\boldsymbol{\Sigma}_{21}\boldsymbol{\Sigma}_{11}^{-}\boldsymbol{\mu}_1,\quad \boldsymbol{\Sigma}_{22.1}=\boldsymbol{\Sigma}_{22}-\boldsymbol{\Sigma}_{21}\boldsymbol{\Sigma}_{11}^{-}\boldsymbol{\Sigma}_{12}.$$

证明　(a) 可由定理 2.4.1 直接证得. 下面给出 (b), (c) 和 (d) 的证明.

(b) 设 $\boldsymbol{t}\in R_n$, $\boldsymbol{t}=(\boldsymbol{t}_1',\boldsymbol{t}_2')'$, $\boldsymbol{t}_1\in R_m$, $\boldsymbol{t}_2\in R_{n-m}$. 令 $\varphi_{\boldsymbol{x}}(\boldsymbol{t})$, $\varphi_{\boldsymbol{x}_1}(\boldsymbol{t}_1)$, $\varphi_{\boldsymbol{x}_2}(\boldsymbol{t}_2)$ 分别表示 $\boldsymbol{x}$, $\boldsymbol{x}_1$ 和 $\boldsymbol{x}_2$ 的特征函数. 于是

$$\begin{aligned}\boldsymbol{\Sigma}_{12}=0 &\Longleftrightarrow \boldsymbol{t}'\boldsymbol{\Sigma}\boldsymbol{t}=\boldsymbol{t}_1'\boldsymbol{\Sigma}_{11}\boldsymbol{t}_1+\boldsymbol{t}_2'\boldsymbol{\Sigma}_{22}\boldsymbol{t}_2\\ &\Longleftrightarrow \varphi_{\boldsymbol{x}}(\boldsymbol{t})=\varphi_{\boldsymbol{x}_1}(\boldsymbol{t}_1)\varphi_{\boldsymbol{x}_2}(\boldsymbol{t}_2).\end{aligned}$$

利用如下事实：随机向量独立当且仅当它们的联合特征函数等于它们的边缘特征函数的乘积. 故 (b) 得证.

(c) 令

$$\boldsymbol{C}=\begin{pmatrix}\boldsymbol{I}_m & 0\\ -\boldsymbol{\Sigma}_{21}\boldsymbol{\Sigma}_{11}^{-} & \boldsymbol{I}_{n-m}\end{pmatrix}.$$

做变换 $\boldsymbol{y}=\boldsymbol{C}\boldsymbol{x}$, 则

$$\boldsymbol{y}=\begin{pmatrix}\boldsymbol{y}_1\\ \boldsymbol{y}_2\end{pmatrix}=\begin{pmatrix}\boldsymbol{x}_1\\ \boldsymbol{x}_2-\boldsymbol{\Sigma}_{21}\boldsymbol{\Sigma}_{11}^{-}\boldsymbol{x}_1\end{pmatrix}\sim N_n(\boldsymbol{C}\boldsymbol{\mu},\boldsymbol{C}\boldsymbol{\Sigma}\boldsymbol{C}').$$

注意到 $\boldsymbol{\Sigma}\geqslant\boldsymbol{0}$, 应用王松桂等 (2004) 的定理 2.2.3, 得

$$\boldsymbol{\Sigma}_{21}-\boldsymbol{\Sigma}_{21}\boldsymbol{\Sigma}_{11}^{-}\boldsymbol{\Sigma}_{11}=0,\quad \boldsymbol{\Sigma}_{12}-\boldsymbol{\Sigma}_{11}(\boldsymbol{\Sigma}_{11}^{-})'\boldsymbol{\Sigma}_{12}=0.$$

因此

$$\boldsymbol{C\Sigma C}'=\begin{pmatrix}\boldsymbol{I}_m & 0\\ -\boldsymbol{\Sigma}_{21}\boldsymbol{\Sigma}_{11}^- & \boldsymbol{I}_{n-m}\end{pmatrix}\begin{pmatrix}\boldsymbol{\Sigma}_{11} & \boldsymbol{\Sigma}_{12}\\ \boldsymbol{\Sigma}_{21} & \boldsymbol{\Sigma}_{22}\end{pmatrix}\begin{pmatrix}\boldsymbol{I}_m & -(\boldsymbol{\Sigma}_{11}^-)'\boldsymbol{\Sigma}_{12}\\ 0 & \boldsymbol{I}_{n-m}\end{pmatrix}$$
$$=\begin{pmatrix}\boldsymbol{\Sigma}_{11} & 0\\ 0 & \boldsymbol{\Sigma}_{22.1}\end{pmatrix}.$$

于是, 我们证得 (c), 即

$$\boldsymbol{x}_1\sim N_m(\boldsymbol{\mu}_1,\ \boldsymbol{\Sigma}_{11}),$$
$$\boldsymbol{x}_{2.1}=\boldsymbol{x}_2-\boldsymbol{\Sigma}_{21}\boldsymbol{\Sigma}_{11}^-\boldsymbol{x}_1\sim N_{n-m}(\boldsymbol{\mu}_{2.1},\ \boldsymbol{\Sigma}_{22.1}),$$

且二者独立. 注意到 $\boldsymbol{x}_2=\boldsymbol{x}_{2.1}+\boldsymbol{\Sigma}_{21}\boldsymbol{\Sigma}_{11}^-\boldsymbol{x}_1$, 在给定 $\boldsymbol{x}_1$ 的条件下, $\boldsymbol{\Sigma}_{21}\boldsymbol{\Sigma}_{11}^-\boldsymbol{x}_1$ 为常数向量, 因此有

$$\boldsymbol{x}_2|\boldsymbol{x}_1\sim N_m(\boldsymbol{\mu}_2+\boldsymbol{\Sigma}_{21}\boldsymbol{\Sigma}_{11}^-(\boldsymbol{x}_1-\boldsymbol{\mu}_1),\boldsymbol{\Sigma}_{22.1}).$$

定理证毕.

同理, 可证得

$$\boldsymbol{x}_{1.2}=\boldsymbol{x}_1-\boldsymbol{\Sigma}_{12}\boldsymbol{\Sigma}_{22}^-\boldsymbol{x}_2\sim N_m(\boldsymbol{\mu}_1-\boldsymbol{\Sigma}_{12}\boldsymbol{\Sigma}_{22}^-\boldsymbol{\mu}_2,\boldsymbol{\Sigma}_{11.2}),$$

且与 $\boldsymbol{x}_2$ 相互独立. 在给定 $\boldsymbol{x}_2$ 的条件下, $\boldsymbol{x}_1$ 的条件分布为

$$\boldsymbol{x}_1|\boldsymbol{x}_2\sim N_m(\boldsymbol{\mu}_1+\boldsymbol{\Sigma}_{21}\boldsymbol{\Sigma}_{11}^-(\boldsymbol{x}_2-\boldsymbol{\mu}_2),\boldsymbol{\Sigma}_{11.2}).$$

2.4.3 正态变量的二次型和独立性

设 $\boldsymbol{x}\sim N_n(\boldsymbol{\mu},\boldsymbol{\Sigma})$, $\boldsymbol{A}_{n\times n}$ 为实对称阵. 本节的目的是研究二次型 $\boldsymbol{x}'\boldsymbol{A}\boldsymbol{x}$ 服从 χ^2 分布, 与线性型、二次型独立的条件, 以下总假设 $\boldsymbol{\Sigma}>0$.

定理 2.4.5 设 $\boldsymbol{x}\sim N_n(\boldsymbol{\mu},\boldsymbol{I}_n)$, $\boldsymbol{A}$ 对称, 则 $\boldsymbol{x}'\boldsymbol{A}\boldsymbol{x}\sim\chi^2_{r,\boldsymbol{\mu}'\boldsymbol{A}\boldsymbol{\mu}}$ 的充要条件是 $\boldsymbol{A}$ 为幂等矩阵, 且 $\mathrm{rk}(\boldsymbol{A})=r$.

证明 先证充分性, 设 $\boldsymbol{A}$ 幂等、对称, 且 $\mathrm{rk}(\boldsymbol{A})=r$. 因此, $\boldsymbol{A}$ 的特征根只能为 0 或 1, 于是存在正交方阵 $\boldsymbol{Q}$, 使得

$$\boldsymbol{A}=\boldsymbol{Q}'\begin{pmatrix}\boldsymbol{I}_r & 0\\ 0 & 0\end{pmatrix}\boldsymbol{Q}.$$

令 $\boldsymbol{y}=\boldsymbol{Q}\boldsymbol{x}$, 则 $\boldsymbol{y}\sim N_n(\boldsymbol{Q}\boldsymbol{\mu},\boldsymbol{I}_n)$, 对 $\boldsymbol{y}$ 和 $\boldsymbol{Q}$ 作分块

$$\boldsymbol{y}=\begin{pmatrix}\boldsymbol{y}_1\\ \boldsymbol{y}_2\end{pmatrix},\quad \boldsymbol{Q}=\begin{pmatrix}\boldsymbol{Q}_1\\ \boldsymbol{Q}_2\end{pmatrix},$$

其中 $\boldsymbol{y}_{(1)}$ 的维数为 r, $\boldsymbol{Q}_1$ 为 $r\times n$ 矩阵. 于是

$$\boldsymbol{x}'\boldsymbol{A}\boldsymbol{x}=\boldsymbol{y}'\begin{pmatrix}\boldsymbol{I}_r & 0\\ 0 & 0\end{pmatrix}\boldsymbol{y}=\boldsymbol{y}_1'\boldsymbol{y}_1\sim\chi^2_{r,\lambda},$$

其中, $\lambda=(\boldsymbol{Q}_1\boldsymbol{\mu})'\boldsymbol{Q}_1\boldsymbol{\mu}=\boldsymbol{\mu}'\boldsymbol{Q}_1'\boldsymbol{Q}_1\boldsymbol{\mu}=\boldsymbol{\mu}'\boldsymbol{A}\boldsymbol{\mu}$.

再证必要性. 设 $\mathrm{rk}(\boldsymbol{A})=t$. 因 $\boldsymbol{A}$ 对称, 故存在正交方阵 $\boldsymbol{Q}$, 使得

$$\boldsymbol{A}=\boldsymbol{Q}'\begin{pmatrix}\boldsymbol{\Lambda} & 0\\ 0 & 0\end{pmatrix}\boldsymbol{Q},$$

其中 $\boldsymbol{\Lambda}=\mathrm{diag}(\lambda_1,\cdots,\lambda_t)$. 我们只需证明 $\lambda_i=1, i=1,\cdots,t$, 且 $t=r$. 令 $\boldsymbol{y}=\boldsymbol{Q}\boldsymbol{x}$, 由推论 2.4, 得

$$\boldsymbol{y}\sim N_n(\boldsymbol{Q}\boldsymbol{\mu},\boldsymbol{I}_n).$$

记

$$\boldsymbol{c}=\boldsymbol{Q}\boldsymbol{\mu}=\begin{pmatrix}c_1\\ \vdots\\ c_n\end{pmatrix},$$

于是

$$\boldsymbol{x}'\boldsymbol{A}\boldsymbol{x}=\boldsymbol{y}'\begin{pmatrix}\boldsymbol{\Lambda} & 0\\ 0 & 0\end{pmatrix}\boldsymbol{y}=\sum_{j=1}^{t}\lambda_j y_j^2, \tag{2.4.4}$$

这里 $\boldsymbol{y}'=(y_1,\cdots,y_n)$, $y_j\sim N(c_j,1)$, $j=1,\cdots,n$, 且相互独立. 依特征函数的定义, 不难算出 $\lambda_j y_j^2$ 的特征函数为

$$g_j(z)=(1-2i\lambda_j z)^{-\frac{1}{2}}\exp\left\{\frac{i\lambda_j z c_j^2}{1-2i\lambda_j z}\right\}.$$

利用独立随机变量之和的特征函数等于它们的特征函数之积, 由 (2.4.4) 得 $\boldsymbol{X}'\boldsymbol{A}\boldsymbol{X}$ 的特征函数

$$\prod_{j=1}^{t}(1-2i\lambda_j z)^{-\frac{1}{2}}\exp\left\{\frac{i\lambda_j z c_j^2}{1-2i\lambda_j z}\right\}, \tag{2.4.5}$$

我们再来计算 $\chi^2_{r;\lambda}$ 的特征函数. 设 $u\sim\chi^2_{r;\lambda}$, $\lambda=\boldsymbol{\mu}'\boldsymbol{A}\boldsymbol{\mu}$. 于是 u 可表达为

$$u=u_1^2+\cdots+u_r^2,$$

其中

$$u_1\sim N(\lambda^{1/2},1),\quad u_j\sim N(0,1),\quad j\geqslant 2,$$

且 $u_1, \cdots, u_r$ 相互独立. 因此 u 的特征函数

$$(1-2iz)^{-\frac{r}{2}}\exp\left\{\frac{i\lambda z}{1-2iz}\right\}. \tag{2.4.6}$$

依假设, $\boldsymbol{x}'\boldsymbol{A}\boldsymbol{x} \sim \chi^2_{r;\lambda}$. 于是 (2.4.5) 和 (2.4.6) 应该相等, 比较两者的奇点及其个数知, $\lambda_j = 1,\ j = 1, \cdots, t$, 且 $t = r$. 必要性得证. 定理证毕.

定理 2.4.6 设 $\boldsymbol{x} \sim N_n(\boldsymbol{\mu}, \boldsymbol{I})$, $\boldsymbol{A}$ 为 $n \times n$ 对称阵, $\boldsymbol{C}$ 为 $m \times n$ 矩阵, 若 $\boldsymbol{C}\boldsymbol{A} = \boldsymbol{0}$, 则 $\boldsymbol{C}\boldsymbol{x}$ 和 $\boldsymbol{x}'\boldsymbol{A}\boldsymbol{x}$ 相互独立.

证明 由 $\boldsymbol{A}$ 的对称性, 故存在标准正交阵 $\boldsymbol{P}$, 使得

$$\boldsymbol{P}'\boldsymbol{A}\boldsymbol{P} = \begin{pmatrix} \boldsymbol{\Lambda} & \boldsymbol{0} \\ \boldsymbol{0} & \boldsymbol{0} \end{pmatrix}, \tag{2.4.7}$$

这里 $\boldsymbol{\Lambda} = \mathrm{diag}(\lambda_1, \cdots, \lambda_r)$, $\lambda_i \neq 0, \mathrm{rk}(\boldsymbol{A}) = r$. 由 $\boldsymbol{C}\boldsymbol{A} = \boldsymbol{0}$ 可推得 $\boldsymbol{C}\boldsymbol{P}\boldsymbol{P}'\boldsymbol{A}\boldsymbol{P} = \boldsymbol{0}$. 这等价于

$$\boldsymbol{C}\boldsymbol{P}\begin{pmatrix} \boldsymbol{\Lambda} & \boldsymbol{0} \\ \boldsymbol{0} & \boldsymbol{0} \end{pmatrix} = \boldsymbol{0}. \tag{2.4.8}$$

若记

$$\boldsymbol{D} = \boldsymbol{C}\boldsymbol{P} = \begin{pmatrix} \boldsymbol{D}_{11} & \boldsymbol{D}_{12} \\ \boldsymbol{D}_{21} & \boldsymbol{D}_{22} \end{pmatrix},$$

由 (2.4.8) 推得 $\boldsymbol{D}_{11} = \boldsymbol{0}, \boldsymbol{D}_{21} = \boldsymbol{0}$. 于是 $\boldsymbol{D}$ 就变为

$$\boldsymbol{D} = \begin{pmatrix} \boldsymbol{0} & \boldsymbol{D}_{12} \\ \boldsymbol{0} & \boldsymbol{D}_{22} \end{pmatrix} \triangleq (\boldsymbol{0}, \boldsymbol{D}_1), \quad \boldsymbol{D}_1 : m \times (n-r).$$

将 $\boldsymbol{P}$ 作对应分块:$\boldsymbol{P} = (\boldsymbol{P}_1, \boldsymbol{P}_2)$, $\boldsymbol{P}_1$ 为 $n \times r$. 那么

$$\boldsymbol{C} = \boldsymbol{D}\boldsymbol{P}' = (\boldsymbol{0}, \boldsymbol{D}_1)\begin{pmatrix} \boldsymbol{P}_1' \\ \boldsymbol{P}_2' \end{pmatrix} = \boldsymbol{D}_1\boldsymbol{P}_2', \tag{2.4.9}$$

$$\boldsymbol{A} = \boldsymbol{P}\begin{pmatrix} \boldsymbol{\Lambda} & \boldsymbol{0} \\ \boldsymbol{0} & \boldsymbol{0} \end{pmatrix}\boldsymbol{P}' = \boldsymbol{P}_1\boldsymbol{\Lambda}\boldsymbol{P}_1'. \tag{2.4.10}$$

记 $\boldsymbol{y} = \boldsymbol{P}'\boldsymbol{x}$, 则

$$\boldsymbol{y} = \begin{pmatrix} \boldsymbol{y}_1 \\ \boldsymbol{y}_2 \end{pmatrix} = \begin{pmatrix} \boldsymbol{P}_1'\boldsymbol{x} \\ \boldsymbol{P}_2'\boldsymbol{x} \end{pmatrix} \sim N_n(\boldsymbol{P}\boldsymbol{\mu}, \boldsymbol{I}).$$

显然, $\boldsymbol{y}_1$ 和 $\boldsymbol{y}_2$ 相互独立. 但由 (2.4.9) 和 (2.4.10), 有

$$\boldsymbol{C}\boldsymbol{x} = \boldsymbol{D}_1\boldsymbol{P}_2'\boldsymbol{y} = \boldsymbol{D}_1\boldsymbol{y}_2,$$

$$\boldsymbol{x}'\boldsymbol{A}\boldsymbol{x} = \boldsymbol{x}'\boldsymbol{P}_1\boldsymbol{\Lambda}\boldsymbol{P}_1'\boldsymbol{x} = \boldsymbol{y}_1'\boldsymbol{\Lambda}\boldsymbol{y}_1.$$

因 $\boldsymbol{C}\boldsymbol{x}$ 只依赖于 $\boldsymbol{y}_2$, 而 $\boldsymbol{x}'\boldsymbol{A}\boldsymbol{x}$ 只依赖于 $\boldsymbol{y}_1$, 所以 $\boldsymbol{C}\boldsymbol{x}$ 与 $\boldsymbol{x}'\boldsymbol{A}\boldsymbol{x}$ 独立, 定理得证.

推论 2.4.4　设 $\boldsymbol{x} \sim N_n(\boldsymbol{\mu}, \boldsymbol{\Sigma})$, $\boldsymbol{\Sigma} > 0$, $\boldsymbol{A}_{n\times n}$ 对称阵. 若 $\boldsymbol{C}\boldsymbol{\Sigma}\boldsymbol{A} = \boldsymbol{0}$, 则 $\boldsymbol{C}\boldsymbol{x}$ 与 $\boldsymbol{x}'\boldsymbol{A}\boldsymbol{x}$ 相互独立.

证明留给读者作练习. 在给出两二次型独立的充要条件之前, 先介绍以下引理.

引理 2.4.1　设 $\boldsymbol{A}$ 和 $\boldsymbol{B}$ 为同阶对称矩阵, 它们的非零特征根为 $\{\lambda_1, \cdots, \lambda_r\}$, $\{\nu_1, \cdots, \nu_s\}$. 若 $\boldsymbol{A}+\boldsymbol{B}$ 的特征根正好为 $\{\lambda_1, \cdots, \lambda_r, \nu_1, \cdots, \nu_s\}$, 则 $\boldsymbol{A}\boldsymbol{B} = \boldsymbol{0}$.

定理 2.4.7　设 $\boldsymbol{x} \sim N_n(\boldsymbol{\mu}, \boldsymbol{I})$, $\boldsymbol{A}$, $\boldsymbol{B}$ 皆 $n \times n$ 对称, 则 $\boldsymbol{x}'\boldsymbol{A}\boldsymbol{x}$ 与 $\boldsymbol{x}'\boldsymbol{B}\boldsymbol{x}$ 相互独立的充要条件为 $\boldsymbol{A}\boldsymbol{B} = \boldsymbol{0}$.

证明　充分性. 由 $\boldsymbol{A}\boldsymbol{B} = \boldsymbol{0}$ 及 $\boldsymbol{A}, \boldsymbol{B}$ 的对称性, 立得 $\boldsymbol{B}\boldsymbol{A} = \boldsymbol{0}$, 于是 $\boldsymbol{A}\boldsymbol{B} = \boldsymbol{B}\boldsymbol{A}$, 故存在正交阵 $\boldsymbol{P}$, 可使 $\boldsymbol{A}, \boldsymbol{B}$ 同时对角化, 即

$$\boldsymbol{P}'\boldsymbol{A}\boldsymbol{P} = \boldsymbol{\Lambda}_1 = \mathrm{diag}(\lambda_1^{(1)}, \cdots, \lambda_n^{(1)}),$$

$$\boldsymbol{P}'\boldsymbol{B}\boldsymbol{P} = \boldsymbol{\Lambda}_2 = \mathrm{diag}(\lambda_1^{(2)}, \cdots, \lambda_n^{(2)}).$$

由 $\boldsymbol{A}\boldsymbol{B} = \boldsymbol{0} \Longrightarrow \boldsymbol{\Lambda}_1\boldsymbol{\Lambda}_2 = \boldsymbol{0}$ 即

$$\lambda_i^{(1)}\text{和}\lambda_i^{(2)}\text{至少有一个为 } 0, \quad i = 1, \cdots, n. \tag{2.4.11}$$

令

$$\boldsymbol{y} = \boldsymbol{P}'\boldsymbol{x} = \begin{pmatrix} y_1 \\ \vdots \\ y_p \end{pmatrix},$$

则 $\boldsymbol{y} \sim N_n(\boldsymbol{P}'\boldsymbol{\mu}, \boldsymbol{I})$, 于是 $\boldsymbol{y}$ 的诸分量 $y_1, \cdots, y_n$ 相互独立, 但

$$\boldsymbol{x}'\boldsymbol{A}\boldsymbol{x} = \boldsymbol{x}'\boldsymbol{P}\boldsymbol{\Lambda}_1\boldsymbol{P}'\boldsymbol{x} = \boldsymbol{y}'\boldsymbol{\Lambda}_1\boldsymbol{y},$$

$$\boldsymbol{x}'\boldsymbol{B}\boldsymbol{x} = \boldsymbol{x}'\boldsymbol{P}\boldsymbol{\Lambda}_2\boldsymbol{P}'\boldsymbol{x} = \boldsymbol{y}'\boldsymbol{\Lambda}_2\boldsymbol{y}.$$

根据 (2.4.11), $\boldsymbol{x}'\boldsymbol{A}\boldsymbol{x}$ 与 $\boldsymbol{x}'\boldsymbol{B}\boldsymbol{x}$ 所依赖的 $\boldsymbol{y}$ 分量不同, 故 $\boldsymbol{x}'\boldsymbol{A}\boldsymbol{x}$ 与 $\boldsymbol{x}'\boldsymbol{B}\boldsymbol{x}$ 相互独立.

必要性. 设 $\mathrm{rk}(\boldsymbol{A}) = r$, $\mathrm{rk}(\boldsymbol{B}) = s$. 利用 (2.4.6) 有 $\boldsymbol{x}'\boldsymbol{A}\boldsymbol{x}$ 的特征函数为

$$E(e^{it\boldsymbol{x}'\boldsymbol{A}\boldsymbol{x}}) = \prod_{j=1}^{r} E(e^{it\lambda_i y_i^2}) = \prod_{j=1}^{r}(1-2it\lambda_j)^{-\frac{1}{2}}\exp\left\{\frac{it\lambda_j\gamma_j^2}{1-2it\lambda_j}\right\}. \tag{2.4.12}$$

$\boldsymbol{x}'\boldsymbol{B}\boldsymbol{x}$ 的特征函数为

$$E(e^{it\boldsymbol{x}'\boldsymbol{B}\boldsymbol{x}}) = \prod_{j=1}^{s}(1-2it\nu_j)^{-\frac{1}{2}}\exp\left\{\frac{it\nu_j\omega_j^2}{1-2it\nu_j}\right\}, \tag{2.4.13}$$

$$E(e^{it\boldsymbol{x}'(\boldsymbol{A}+\boldsymbol{B})\boldsymbol{x}}) = \prod_{j=1}^{m}(1-2it\psi_j)^{-\frac{1}{2}}\exp\left\{\frac{it\psi_j\delta_j^2}{1-2it\psi_j}\right\}, \tag{2.4.14}$$

这里 $\lambda_1, \cdots, \lambda_r, \nu_1, \cdots, \nu_s$ 和 $\psi_1, \cdots, \psi_m$ 分别为 $\boldsymbol{A}$, $\boldsymbol{B}$ 和 $\boldsymbol{A}+\boldsymbol{B}$ 的非零特征根. 由 $\boldsymbol{x}'\boldsymbol{A}\boldsymbol{x}$ 与 $\boldsymbol{x}'\boldsymbol{B}\boldsymbol{x}$ 相互独立, 有 (2.4.12) × (2.4.13) = (2.4.14), 由此可推出

$$\{\psi_1, \cdots, \psi_m\} = \{\lambda_1, \cdots, \lambda_r, \nu_1, \cdots, \nu_s\}.$$

由引理 2.4.1, 故 $\boldsymbol{AB} = \boldsymbol{0}$. 定理得证.

推论 2.4.5 设 $\boldsymbol{x} \sim N_n(\boldsymbol{\mu}, \boldsymbol{\Sigma}), \boldsymbol{\Sigma} > 0$, $\boldsymbol{A}$, $\boldsymbol{B}$ 皆 $n \times n$ 对称, 若 $\boldsymbol{A\Sigma B} = 0$, 则 $\boldsymbol{x}'\boldsymbol{A}\boldsymbol{x}$ 与 $\boldsymbol{x}'\boldsymbol{B}\boldsymbol{x}$ 相互独立.

2.5 正态性的检验

由于多元分析的各方法通常都需假设数据来源于多元正态总体, 所以我们希望随机向量 $\boldsymbol{x}$ 的每个分量的观测数据频率图大致对称、单峰且不厚尾. 另外, 由定理 2.4.3 知, 若随机向量 $\boldsymbol{x}$ 的任意非零线性组合 $\boldsymbol{c}'\boldsymbol{x}$ 的观测数据的频率图都与正态分布的特征吻合, 则该随机向量的联合分布也是正态分布.

虽然随机向量 $\boldsymbol{x}$ 的分量观测值的频率图呈现对称、单峰且不厚尾的形状, 并不能说明随机向量 $\boldsymbol{x}$ 一定服从正态分布, 但倘若 $\boldsymbol{x}$ 的某个分量观测值的频率图不符合正态性质, 则有理由认为 $\boldsymbol{x}$ 不太可能来自多元正态分布. 因此, 是否接受 $\boldsymbol{x}$ 的正态假设, 可首先对其每个分量进行正态检验. 下面介绍一种很直观简单的图方法: 正态 Q-Q 散点图.

设 $X_1, \cdots, X_n$ 是来自一元正态分布 $N(\mu, \sigma^2)$ 的一个随机样本, 则

$$\Phi\left(\frac{X_i-\mu}{\sigma}\right) \sim U(0,1), \quad i=1,\cdots,n,$$

这里, $U(0,1)$ 表示在 $(0,1)$ 上的均匀分布, $\Phi(\cdot)$ 为标准正态分布的分布函数. 记

$$Z_{(i)} = \Phi\left(\frac{X_{(i)}-\mu}{\sigma}\right), \quad i=1,\cdots,n,$$

其中 $X_{(1)} \leqslant \cdots \leqslant X_{(n)}$ 为 $X_1, \cdots, X_n$ 的顺序统计量. 于是

$$X_{(i)} = \sigma\Phi^{-1}(Z_{(i)}) + \mu, \tag{2.5.1}$$

即 $X_{(i)}$ 与 $\Phi^{-1}(Z_{(i)})$ 呈线性关系. 注意到 $X_1, \cdots, X_n$ 的经验分布 $F_n(x)$ 是 $Z_{(i)}$ 的强相合估计, 因此

$$Z_{(i)} \simeq F_n(X_{(i)}) = \frac{i}{n}, \quad i=1,\cdots,n,$$

并且

$$X_{(i)} \simeq \sigma\Phi^{-1}\left(\frac{i}{n}\right) + \mu, \tag{2.5.2}$$

即若 $X_1, \cdots, X_n$ 来自一正态总体, 则顺序统计量 $X_{(i)}$ 与 $\Phi^{-1}(1/n)$ 应有线性关系. 由于 (2.5.2) 有一明显缺陷, 最大顺序统计量 $X_{(n)}$ 对应于 $\Phi^{-1}(1)$ 为无穷大, 无法在图形上体现, 故将其 (2.5.2) 修改为

$$X_{(i)} = \sigma\Phi^{-1}\left(\frac{i-c}{n+1-2c}\right) + \mu, \tag{2.5.3}$$

这里 c 为常数, $0 \leqslant c < 1$, 通常取 $c = 0.25$ 或 0.5. 关于 c 的选择的讨论详见 Barnett(1975). 在直角坐标系中标出诸点

$$\left(\Phi^{-1}\left(\frac{i-c}{n+1-2c}\right), X_{(i)}\right), \quad i = 1, \cdots, n,$$

便得到正态 Q-Q 散点图. 若诸点不呈现线性趋势, 就拒绝该变量的正态假设. 在 R 软件中, 函数 qqnorm( ) 和 qqline( ) 提供了画正态 Q-Q 散点图和相应直线的函数.

Q-Q 散点图只是直观的方法, 结论缺少定量标准. 既然结论是根据线性关系强弱判断的, 那么就可应用回归方法进行定量分析. 将模型 (2.5.1) 中的 $\Phi^{-1}(Z_{(i)})$ 用其期望 m_i 替代, 即标准正态分布 $N(0,1)$ 下第 i 个顺序统计量的期望, 于是模型 (2.5.1) 可改写为

$$X_{(i)} = \sigma m_i + \mu + e_i, \tag{2.5.4}$$

该模型就是一个线性模型. 若 $X_1, \cdots, X_n$ 来自一正态总体, 则 $\boldsymbol{x} = (X_{(1)}, \cdots, X_{(n)})'$ 和 $\boldsymbol{m} = (m_1, \cdots, m_n)'$ 的相关系数

$$R = \frac{S_{\boldsymbol{xm}}}{\sqrt{S_{\boldsymbol{x}} S_{\boldsymbol{m}}}}$$

就应该很接近于 1, 这里

$$S_{\boldsymbol{xm}} = \sum_{i=1}^{n}(X_{(1)} - \bar{X})(m_i - \bar{m}),$$

$$S_{\boldsymbol{x}} = \sum_{i=1}^{n}(X_{(1)} - \bar{X})^2, \quad S_{\boldsymbol{m}} = \sum_{i=1}^{n}(m_i - \bar{m})^2.$$

若 R 很小, 则有理由拒绝接受正态假设. 关于 m_i 的计算, 尽管理论上可以计算出 m_i, 如 Harter(1961) 给出了 m_i 的值的表, 但由于该值依赖于样本量 n, 不同的 n, 就需要重新计算, 很复杂. 为简单起见, 应用上常常用 $\Phi^{-1}(i/n+1)$ 来近似 m_i, 这

里 $E(Z_{(i)}) = \dfrac{i}{n+1}$, 此外, Filliben(1975) 建议用标准正态样本第 i 个顺序统计量的中位数来估计 m_i, 并通过模拟给出了 R 的分位点.

此外, 在线性模型 (2.5.4) 下, 注意到 $\sum\limits_{i=1}^{n} m_i = 0$, 于是 μ 和 σ 的广义最小二乘估计分别为

$$\hat{\mu} = \bar{x}, \quad \hat{\sigma} = \frac{\boldsymbol{m}'\boldsymbol{V}^{-1}\boldsymbol{x}}{\boldsymbol{m}'\boldsymbol{V}^{-1}\boldsymbol{m}},$$

其中 $\boldsymbol{V}$ 为 $\boldsymbol{x} = (X_{(1)}, \cdots, X_{(n)})'$ 的协方差阵, 其等价于标准正态分布 n 个顺序统计量的协方差阵. 若 $X_1, \cdots, X_n$ 为正态样本, 则由回归方法得到的 $\hat{\sigma}^2$ 与样本方差 $s^2/(n-1)$ 就应该很接近. 基于以上回归方法, Shapiro 和 Wilk(1965) 提出了著名的 Shapiro-Wilk 统计量 W, 即

$$W = c\frac{\hat{\sigma}^2}{s^2} = \frac{(\boldsymbol{m}'\boldsymbol{V}^{-1}\boldsymbol{x})^2}{s^2\boldsymbol{m}'\boldsymbol{V}^{-2}\boldsymbol{m}}, \tag{2.5.5}$$

这里常数

$$c = \frac{(\boldsymbol{m}'\boldsymbol{V}^{-1}\boldsymbol{m})^2}{\boldsymbol{m}'\boldsymbol{V}^{-2}\boldsymbol{m}} \tag{2.5.6}$$

是为确保 $0 \leqslant W \leqslant 1$. 当 W 过小, 就拒绝样本来自正态分布. 可用 R 软件计算 W, 其中函数 Shapiro-test( ) 可给出 W 的值和相应的 p 值.

此外, 关于一元情形随机变量的正态检验, 文献中还有 Anderson-Darling 检验、Kolmogorov-Smirnov 秩检验、偏度检验、峰度检验、K^2 检验、矩形检验、D'Agostin 检验等, 感兴趣的读者可参见杨振海, 程维虎, 张军舰 (2011).

当多元向量 $\boldsymbol{x} = (X_1, \cdots, X_p)$ 的分量间不相关或弱相关时, 若所有分量 X_i 的正态性假设检验都通过, 即可认为该多元向量也服从多元正态分布. 但当分量间的相关性不容忽视时, 还需要进行多元正态性检验.

关于多元正态性检验的方法有许多, 如 Malkovich 和 Afifi (1973) 基于并交原理, 通过线性组合 $\boldsymbol{a}'\boldsymbol{x}$, 给出了类似一元情形的偏度检验、峰度检验和 Shapiro 和 Wilk W 检验, 其中 $\boldsymbol{a}$ 为极大化或极小化相应一元检验统计量的向量. 然而其检验的临界值只能通过模拟抽样来给出. 另一个方法是基于 Mahalanobis 距离 (马氏距离)

$$D_i^2 = (\boldsymbol{x}_i - \bar{\boldsymbol{x}})'\boldsymbol{S}^{-1}(\boldsymbol{x}_i - \bar{\boldsymbol{x}}) \tag{2.5.7}$$

的大样本性质: 当样本量趋于无穷大时, D_i^2 渐近服从自由度为 p 的 χ^2 分布, 因此, 当样本量较大时, 多元正态性检验就等价于对一元"样本" $D_1^2, \cdots, D_n$ 的 χ^2 性检验, 可采用 Q-Q 图方法验证. 然而, 对于小样本或中等样本, D_i^2 的分布用 beta 分布来刻画更为合适, 详见 Yang, Fang, Juan(1997) 或杨振海, 程维虎和张军舰 (2011),

但不幸的是, beta 分布的分位点必须通过高精度的计算机算法才能得到. 关于更多多元正态性检验的方法, 可参见 Seber(1984).

由于多元正态性检验的许多检验统计量都要求特定的临界值表和特定的算法, 而这在计算上都相当复杂, 所以严格的检验目前往往不容易实施. 在现实应用中, 一般都更倾向于直观、简单的方法, 如图方法. Looney (1995) 进一步讨论了如何用一元正态检验来评估多元向量的正态性问题, 感兴趣的读者可参阅该文献.

若正态性检验未通过, 往往需要对变量 (或分量) 进行正态变换, 其中最著名的正态变换为 Box-Cox 变换, 即

$$X^{(\lambda)} = \begin{cases} \dfrac{X^{\lambda}-1}{\lambda}, & \lambda \neq 0, \\ \ln X, & \lambda = 0, \end{cases} \tag{2.5.8}$$

这里 λ 是一个待定变换参数. Box-Cox 变换是一族变换, 它包括了许多常见的变换, 诸如对数变换 ($\lambda = 0$)、倒数变换 ($\lambda = -1$) 和平方根变换 ($\lambda = 1/2$) 等. 实践证明: Box-Cox 变换可以明显改善数据的正态性、对称性和方差相等性. 关于待定变换参数 λ 的选择问题, 可参阅王松桂等 (2004).

2.6 椭球等高分布族

椭球等高分布 (elliptical distribution) 族是一类非常庞大的统计分布族, 是多元正态分布的推广形式, 其密度函数具有如下形式

$$f(\boldsymbol{x}) = c(p)|\boldsymbol{\Sigma}|^{-1/2} g((\boldsymbol{x}-\boldsymbol{\mu})'\boldsymbol{\Sigma}^{-1}(\boldsymbol{x}-\boldsymbol{\mu})), \tag{2.6.1}$$

这里, $c(p)$ 为一个大于零的常数, 通常与维数 p 的大小有关, $\boldsymbol{\mu}$ 为 $p \times 1$ 的向量, $\boldsymbol{\Sigma} > 0$, $g(t)$ 为任意一个非负实函数, 记为 $Ec_p(\boldsymbol{\mu}, \boldsymbol{\Sigma}, g)$. 此外, 如果该分布的一阶矩和二阶矩存在, 则参数 $\boldsymbol{\mu}$ 为总体的均值向量, $\boldsymbol{\Sigma}$ 为总体协方差阵的常数倍, 即

$$E(\boldsymbol{x}) = \boldsymbol{\mu}, \quad \mathrm{Cov}(\boldsymbol{x}) = a\boldsymbol{\Sigma}.$$

因此, 对于给定的 $\boldsymbol{\Sigma}$, 椭球等高分布具有相同的相关系数矩阵. 此外, 椭球等高分布具有许多与多元正态分布类似 (或相同) 性质, 如其条件期望为给定变量的线性型; 其边缘分布、条件分布也都服从椭球等高分布, 而且相应的均值向量与正态分布的情形相同, 协方差阵与正态分布情形仅差一个常数 a 倍, 详见方开泰和张尧庭 (1993).

特别是当 $\boldsymbol{\mu} = \boldsymbol{0}$, $\boldsymbol{\Sigma} = \sigma^2 \boldsymbol{I}_p$ 时, 密度函数 (2.6.1) 就简化为

$$f(\boldsymbol{x}) = \frac{c(p)}{\sigma^p} g(\boldsymbol{x}'\boldsymbol{x}/\sigma^2), \tag{2.6.2}$$

文献中称该分布为球形分布 (spherical distribution), 记为 $S_p(\boldsymbol{\mu}, \sigma^2 \boldsymbol{I}_p)$. 该分布起源于 Maxwell(1860), Barlett(1934) 以及 Hartman 和 Wintner(1940) 的描述. 显然, $N(\boldsymbol{0}, \sigma^2 \boldsymbol{I}_p)$ 属于球形分布. 容易验证球形分布具有正交变换不变性, 即若 $\boldsymbol{x} \sim S_p(\boldsymbol{\mu}, \sigma^2 \boldsymbol{I}_p)$, $\boldsymbol{P}$ 为任意正交矩阵, 则

$$\boldsymbol{P}\boldsymbol{x} \sim S_p(\boldsymbol{\mu}, \sigma^2 \boldsymbol{I}_p).$$

在球形分布下, 也可导出 t-分布和 F-分布, 而且在线性模型下, 导出的模型参数的极大似然估计与独立正态分布假设下的结果相同, 参见 Muirhead (1982), Chmielewski (1981).

由于椭球等高分布的这些特点, 许多基于正态分布的多元统计推断和方法可推广到椭球等高分布的情形. 对此感兴趣的读者, 可参阅方开泰和张尧庭 (1993).

第 3 章　几种重要的多元分布

3.1　Wishart 分布

在一元统计中，χ^2 分布起着非常重要的作用，在多元统计中，与其相对应的是 Wishart 分布. 事实上，Wishart 分布就是 χ^2 分布在多元统计下的推广，是由 Wishart(1928) 推导出来的.

定义 3.1.1　一个随机矩阵 $\boldsymbol{X}_{m\times n} = (X_{ij})$ 的分布定义为将 $\boldsymbol{X}$ 按列排成一个列向量的分布. 记 $\boldsymbol{X} = (\boldsymbol{x}_1, \boldsymbol{x}_2, \cdots, \boldsymbol{x}_n)$，则 $\boldsymbol{X}$ 的分布定义为 $\mathrm{Vec}\,(\boldsymbol{X}) = (\boldsymbol{x}_1', \boldsymbol{x}_2', \cdots, \boldsymbol{x}_n')'$ 的分布.

注　若 $\boldsymbol{X}$ 为对称阵，则只取对角线及其上方的部分所排成的列向量.

例 3.1.1　样本矩阵 $\boldsymbol{X} = (\boldsymbol{x}_1, \boldsymbol{x}_2, \cdots, \boldsymbol{x}_n)$，其中 $\boldsymbol{x}_i \sim N_p(\boldsymbol{\mu}, \boldsymbol{\Sigma})$ 相互独立. 有

$$\mathrm{Vec}\,(\boldsymbol{X}) = \begin{pmatrix} \boldsymbol{x}_1 \\ \boldsymbol{x}_2 \\ \vdots \\ \boldsymbol{x}_n \end{pmatrix} \sim N_{np}\left(\boldsymbol{1}_n \otimes \boldsymbol{\mu}, \boldsymbol{I}_n \otimes \boldsymbol{\Sigma}\right),$$

这里，$\boldsymbol{1}_n$ 为所有元素都取 1 的 n 维向量，$\boldsymbol{I}_n$ 为 n 维单位矩阵，$\otimes$ 为Kroneker 乘积运算符号.

通常我们也采用如下记法：$\boldsymbol{X} \sim N_{n\times p}(\boldsymbol{1}_n' \otimes \boldsymbol{\mu}, \boldsymbol{I}_n \otimes \boldsymbol{\Sigma})$，不难看出 $\boldsymbol{1}_n' \otimes \boldsymbol{\mu} = \boldsymbol{E}(\boldsymbol{X})$.

定义 3.1.2　设 $\boldsymbol{x}_1, \boldsymbol{x}_2, \cdots, \boldsymbol{x}_n \sim N_p(0, \boldsymbol{\Sigma})$ 相互独立. 记 $\boldsymbol{X} = (\boldsymbol{x}_1, \boldsymbol{x}_2, \cdots, \boldsymbol{x}_n)$，$\boldsymbol{A} = \sum \boldsymbol{x}_i\boldsymbol{x}_i' = \boldsymbol{X}\boldsymbol{X}'$，则矩阵 $\boldsymbol{A}$ 的分布称为自由度为 n 的Wishart分布，记为 $\boldsymbol{A} \sim W_p(n, \boldsymbol{\Sigma})$.

在符号 $W_p(n, \boldsymbol{\Sigma})$ 中，p 为多元变量 (所构成的随机向量) 的维数，n 为 p 维多元变量的样本容量，$\boldsymbol{\Sigma}$ 为样本 $\boldsymbol{x}_i$ 的协方差阵.

注　当 $p = 1$ 时，

$$A = W_1(n, \boldsymbol{\Sigma}) = \sum X_i^2 \sim \sigma^2\chi_n^2.$$

故 Wishart 分布是 χ^2 分布的推广.

3.1.1 Wishart 阵的密度函数

下面求 $\boldsymbol{A}=\boldsymbol{X}\boldsymbol{X}'$ 的分布, 首先考虑 $\boldsymbol{\Sigma}=\boldsymbol{I}$. 将 $\boldsymbol{X}$ 分别用列向量和行向量形式表示, 记为

$$\boldsymbol{X}=(\boldsymbol{x}_1,\cdots,\boldsymbol{x}_n)=\begin{pmatrix}\boldsymbol{x}'_{(1)}\\ \vdots\\ \boldsymbol{x}'_{(p)}\end{pmatrix},\quad n>p.$$

由于 $\boldsymbol{x}_1,\cdots,\boldsymbol{x}_n$ 相互独立同分布, $\boldsymbol{x}_i\sim N_p(0,\boldsymbol{\Sigma})$, 所以, 若 $\boldsymbol{\Sigma}=\boldsymbol{I}$, 则行向量 $\boldsymbol{x}_{(1)},\cdots,\boldsymbol{x}_{(p)}$ 也相互独立同分布,

$$\boldsymbol{x}_{(i)}\sim N_n(0,\boldsymbol{I}_n),\quad i=1,\cdots,p.$$

将 $\boldsymbol{X}'$ 进行 Schmidt 三角化分解, 由定理 2.1.1 得

$$\boldsymbol{X}'=\boldsymbol{Y}'\boldsymbol{B}',\tag{3.1.1}$$

其中, $\boldsymbol{Y}$ 为行正交矩阵, $\boldsymbol{Y}\boldsymbol{Y}'=\boldsymbol{I}_p$, $\boldsymbol{B}$ 为下三角阵,

$$\boldsymbol{B}=\begin{pmatrix}b_{11}&0&\cdots&0\\ b_{21}&b_{22}&\cdots&0\\ \vdots&\vdots&&\vdots\\ b_{p1}&b_{p2}&\cdots&b_{pp}\end{pmatrix}.$$

将 (3.1.1) 代入 $\boldsymbol{A}=\boldsymbol{X}\boldsymbol{X}'$, 于是得

$$\boldsymbol{A}=\boldsymbol{B}\boldsymbol{Y}\boldsymbol{Y}'\boldsymbol{B}'=\boldsymbol{B}\boldsymbol{B}'.\tag{3.1.2}$$

因此, 求 $\boldsymbol{A}$ 的分布问题就归结为求 $\boldsymbol{B}$ 的分布.

注 事实上, (3.1.2) 就是 $\boldsymbol{A}$ 的 Cholesky 分解 (见定理 2.1.2). 由于求 $\boldsymbol{B}$ 的分布时需要借助于列正交矩阵 $\boldsymbol{Y}$, 所以此处将其用 Schmidt 三角化分解表达.

记

$$\boldsymbol{Y}'=(\boldsymbol{y}_{(1)},\cdots,\boldsymbol{y}_{(p)}).$$

则 (3.1.1) 等价于

$$\boldsymbol{x}_{(i)}=\sum_{k=1}^{i}b_{ik}\boldsymbol{y}_{(k)},\quad i=1,\cdots,p.\tag{3.1.3}$$

由于 $\boldsymbol{Y}\boldsymbol{Y}'=\boldsymbol{I}_p$, 即

$$\boldsymbol{y}'_{(j)}\boldsymbol{y}_{(k)}=\delta_{jk}=\begin{cases}0, & \text{当 } j\neq k \text{ 时},\\ 1, & \text{当 } j=k \text{ 时},\end{cases}$$

故用 $\boldsymbol{y}'_{(j)}$ 左乘 (3.1.3), 可得

$$\boldsymbol{y}'_{(j)}\boldsymbol{x}_{(i)} = b_{ij}, \quad j=1,2,\cdots,i.$$

于是

$$\boldsymbol{b}_i = \begin{pmatrix} b_{i1} \\ \vdots \\ b_{i(i-1)} \end{pmatrix} = \begin{pmatrix} \boldsymbol{y}'_{(1)} \\ \vdots \\ \boldsymbol{y}'_{(i-1)} \end{pmatrix} \boldsymbol{x}_{(i)} \triangleq \boldsymbol{C}_i\boldsymbol{x}_{(i)}. \tag{3.1.4}$$

这是不完全随机正交变换, 这里“不完全”体现在该变换是将 n 维向量 $\boldsymbol{x}_{(i)}$ 变成 $i-1$ 维向量 $(b_{i1},\cdots,b_{i(i-1)})'$；“随机”体现在线性变换矩阵 $\boldsymbol{C}_i=(\boldsymbol{y}_{(1)},\cdots,\boldsymbol{y}_{(i-1)})'$ 为随机矩阵；“正交”体现在 $\boldsymbol{C}_i$ 为行正交矩阵, $\boldsymbol{C}_i\boldsymbol{C}'_i=\boldsymbol{I}_{i-1}$. 注意到

$$\boldsymbol{x}_{(i)} \sim N_n(0,\boldsymbol{I}_n), \quad i=1,\cdots,p,$$

故在给定 $\boldsymbol{C}_i$ 条件下, 由定理 2.4.1 得

$$\boldsymbol{b}_i|_{\boldsymbol{C}_i} \sim N_{i-1}(0,\boldsymbol{I}_{i-1}).$$

由于该条件分布与条件 $\boldsymbol{C}_i$ 无关, 因此, 证得 $\boldsymbol{b}_i$ 与 $\boldsymbol{C}_i$ 独立, 且 b_i 的无条件分布为

$$\boldsymbol{b}_i \sim N_{i-1}(0,\boldsymbol{I}_{i-1}), \tag{3.1.5}$$

故证得 $b_{i1},\cdots,b_{i(i-1)}$ 相互独立,

$$b_{ij} \sim N(0,1), \quad j<i.$$

另外, 由 (3.1.3) 和 (3.1.4) 得

$$\boldsymbol{x}'_{(i)}\boldsymbol{x}_{(i)} = \sum_{j=1}^{i} b_{ij}^2 = \boldsymbol{b}'_i\boldsymbol{b}_i + b_{ii}^2 = \boldsymbol{x}'_{(i)}\boldsymbol{C}'_i\boldsymbol{C}_i\boldsymbol{x}_{(i)} + b_{ii}^2,$$

于是

$$b_{ii}^2 = \boldsymbol{x}'_{(i)}(\boldsymbol{I}_n - \boldsymbol{C}'_i\boldsymbol{C}_i)\boldsymbol{x}_{(i)}. \tag{3.1.6}$$

易证 $\boldsymbol{I}_n-\boldsymbol{C}'_i\boldsymbol{C}_i$ 为 $\boldsymbol{C}_i$ 为对称幂等阵. 于是在给定 $\boldsymbol{C}_i$ 条件下, 由定理 2.4.5 得

$$b_{ii}^2|\boldsymbol{C}_i \sim \chi^2_{n-i+1}.$$

该条件分布与条件 $\boldsymbol{C}_i$ 无关, 因此, b_{ii}^2 条件分布就等于其无条件分布,

$$b_{ii}^2 \sim \chi^2_{n-i+1}, \tag{3.1.7}$$

且与 $\boldsymbol{C}_i$ 独立.

下面证明 b_{ii}^2 与 $\boldsymbol{b}_i$ 独立. 由 (3.1.4) 和 (3.1.6) 知 b_{ii}^2 与 $\boldsymbol{b}_i$ 分别为 $\boldsymbol{x}_{(i)}$ 的二次型与线性型, 且

$$\boldsymbol{C}_i(\boldsymbol{I}_n - \boldsymbol{C}_i'\boldsymbol{C}_i) = 0,$$

因此在给定 $\boldsymbol{C}_i$ 条件下, 由定理 2.4.6 证得 b_{ii}^2 与 $\boldsymbol{b}_i$ 条件独立. 注意到 b_{ii}^2 和 $\boldsymbol{b}_i$ 皆与 $\boldsymbol{C}_i$ 独立, 于是 b_{ii}^2, $\boldsymbol{b}_i$ 和 $\boldsymbol{C}_i$ 的联合密度函数

$$\begin{aligned} f\left(b_{ii}^2, \boldsymbol{b}_i, \boldsymbol{C}_i\right) &= f_{\boldsymbol{C}_i}(C_i) \cdot f_{b_{ii}^2, \boldsymbol{b}_i | \boldsymbol{C}_i}\left(b_{ii}^2, \boldsymbol{b}_i | \boldsymbol{C}_i\right) \\ &= f_{\boldsymbol{C}_i}(C_i) \cdot \left(f_{b_{ii}^2 | \boldsymbol{C}_i}(b_{ii}^2 | \boldsymbol{C}_i) \cdot f_{\boldsymbol{b}_i | \boldsymbol{C}_i}(\boldsymbol{b}_i | \boldsymbol{C}_i)\right) \\ &= f_{\boldsymbol{C}_i}(C_i) \cdot f_{b_{ii}^2}(b_{ii}^2) \cdot f_{\boldsymbol{b}_i}(\boldsymbol{b}_i). \end{aligned}$$

因此, b_{ii}^2, $\boldsymbol{b}_i$,$\boldsymbol{C}_i$ 相互独立. 综上所述, 证得 $\boldsymbol{B}$ 的同一行上的元素 $b_{i1}, \cdots, b_{ii}$ 相互独立.

最后证明 $\boldsymbol{B}$ 的不同行上的元素相互独立. 事实上, 由于 $b_{i1}, \cdots, b_{ii}$ 只依赖于 $\boldsymbol{x}_{(i)}$, 而 $\boldsymbol{x}_{(1)}, \cdots, \boldsymbol{x}_{(p)}$ 相互独立, 故 $\boldsymbol{B}$ 的所有不同行的元素也相互独立. 因此, $\boldsymbol{B}$ 的所有元素都相互独立. 结合 (3.1.5) 和 (3.1.7), 得证如下定理.

定理 3.1.1 (Bartlett 分解) 设 $\boldsymbol{X}_{p\times n} = (\boldsymbol{x}_1, \boldsymbol{x}_2, \cdots, \boldsymbol{x}_n)$, 其中 $\boldsymbol{x}_i \sim N_p(0, \boldsymbol{I}_p)$ 相互独立, $n > p$. 令 $\boldsymbol{A} = \boldsymbol{X}\boldsymbol{X}'$. 若 $\boldsymbol{B} = (b_{ij})$ 是一个主对角元素都大于零的下三角阵, 并且满足 $\boldsymbol{A} = \boldsymbol{B}\boldsymbol{B}'$, 则

(a) $b_{ij} \sim N(0,1)$, $1 \leqslant j < i \leqslant p$;

(b) $b_{ii}^2 \sim \chi_{n-i+1}^2$, $i = 1, \cdots, p$;

(c) $\boldsymbol{B}$ 的所有元素都相互独立.

注 依据条件分布与条件无关, 可以得到无条件分布是多元统计最常用的一种方法.

定理 3.1.1 表明 $\boldsymbol{B}$ 的所有元素都相互独立, 且

$$b_{ii}^2 \sim \chi_{n-i+1}^2, \quad b_{ij} \sim N(0,1), \quad 1 \leqslant j < i \leqslant p,$$

因此, b_{ii} 的密度函数为

$$f_{b_{ii}}(b_{ii}) = 2^{-(n-i-1)/2}\Gamma^{-1}\left(\frac{n-i+1}{2}\right) b_{ii}^{n-i} \exp\left\{-\frac{b_{ii}^2}{2}\right\}, \quad i = 1, \cdots, p,$$

b_{ij} 的密度函数为

$$f_{b_{ij}}(b_{ij}) = \frac{1}{\sqrt{2\pi}} \exp\left\{-\frac{b_{ij}^2}{2}\right\}, \quad i > j,$$

从而求得 $\boldsymbol{B}$ 的联合分布密度函数为

$$\begin{aligned} f(\boldsymbol{B}) &= \prod_{i\geqslant j} f_{b_{ij}}(b_{ij}) \\ &= \prod_{i=1}^{p} b_{ii}^{n-i}\exp\left\{-\frac{1}{2}\sum_{i=1}^{p}\sum_{j=1}^{i} b_{ij}^2\right\} \Bigg/ 2^{p(n-2)/2}\pi^{\frac{p(p-1)}{4}}\prod_{i=1}^{p}\Gamma\left(\frac{n-i+1}{2}\right). \end{aligned}$$

下面, 由 $\boldsymbol{B}$ 的密度函数求导 $\boldsymbol{A}$ 的密度函数. 注意到 $\boldsymbol{A}=\boldsymbol{B}\boldsymbol{B}'$, 由定理 2.2.4 知由 $\boldsymbol{A}$ 到 $\boldsymbol{B}$ 变换的雅可比行列式为

$$J(\boldsymbol{A}\to\boldsymbol{B}) = 2^p\prod_{i=1}^{p} b_{ii}^{p-j+1}.$$

所以当 $\boldsymbol{\Sigma}=\boldsymbol{I}$ 时, $\boldsymbol{A}\sim W_p(n,\boldsymbol{I})$, 其密度函数为

$$\begin{aligned} f_{\boldsymbol{A}}(\boldsymbol{A}) &= f_{\boldsymbol{B}}(\boldsymbol{B})/J(\boldsymbol{A}\to\boldsymbol{B}) \\ &= \prod_{i=1}^{p} b_{ii}^{n-p-1}\exp\left\{-\frac{1}{2}\sum_{i=1}^{p}\sum_{j=1}^{i} b_{ij}^2\right\} \Bigg/ 2^{pn/2}\pi^{\frac{p(p-1)}{4}}\prod_{i=1}^{p}\Gamma\left(\frac{n-i+1}{2}\right) \\ &= |\boldsymbol{A}|^{\frac{n-p-1}{2}}\exp\left\{-\frac{\mathrm{tr}(\boldsymbol{A})}{2}\right\} \Bigg/ 2^{pn/2}\pi^{\frac{p(p-1)}{4}}\prod_{i=1}^{p}\Gamma\left(\frac{n-i+1}{2}\right). \end{aligned} \tag{3.1.8}$$

下面考虑一般情形的 $\boldsymbol{A}$ 的密度函数, 即当 $\boldsymbol{\Sigma}\neq\boldsymbol{I}_p$ 的情形. 令

$$\boldsymbol{Z}=\boldsymbol{\Sigma}^{-1/2}\boldsymbol{X},$$

则

$$\boldsymbol{T}=\boldsymbol{Z}\boldsymbol{Z}'\sim W_p(n,\boldsymbol{I}_p),$$

且

$$\boldsymbol{A}=\boldsymbol{X}\boldsymbol{X}'=\boldsymbol{\Sigma}^{1/2}\boldsymbol{Z}\boldsymbol{Z}'\boldsymbol{\Sigma}^{1/2}.$$

由定理 2.2.2 知: 由 $\boldsymbol{A}$ 到 $\boldsymbol{Z}\boldsymbol{Z}'$ 变换的雅可比行列式为

$$J(\boldsymbol{A}\to\boldsymbol{T}) = \left|\boldsymbol{\Sigma}^{(p+1)/2}\right|.$$

结合事实

$$\mathrm{tr}(\boldsymbol{T})=\mathrm{tr}(\boldsymbol{A}\boldsymbol{\Sigma}^{-1}),\quad |\boldsymbol{A}|=|\boldsymbol{T}||\boldsymbol{\Sigma}|,$$

于是 $\boldsymbol{A}$ 的密度函数为

$$\begin{aligned} f_{\boldsymbol{A}}(\boldsymbol{A}) &= f_{\boldsymbol{T}}(\boldsymbol{T})/J(\boldsymbol{A}\to\boldsymbol{T}) \\ &= |\boldsymbol{A}|^{\frac{n-p-1}{2}}\left|\boldsymbol{\Sigma}^{-\frac{n}{2}}\right|\exp\left\{-\frac{\mathrm{tr}(\boldsymbol{A}\boldsymbol{\Sigma}^{-1})}{2}\right\} \Bigg/ 2^{\frac{pn}{2}}\pi^{\frac{p(p-1)}{4}}\prod_{i=1}^{p}\Gamma\left(\frac{n-i+1}{2}\right). \end{aligned}$$

上述证明采用的许宝騄先生的证明方法, 参见王静龙 (2008, 附录 A.9), 另外以上两个变换的雅可比行列式的证明, 感兴趣的读者可参见刘金山 (2005).

在推导 $\boldsymbol{B}$ 的密度函数时, 一个非常关键的技巧是不完全随机正交变换 (3.1.4). 事实上, 这个技巧也可用于其他统计量的分布推导中, 下面是一个简单的例子.

例 3.1.2 设 $(x_i, y_i)'$, $i = 1, \cdots, n$ 为二元标准正态总体 $(X, Y)'$ 的一个简单样本, $(X, Y)' \sim N_2(0, I_2)$, 求样本相关系数 r 的分布(即 r 的零分布 $\rho = 0$), 这里

$$r = \frac{\sum(x_i - \bar{x})(y_i - \bar{y})}{\sqrt{\sum(x_i - \bar{x})^2 \sum(y_i - \bar{y})^2}},$$

其中

$$\bar{x} = \sum_{i=1}^{n} x_i/n, \quad \bar{y} = \sum_{i=1}^{n} y_i/n.$$

定义

$$\boldsymbol{P}_{2\times n} = \begin{pmatrix} \dfrac{1}{\sqrt{n}} & \dfrac{1}{\sqrt{n}} & \cdots & \dfrac{1}{\sqrt{n}} \\ \dfrac{y_1 - \bar{y}}{s} & \dfrac{y_2 - \bar{y}}{s} & \cdots & \dfrac{y_n - \bar{y}}{s} \end{pmatrix},$$

这里

$$s = \sqrt{\sum(y_i - \bar{y})^2}.$$

于是 $\boldsymbol{P}$ 为正交随机阵, $\boldsymbol{P}\boldsymbol{P}' = \boldsymbol{I}_2$. 作 $\boldsymbol{x} = (x_1, \cdots, x_n)'$ 不完全随机正交化变换

$$\begin{pmatrix} u_1 \\ u_2 \end{pmatrix} = \boldsymbol{P} \begin{pmatrix} x_1 \\ \vdots \\ x_n \end{pmatrix} = \boldsymbol{P}\boldsymbol{x},$$

其中

$$u_1 = \sqrt{n}\bar{x}, \tag{3.1.9}$$

$$u_2 = \sum_{i=1}^{n} \frac{(x_i - \bar{x})(y_i - \bar{y})}{\sqrt{\sum_{i=1}^{n}(y_i - \bar{y})^2}} = r\sqrt{\sum_{i=1}^{n}(x_i - \bar{x})^2}. \tag{3.1.10}$$

注意到 $\boldsymbol{x} \sim N_n(\mu \mathbf{1}_n, \boldsymbol{I}_n)$, 因此, 在给定矩阵 $\boldsymbol{P}$ 的情形下(即给定 $y_1, \cdots, y_n$), 有

$$\left.\begin{pmatrix} u_1 \\ u_2 \end{pmatrix}\right| \boldsymbol{P} \sim N(0, \boldsymbol{I}_2),$$

条件分布与条件无关, 于是

$$\begin{pmatrix} u_1 \\ u_2 \end{pmatrix} \sim N(0, \boldsymbol{I}_2). \tag{3.1.11}$$

类似定理3.1.1的证明, 可证得

$$\eta = \sum_{i=1}^{n} x_i^2 - u_1^2 - u_2^2 \sim \chi_{n-2}^2, \tag{3.1.12}$$

且 η, u_1, u_2 和 $\boldsymbol{P}$ 相互独立. 另外, 将(3.1.9)和(3.1.10) 代入 η, 化简得

$$\eta = (1-r^2)\sum_{i=1}^{n}(x_i - \bar{x})^2.$$

结合(3.1.11)和(3.1.12), 于是

$$\frac{u_2}{\sqrt{\eta/n-2}} = \sqrt{n-2}\frac{r}{\sqrt{1-r^2}} \sim t_{n-2}.$$

因此, $w = r/\sqrt{1-r^2}$ 的密度函数为

$$f_w(w) = \frac{\Gamma\left(\dfrac{n-1}{2}\right)}{\Gamma\left(\dfrac{n-2}{2}\right)\sqrt{\pi}}(1+w^2)^{-\frac{n-1}{2}}, \quad |w| < 1.$$

注意到

$$\frac{dw}{dr} = \frac{1}{(1-r^2)^{3/2}}, \quad 1 + w^2 = \frac{1}{(1-r^2)},$$

于是, r 的密度函数

$$f_r(r) = \frac{\Gamma\left(\dfrac{n-1}{2}\right)}{\Gamma\left(\dfrac{n-2}{2}\right)\sqrt{\pi}}(1-r^2)^{\frac{n-4}{2}}, \quad |r| < 1. \tag{3.1.13}$$

定理 3.1.2 设 $\boldsymbol{x} \sim N_p(\boldsymbol{\mu}, \boldsymbol{I}_p)$, 则 $\boldsymbol{x}$ 的第 i, j 分量的相关系数 r_{ij} 的零分布为(3.1.13).

3.1.2 Wishart 分布的性质

本节主要介绍 Wishart 分布几个重要的性质.

定理 3.1.3 设 $\boldsymbol{A} \sim W_p(n, \boldsymbol{\Sigma})$, $\boldsymbol{B}_{q\times p}$ 为非随机的行满秩矩阵, 则

$$\boldsymbol{BAB}' \sim W_q(n, \boldsymbol{B\Sigma B}').$$

证明 由 Wishart 阵的定义, 若 $\boldsymbol{A} \sim W_p(n, \boldsymbol{\Sigma})$, 则一定存在随机矩阵 $\boldsymbol{X}$, 使得

$$\boldsymbol{A} = \boldsymbol{X}\boldsymbol{X}' = \sum_{i=1}^{n} \boldsymbol{x}_i \boldsymbol{x}_i', \tag{3.1.14}$$

其中 $\boldsymbol{x}_i \sim N(0, \boldsymbol{\Sigma})$, 且 $\boldsymbol{x}_1, \cdots, \boldsymbol{x}_n$ 相互独立. 注意到

$$\boldsymbol{B}\boldsymbol{A}\boldsymbol{B}' = \boldsymbol{B}\boldsymbol{X}\boldsymbol{X}'\boldsymbol{B} = \sum_{i=1}^{n} \boldsymbol{B}\boldsymbol{x}_i(\boldsymbol{B}\boldsymbol{x}_i)',$$

其中 $\boldsymbol{B}\boldsymbol{x}_i \sim N(0, \boldsymbol{B}\boldsymbol{\Sigma}\boldsymbol{B}')$, $\boldsymbol{B}\boldsymbol{x}_1, \cdots, \boldsymbol{B}\boldsymbol{x}_n$ 相互独立, 应用 Wishart 阵的定义, 定理得证.

下面考虑 Wishart 阵分块矩阵的边缘分布. 设 $\boldsymbol{A} \sim W_p(n, \boldsymbol{\Sigma})$, 记 $\boldsymbol{A}$ 和 $\boldsymbol{\Sigma}$ 的分块形式分别为

$$\boldsymbol{A} = \begin{pmatrix} \boldsymbol{A}_{11} & \boldsymbol{A}_{12} \\ \boldsymbol{A}_{21} & \boldsymbol{A}_{22} \end{pmatrix}, \quad \boldsymbol{\Sigma} = \begin{pmatrix} \boldsymbol{\Sigma}_{11} & \boldsymbol{\Sigma}_{12} \\ \boldsymbol{\Sigma}_{21} & \boldsymbol{\Sigma}_{22} \end{pmatrix},$$

其中 $\boldsymbol{A}_{11}$ 和 $\boldsymbol{\Sigma}_{11}$ 为 $q \times q$ 的方阵. 不失一般性, 假设 $q < p$. 由定理 3.1.3, 有

推论 3.1.1 设 $\boldsymbol{A} \sim W_p(n, \boldsymbol{\Sigma})$, 则

(a) $\boldsymbol{A}_{11} \sim W_q(n, \boldsymbol{\Sigma}_{11})$;

(b) $\boldsymbol{A}_{22} \sim W_{p-q}(n, \boldsymbol{\Sigma}_{22})$;

(c) 当 $\boldsymbol{\Sigma}_{12} = \boldsymbol{0}$ 时, $\boldsymbol{A}_{11}$ 和 $\boldsymbol{A}_{22}$ 独立.

事实上, 只需令定理 3.1.3 中 $\boldsymbol{B} = (\boldsymbol{I}_q, 0)$ 和 $\boldsymbol{B} = (0, \boldsymbol{I}_{p-q})$, 便可证得 (a) 和 (b). 另外, 对 (3.1.14) 中的 $\boldsymbol{x}_i$ 作相应的分块

$$\boldsymbol{x}_i = \begin{pmatrix} \boldsymbol{x}_{i1} \\ \boldsymbol{x}_{i2} \end{pmatrix},$$

其中 $\boldsymbol{x}_{i1}$ 为 $q \times 1$ 维的向量. 于是

$$\boldsymbol{A}_{11} = \sum_{i=1}^{n} \boldsymbol{x}_{i1}\boldsymbol{x}_{i1}', \quad \boldsymbol{A}_{22} = \sum_{i=1}^{n} \boldsymbol{x}_{i2}\boldsymbol{x}_{i2}'.$$

注意到 $\boldsymbol{x}_i = (\boldsymbol{x}_{i1}', \boldsymbol{x}_{i2}')' \sim N_p(0, \boldsymbol{\Sigma})$, 因此, 当 $\boldsymbol{\Sigma}_{12} = \boldsymbol{0}$ 时, $\boldsymbol{x}_{i1}$ 和 $\boldsymbol{x}_{i2}$ 独立. 又由于 $\boldsymbol{x}_1, \cdots, \boldsymbol{x}_n$ 相互独立, 故证得 $\boldsymbol{A}_{11}$ 和 $\boldsymbol{A}_{22}$ 独立.

定理 3.1.4 设 $\boldsymbol{A} \sim W_p(n, \boldsymbol{\Sigma})$, 则

(a) 对任意非零的常数向量 $\boldsymbol{l}$ $(\boldsymbol{l} \neq 0)$, 有

$$\frac{\boldsymbol{l}'\boldsymbol{A}\boldsymbol{l}}{\boldsymbol{l}'\boldsymbol{\Sigma}\boldsymbol{l}} \sim \chi_n^2.$$

(b) 若 $\boldsymbol{l}$ 为随机向量, 但与 $\boldsymbol{A}$ 独立, 则

$$\frac{\boldsymbol{l}'\boldsymbol{A}\boldsymbol{l}}{\boldsymbol{l}'\boldsymbol{\Sigma}\boldsymbol{l}} \sim \chi_n^2,$$

且与 $\boldsymbol{l}$ 独立.

证明 由于 $\boldsymbol{A} \sim W_p(n, \boldsymbol{\Sigma})$, 故存在相互独立随机向量 $\boldsymbol{x}_i \sim N(0, \boldsymbol{\Sigma})$, $i = 1, \cdots, n$, 使得

$$\boldsymbol{A} = \sum_{i=1}^{n} \boldsymbol{x}_i \boldsymbol{x}_i'.$$

于是

$$\boldsymbol{l}'\boldsymbol{A}\boldsymbol{l} = \sum_{i=1}^{n} (\boldsymbol{l}'\boldsymbol{x}_i)^2.$$

注意到

$$\boldsymbol{l}'\boldsymbol{x}_i \sim N(0, \boldsymbol{l}'\boldsymbol{\Sigma}\boldsymbol{l}), \quad i = 1, \cdots, n$$

相互独立, 故证得

$$\frac{\boldsymbol{l}'\boldsymbol{A}\boldsymbol{l}}{\boldsymbol{l}'\boldsymbol{\Sigma}\boldsymbol{l}} = \sum_{i=1}^{n} \frac{(\boldsymbol{l}'\boldsymbol{x}_i)^2}{\boldsymbol{l}'\boldsymbol{\Sigma}\boldsymbol{l}} \sim \chi_n^2.$$

(b) 若 $\boldsymbol{l}$ 为随机向量, 但与 $\boldsymbol{A}$ 独立, 则考虑条件分布, 在给定 $\boldsymbol{l}$ 条件的条件下, 由 (a) 得

$$\left.\frac{\boldsymbol{l}'\boldsymbol{A}\boldsymbol{l}}{\boldsymbol{l}'\boldsymbol{\Sigma}\boldsymbol{l}}\right|_{\boldsymbol{l}} = \sum_{i=1}^{n} \frac{(\boldsymbol{l}'\boldsymbol{x}_i)^2}{\boldsymbol{l}'\boldsymbol{\Sigma}\boldsymbol{l}} \sim \chi_n^2,$$

该条件分布与条件 $\boldsymbol{l}$ 无关, 故条件分布就等于无条件分布, 且与 $\boldsymbol{l}$ 独立, 证得 (b).

定理 3.1.5 设 $\boldsymbol{x}_i \sim N(0, \boldsymbol{\Sigma})$, $i = 1, \cdots, n$ 独立, $\boldsymbol{X} = (\boldsymbol{x}_1, \cdots, \boldsymbol{x}_n)$, $\boldsymbol{C}_{n\times n}$ 是对称矩阵. 则 $\boldsymbol{X}\boldsymbol{C}\boldsymbol{X}' \sim W_p(r, \boldsymbol{\Sigma})$ 的充分必要条件为 $r = \mathrm{rk}(\boldsymbol{C})$ 且对任意给定的 $\boldsymbol{l}$, 都有 $\boldsymbol{l}'\boldsymbol{X}\boldsymbol{C}\boldsymbol{X}'\boldsymbol{l} \sim \sigma_l^2\chi_r^2$, 这里 $\sigma_l^2 = \boldsymbol{l}'\boldsymbol{\Sigma}\boldsymbol{l}$.

证明 必要性由定理 3.1.4 可得. 下面证明充分性.

设 $\boldsymbol{y} = \boldsymbol{X}'\boldsymbol{l}$. 由于 $\boldsymbol{x}_1, \cdots, \boldsymbol{x}_n$ 相互独立且同分布, 于是

$$\boldsymbol{y} = (\boldsymbol{x}_1'\boldsymbol{l}, \cdots, \boldsymbol{x}_n'\boldsymbol{l})' \sim N(\boldsymbol{0}, \sigma_l^2\boldsymbol{I}_n).$$

应用定理 2.4.5,

$$\boldsymbol{l}'\boldsymbol{X}\boldsymbol{C}\boldsymbol{X}'\boldsymbol{l} = \boldsymbol{y}'\boldsymbol{C}\boldsymbol{y} \sim \sigma_l^2\chi_r^2$$

的充要条件是 $\boldsymbol{C}$ 对称幂等阵且 $\mathrm{rk}(\boldsymbol{C}) = r$. 故由推论 2.1.2 知: 存在列正交矩阵 $\boldsymbol{H} = (\boldsymbol{h}_1, \cdots, \boldsymbol{h}_r)$, 使得 $\boldsymbol{C} = \boldsymbol{H}\boldsymbol{H}'$. 于是

$$\boldsymbol{X}\boldsymbol{C}\boldsymbol{X}' = \boldsymbol{X}\boldsymbol{H}\boldsymbol{H}'\boldsymbol{X}'.$$

记 $\boldsymbol{Z}=\boldsymbol{XH}=(\boldsymbol{z}_1,\cdots,\boldsymbol{z}_r)$, 容易验证

$$\text{Vec}(\boldsymbol{Z})=(\boldsymbol{H}'\otimes\boldsymbol{I})\text{Vec}(\boldsymbol{X})\sim N_{pr}(\boldsymbol{0},\boldsymbol{I}_r\otimes\boldsymbol{\Sigma}),$$

即 $\boldsymbol{z}_1,\cdots,\boldsymbol{z}_r$ 相互独立且同分布于 $N_p(\boldsymbol{0},\boldsymbol{\Sigma})$. 由 Wishart 分布的定义, 得

$$\boldsymbol{XCX}'=\boldsymbol{ZZ}'=\sum_{i=1}^r\boldsymbol{z}_i\boldsymbol{z}_i'\sim W_p(r,\boldsymbol{\Sigma}).$$

定理证毕.

推论 3.1.2 设 $\boldsymbol{x}_i\sim N(0,\boldsymbol{\Sigma})$, $i=1,\cdots,n$ 且相互独立, $\boldsymbol{X}=(\boldsymbol{x}_1,\cdots,\boldsymbol{x}_n)$, $\boldsymbol{C}_{n\times n}$ 是对称矩阵. 则 $\boldsymbol{XCX}'\sim W_p(r,\boldsymbol{\Sigma})$ 充分必要条件为 $\boldsymbol{C}$ 幂等阵, 且 $r=\text{rk}(\boldsymbol{C})$.

推论 3.1.3 设 $\boldsymbol{x}_i,\cdots,\boldsymbol{x}_n$ 为来自 $\sim N(0,\boldsymbol{\Sigma})$ 的样本, 则样本协方差阵 $\boldsymbol{S}=\sum_{i=1}^n(\boldsymbol{x}_i-\bar{\boldsymbol{x}})(\boldsymbol{x}_i-\bar{\boldsymbol{x}})'\sim W_p(n-1,\boldsymbol{\Sigma})$. 这里 $\bar{\boldsymbol{x}}=\sum_{i=1}^n\boldsymbol{x}_i/n$ 为样本均值向量.

证明 记 $\boldsymbol{X}=(\boldsymbol{x}_1,\cdots,\boldsymbol{x}_n)$. 注意到

$$\bar{\boldsymbol{x}}=\sum_{i=1}^n\boldsymbol{x}_i/n=\boldsymbol{X1}/n,\quad \boldsymbol{S}=\sum_{i=1}^n\boldsymbol{x}_i\boldsymbol{x}_i'-n\bar{\boldsymbol{x}}\bar{\boldsymbol{x}}',$$

于是

$$\boldsymbol{S}=\boldsymbol{XX}'-\boldsymbol{X11}'/n\boldsymbol{X}'=\boldsymbol{X}(\boldsymbol{I}_n-\boldsymbol{11}'/n)\boldsymbol{X}'.$$

显然 $\boldsymbol{I}_n-\boldsymbol{11}'/n$ 为对称幂等阵, 由推论 3.1.2, 该结论得证.

定理 3.1.6 设 $\boldsymbol{A}_i\sim W_p(n_i,\boldsymbol{\Sigma})$, $i=1,\cdots,k$ 相互独立, 则

$$\boldsymbol{A}_1+\cdots+\boldsymbol{A}_k\sim W_p(n_1+\cdots+n_k,\ \boldsymbol{\Sigma}).$$

证明 由于 $A_i\sim W_p(n,\boldsymbol{\Sigma})$, 故存在随机矩阵 $\boldsymbol{X}_i=(\boldsymbol{x}_1^{(i)},\cdots,\boldsymbol{x}_{n_i}^{(i)})$, 使得

$$\boldsymbol{A}_i=\boldsymbol{X}_i\boldsymbol{X}_i',$$

其中 $\boldsymbol{x}_j^{(i)}\sim N_p(0,\boldsymbol{\Sigma})$, $j=1,\cdots,n_i$ 相互独立, $i=1,\cdots,k$. 由于 $\boldsymbol{A}_1,\cdots,\boldsymbol{A}_k$ 相互独立, 故 $\boldsymbol{X}_1,\cdots,\boldsymbol{X}_k$ 也相互独立. 由 Wishart 阵的定义, 证得

$$\begin{aligned}\boldsymbol{A}_1+\cdots+\boldsymbol{A}_k&=(\boldsymbol{X}_1,\cdots,\boldsymbol{X}_k)(\boldsymbol{X}_1,\cdots,\boldsymbol{X}_k)'\\&=\sum_{i=1}^k\sum_{j=1}^{n_i}\boldsymbol{x}_j^{(i)}\boldsymbol{x}_j^{(i)'}\sim W_p(n_1+\cdots+n_k,\ \boldsymbol{\Sigma}).\end{aligned}$$

定理 3.1.7 设 $\boldsymbol{X}\sim N_{p\times n}(\boldsymbol{0},\boldsymbol{I}_n\otimes\boldsymbol{\Sigma})$, $\boldsymbol{C}$ 和 $\boldsymbol{D}$ 为 n 阶对称阵, 则 $\boldsymbol{XCX}'$ 与 $\boldsymbol{XDX}'$ 独立的充要条件为 $\boldsymbol{CD}=\boldsymbol{0}$.

证明 必要性. 对任意非零的常数向量 $\boldsymbol{l}$, 令 $\boldsymbol{y}=\boldsymbol{X}'\boldsymbol{l}$, 于是

$$\boldsymbol{y}\sim N_n(0,\sigma_l^2\boldsymbol{I}_n),$$

其中 $\sigma_l^2=\boldsymbol{l}'\boldsymbol{\Sigma}\boldsymbol{l}$. 若 $\boldsymbol{XCX}'$ 与 $\boldsymbol{XDX}'$ 独立, 则 $\boldsymbol{y}'\boldsymbol{Cy}$ 与 $\boldsymbol{y}'\boldsymbol{Dy}$ 独立. 由定理2.4.7得 $\boldsymbol{CD}=\boldsymbol{0}$.

充分性. 对 $\boldsymbol{C}$ 和 $\boldsymbol{D}$ 分别进行满秩谱分解得

$$\boldsymbol{C}=\boldsymbol{Q}_1\boldsymbol{\Lambda}_1\boldsymbol{Q}_1',\quad \boldsymbol{D}=\boldsymbol{Q}_2\boldsymbol{\Lambda}_2\boldsymbol{Q}_2',$$

其中 $\mathrm{rk}(\boldsymbol{Q}_1)=\mathrm{rk}(\boldsymbol{C})=r_1$, $\mathrm{rk}(\boldsymbol{Q}_2)=\mathrm{rk}(\boldsymbol{D})=r_2$, $\boldsymbol{\Lambda}_1$ 和 $\boldsymbol{\Lambda}_2$ 为对角矩阵, 其对角元分别为 $\boldsymbol{C}$ 和 $\boldsymbol{D}$ 的所有非零特征根. 如果 $\boldsymbol{CD}=\boldsymbol{0}$, 则 $\boldsymbol{Q}_1'\boldsymbol{Q}_2=\boldsymbol{0}$. 于是

$$\boldsymbol{Y}=\boldsymbol{X}(\boldsymbol{Q}_1,\boldsymbol{Q}_2)=(\boldsymbol{Y}_1,\boldsymbol{Y}_2)\sim N_{p\times r}(\boldsymbol{0},\boldsymbol{I}_r\otimes\boldsymbol{\Sigma}),$$

这里 $r=r_1+r_2$, $\boldsymbol{Y}_1=\boldsymbol{XQ}_1$ 和 $\boldsymbol{Y}_2=\boldsymbol{XQ}_2$ 独立. 故 $\boldsymbol{XCX}'=\boldsymbol{Y}_1\Lambda_1\boldsymbol{Y}_1'$ 与 $\boldsymbol{XDX}=\boldsymbol{Y}_2\Lambda_2\boldsymbol{Y}_2'$ 独立. 定理证毕.

定理 3.1.8 设 p 阶随机阵 $\boldsymbol{A}\sim W_p(n,\boldsymbol{\Sigma})$, 对 $\boldsymbol{A},\boldsymbol{\Sigma}$ 作如下分块:

$$\boldsymbol{A}=\begin{pmatrix}\boldsymbol{A}_{11} & \boldsymbol{A}_{12}\\ \boldsymbol{A}_{21} & \boldsymbol{A}_{22}\end{pmatrix},\quad \boldsymbol{\Sigma}=\begin{pmatrix}\boldsymbol{\Sigma}_{11} & \boldsymbol{\Sigma}_{12}\\ \boldsymbol{\Sigma}_{21} & \boldsymbol{\Sigma}_{22}\end{pmatrix},$$

其中 $\boldsymbol{A}_{11}$ 和 $\boldsymbol{\Sigma}_{11}$ 为 q 阶方阵, $1\leqslant q\leqslant p-1$, 则

(a) $\boldsymbol{A}_{11\cdot2}\sim W_q(n-p+q,\boldsymbol{\Sigma}_{11\cdot2})$;

(b) $\boldsymbol{A}_{22}\sim W_{p-q}(n,\boldsymbol{\Sigma}_{22})$;

(c) 给定 $\boldsymbol{A}_{22}$, $\boldsymbol{A}_{12}\boldsymbol{A}_{22}^{-1}\sim N(\boldsymbol{\Sigma}_{12}\boldsymbol{\Sigma}_{22}^{-1},\boldsymbol{A}_{22}^{-1}\otimes\boldsymbol{\Sigma}_{11\cdot2})$;

(d) $\boldsymbol{A}_{11\cdot2}$ 与 $(\boldsymbol{A}_{12},\boldsymbol{A}_{22})$ 独立.

证明 (a) 由于 $\boldsymbol{A}\sim W_p(n,\boldsymbol{\Sigma})$, 故存在随机矩阵 $\boldsymbol{X}=(\boldsymbol{x}_1,\cdots,\boldsymbol{x}_n)$, 使得

$$\boldsymbol{A}=\boldsymbol{XX}',$$

其中 $\boldsymbol{x}_i\sim N_p(0,\boldsymbol{\Sigma})$, $i=1,\cdots,n$ 相互独立. 将 $\boldsymbol{X}$ 作相应的分块

$$\boldsymbol{X}=(\boldsymbol{X}_1',\boldsymbol{X}_2')'.$$

故

$$\boldsymbol{A}_{11\cdot2}=\boldsymbol{X}_1(\boldsymbol{I}-\boldsymbol{X}_2'(\boldsymbol{X}_2\boldsymbol{X}_2')^{-1}\boldsymbol{X}_2)\boldsymbol{X}_1'\triangleq\boldsymbol{X}_1\boldsymbol{C}\boldsymbol{X}_1',$$

$$\boldsymbol{A}_{12}=\boldsymbol{X}_1\boldsymbol{X}_2',\quad \boldsymbol{A}_{22}=\boldsymbol{X}_2\boldsymbol{X}_2',$$

这里, $\boldsymbol{C}$ 为对称幂等阵, $\mathrm{rk}(\boldsymbol{C})=n-(p-q)$. 由于 $\boldsymbol{C}$ 为随机阵, 故先考虑条件分布. 由多元正态分布条件分布的相关结论 (定理 2.4.4), 有

$$\boldsymbol{X}_1|\boldsymbol{X}_2 \sim N_{q\times n}(\boldsymbol{\Sigma}_{12}\boldsymbol{\Sigma}_{22}^{-1}\boldsymbol{X}_2, \boldsymbol{I}\otimes\boldsymbol{\Sigma}_{11\cdot 2}).$$

注意到 $\boldsymbol{C}$ 仅为 $\boldsymbol{X}_2$ 的函数, 且 $\boldsymbol{C}\boldsymbol{X}_2=\boldsymbol{0}$. 于是

$$\boldsymbol{A}_{11\cdot 2}=\boldsymbol{X}_{1.2}\boldsymbol{C}\boldsymbol{X}_{1.2},$$

且

$$\boldsymbol{X}_{1.2}|\boldsymbol{X}_2 \sim N_{q\times n}(\boldsymbol{0}, \boldsymbol{I}\otimes\boldsymbol{\Sigma}_{11\cdot 2}),$$

这里 $\boldsymbol{X}_{1.2}=\boldsymbol{X}_1-\boldsymbol{\Sigma}_{12}\boldsymbol{\Sigma}_{22}^{-1}\boldsymbol{X}_2$. 因此, 对任意给定的 $\boldsymbol{X}_2$,

$$\boldsymbol{A}_{11\cdot 2}|\boldsymbol{X}_2 \sim W_q(n-p+q, \boldsymbol{\Sigma}_{11\cdot 2}).$$

该分布与条件 $\boldsymbol{X}_2$ 无关, 从而证得上式即为 $\boldsymbol{A}_{11\cdot 2}$ 的无条件分布, 且与 $\boldsymbol{X}_2$ 独立.

(b)

$$\boldsymbol{A}_{22}=\boldsymbol{X}_2'\boldsymbol{X}_2 \sim W_{p-q}(n, \boldsymbol{\Sigma}_{22}).$$

(c) 注意到 $\mathrm{Vec}(\boldsymbol{A}_{12}\boldsymbol{A}_{22}^{-1})=(\boldsymbol{A}_{22}^{-1}\boldsymbol{X}_2\otimes\boldsymbol{I}_q)\mathrm{Vec}(\boldsymbol{X}_1)$,

$$\mathrm{Vec}(\boldsymbol{X}_1|\boldsymbol{X}_2) \sim N_{nq}((\boldsymbol{I}_n\otimes\boldsymbol{\Sigma}_{12}\boldsymbol{\Sigma}_{22})\mathrm{Vec}(\boldsymbol{X}_2), \boldsymbol{I}_n\otimes\boldsymbol{\Sigma}_{11.2}),$$

于是

$$\boldsymbol{A}_{12}\boldsymbol{A}_{22}^{-1}|\boldsymbol{A}_{22} \sim N(\boldsymbol{\Sigma}_{12}\boldsymbol{\Sigma}_{22}^{-1}, \boldsymbol{A}_{22}^{-1}\otimes\boldsymbol{\Sigma}_{11\cdot 2}).$$

(d) 注意到 $\boldsymbol{C}(\boldsymbol{I}-\boldsymbol{C})=\boldsymbol{0}$, 于是给定 $\boldsymbol{X}_2$ 的条件下, $\boldsymbol{C}\boldsymbol{X}_{1.2}'$ 和

$$(\boldsymbol{I}-\boldsymbol{C})\boldsymbol{X}_{1.2}'=\boldsymbol{X}_2'\boldsymbol{A}_{22}^{-1}\boldsymbol{A}_{21}-\boldsymbol{X}_2'\boldsymbol{\Sigma}_{22}^{-1}\boldsymbol{\Sigma}_{12}$$

条件独立. 进而给定 $\boldsymbol{X}_2$ 的条件下, $\boldsymbol{A}_{11.2}=(\boldsymbol{C}\boldsymbol{X}_{1.2}')'\boldsymbol{C}\boldsymbol{X}_{1.2}'$ 和 $(\boldsymbol{I}-\boldsymbol{C})\boldsymbol{X}_{1.2}'$ 条件独立. 注意到 $\boldsymbol{A}_{11.2}$ 与 $\boldsymbol{X}_2$ 独立, 由定理 2.4.4 的 (c), 知 $(\boldsymbol{I}-\boldsymbol{C})\boldsymbol{X}_{1.2}'$ 与 $\boldsymbol{X}_2$ 独立, 故 $\boldsymbol{A}_{11.2}$ 与 $(\boldsymbol{X}_2,(\boldsymbol{I}_n-\boldsymbol{C})\boldsymbol{X}_{1.2}')$ 独立. $\boldsymbol{A}_{22}$ 和 $\boldsymbol{A}_{12}$ 皆为 $(\boldsymbol{X}_2,(\boldsymbol{I}_n-\boldsymbol{C})\boldsymbol{X}_{1.2}')$ 的函数, 于是 (d) 得证.

定理 3.1.9 设 $\boldsymbol{A}\sim W_p(n,\boldsymbol{\Sigma})$, $\boldsymbol{B}$ 为行满秩 $q\times p$ 矩阵, 则

$$(\boldsymbol{B}\boldsymbol{A}^{-1}\boldsymbol{B}')^{-1} \sim W_q(n-p+q, (\boldsymbol{B}\boldsymbol{\Sigma}^{-1}\boldsymbol{B}')^{-1}). \tag{3.1.15}$$

证明 不失一般性, 令 $\boldsymbol{\Sigma}=\boldsymbol{I}$. 即证

$$(\boldsymbol{B}\boldsymbol{A}^{-1}\boldsymbol{B}')^{-1} \sim W_q(n-p+q, (\boldsymbol{B}\boldsymbol{B}')^{-1}). \tag{3.1.16}$$

事实上, 如果 $\boldsymbol{\Sigma} \neq \boldsymbol{I}$, 则令

$$\boldsymbol{A}^* = \boldsymbol{\Sigma}^{-\frac{1}{2}}\boldsymbol{A}\boldsymbol{\Sigma}^{-\frac{1}{2}}, \quad \boldsymbol{B}^* = \boldsymbol{B}\boldsymbol{\Sigma}^{\frac{1}{2}}.$$

于是 $\boldsymbol{A}^* \sim W_p(n, \boldsymbol{I})$,

$$\boldsymbol{B}\boldsymbol{A}^{-1}\boldsymbol{B}' = \boldsymbol{B}^*\boldsymbol{A}^{*-1}\boldsymbol{B}^{*\prime}, \quad \boldsymbol{B}^*\boldsymbol{B}^{*\prime} = \boldsymbol{B}\boldsymbol{\Sigma}^{-1}\boldsymbol{B}',$$

即 (3.1.16) 的形式.

对 $\boldsymbol{B}$ 进行奇异值分解

$$\boldsymbol{B} = \boldsymbol{P}(\boldsymbol{\Lambda}, \boldsymbol{0})\boldsymbol{Q},$$

这里 $\boldsymbol{P}$ 和 $\boldsymbol{Q}$ 正交矩阵, $\mathrm{rk}(\boldsymbol{B}) = \mathrm{rk}(\boldsymbol{\Lambda})$. 令 $\boldsymbol{C} = \boldsymbol{P}\boldsymbol{\Lambda}$, 则 $\boldsymbol{C}$ 可逆, $\boldsymbol{B} = \boldsymbol{C}(\boldsymbol{I}, \boldsymbol{0})\boldsymbol{Q}$. 因为 $\boldsymbol{D} = \boldsymbol{Q}\boldsymbol{A}\boldsymbol{Q}' \sim W_p(n, \boldsymbol{I})$. 记

$$\boldsymbol{D} = \begin{pmatrix} \boldsymbol{D}_{11} & \boldsymbol{D}_{12} \\ \boldsymbol{D}_{21} & \boldsymbol{D}_{22} \end{pmatrix}.$$

应用这样两个事实:

$$(\boldsymbol{B}\boldsymbol{B}')^{-1} = (\boldsymbol{C}\boldsymbol{C}')^{-1},$$

$$\left((\boldsymbol{I}, \boldsymbol{0})(\boldsymbol{Q}\boldsymbol{A}\boldsymbol{Q}')^{-1}(\boldsymbol{I}, \boldsymbol{0})'\right)^{-1} = \boldsymbol{D}_{11\cdot 2} \sim W_q(n-p+q, \boldsymbol{I}_q),$$

于是

$$\begin{aligned}\left(\boldsymbol{B}\boldsymbol{A}^{-1}\boldsymbol{B}'\right)^{-1} &= \left(\boldsymbol{C}(\boldsymbol{I}, \boldsymbol{0})\boldsymbol{Q}\boldsymbol{A}^{-1}\boldsymbol{Q}'(\boldsymbol{I}, \boldsymbol{0})'\boldsymbol{C}'\right)^{-1} \\ &= \left(\boldsymbol{C}^{-1}\right)'\left((\boldsymbol{I}, \boldsymbol{0})(\boldsymbol{Q}\boldsymbol{A}\boldsymbol{Q}')^{-1}(\boldsymbol{I}, \boldsymbol{0})'\right)^{-1}\boldsymbol{C}^{-1} \\ &= \left(\boldsymbol{C}^{-1}\right)'\boldsymbol{D}_{11\cdot 2}\boldsymbol{C}^{-1} \\ &\sim W_q\left(n-p+q, (\boldsymbol{B}\boldsymbol{B}')^{-1}\right).\end{aligned}$$

定理得证.

定理 3.1.10 设 $\boldsymbol{A} \sim W_p(n, \boldsymbol{\Sigma})$, $\boldsymbol{y}$ 为 $p \times 1$ 的随机向量, 两者独立, 则

$$\frac{\boldsymbol{y}'\boldsymbol{\Sigma}^{-1}\boldsymbol{y}}{\boldsymbol{y}'\boldsymbol{A}^{-1}\boldsymbol{y}} \sim \chi^2_{n-p+1}, \tag{3.1.17}$$

且与 $\boldsymbol{y}$ 独立.

证明 取 $\boldsymbol{B} = \boldsymbol{y}'$. 考虑给定 $\boldsymbol{y}$ 下的条件分布. 由定理 3.1.9, $(\boldsymbol{y}'\boldsymbol{A}^{-1}\boldsymbol{y})^{-1} \sim W_1(n-p+1, (\boldsymbol{y}'\boldsymbol{\Sigma}^{-1}\boldsymbol{y})^{-1})$, 即

$$\frac{\boldsymbol{y}'\boldsymbol{\Sigma}^{-1}\boldsymbol{y}}{\boldsymbol{y}'\boldsymbol{A}^{-1}\boldsymbol{y}} \Big| \sim \chi^2_{n-p+1},$$

且与条件 y 无关, 故它也是非条件分布.

结合定理 3.1.10, 我们有

推论 3.1.4 设 $\boldsymbol{A} \sim W_p(n, \boldsymbol{\Sigma})$, 则 $E(\boldsymbol{A}^{-1}) = \boldsymbol{\Sigma}^{-1}/(n-p-1)$.

证明 对任意 $p \times 1$ 常数向量 $\boldsymbol{l} \neq \mathbf{0}$, 有

$$\frac{\boldsymbol{l}'\boldsymbol{\Sigma}^{-1}\boldsymbol{l}}{\boldsymbol{l}'\boldsymbol{A}^{-1}\boldsymbol{l}} \sim \chi^2_{n-p+1},$$

则

$$\frac{\boldsymbol{l}'\boldsymbol{A}^{-1}\boldsymbol{l}}{\boldsymbol{l}'\boldsymbol{\Sigma}^{-1}\boldsymbol{l}} \sim \frac{1}{\chi^2_{n-p+1}}. \tag{3.1.18}$$

因此

$$E\left(\frac{\boldsymbol{l}'\boldsymbol{A}^{-1}\boldsymbol{l}}{\boldsymbol{l}'\boldsymbol{\Sigma}^{-1}\boldsymbol{l}}\right) = E\left(\frac{1}{\chi^2_{n-p+1}}\right) = \frac{1}{n-p-1},$$

即

$$\boldsymbol{l}'E\left(\boldsymbol{A}^{-1}\right)\boldsymbol{l} = \frac{1}{n-p-1}\boldsymbol{l}'\boldsymbol{\Sigma}^{-1}\boldsymbol{l}.$$

由 $\boldsymbol{l}$ 的任意性, 故证得结论.

文献中, 称 $\boldsymbol{A}^{-1}$ 的分布为逆 Wishart 分布 . 令 $\boldsymbol{l} = (0, \cdots, 0, 1, 0, \cdots, 0)'$, 可以得到 (3.1.18) 的一个特殊情形:

$$\frac{\sigma^{ii}}{a^{ii}} \sim \chi^2_{n-p+1}, \tag{3.1.19}$$

这里 $\boldsymbol{A}^{-1} = (a^{ij})$, $\boldsymbol{\Sigma}^{-1} = (\sigma^{ij})$.

另外, Wishart 分布是 χ^2 分布的推广, 当 $p = 1$ 时,

$$\boldsymbol{A} \sim \sigma^2 \cdot \chi^2_n.$$

3.1.3 Wishart 阵行列式的分布

在一元随机变量 X 情形, 用方差 $\mathrm{Var}(X) = \sigma^2$ 来描述其变化离差程度. 在多元随机向量 $\boldsymbol{x}$ 的情形, 其变动情况是由协方差 $\boldsymbol{\Sigma} = \mathrm{Cov}(\boldsymbol{x})$ 刻画, 但由于矩阵不能比较大, 故常用其行列式 $|\boldsymbol{\Sigma}|$ 来比较, 称 $|\boldsymbol{\Sigma}|$ 为 $\boldsymbol{x}$ 的广义方差.

设 $\boldsymbol{x}_1, \cdots, \boldsymbol{x}_n$ 来自 p 维总体 $(\boldsymbol{\mu}, \boldsymbol{\Sigma})$ 的一个样本, 记 $\boldsymbol{S} = \sum\limits_{i=1}^{n}(\boldsymbol{x}_i - \bar{\boldsymbol{x}})(\boldsymbol{x}_i - \bar{\boldsymbol{x}})'$. 则

$$\hat{\boldsymbol{\Sigma}} = \boldsymbol{S}/(n-1)$$

为 $\boldsymbol{\Sigma}$ 一个无偏估计, 称 $|\hat{\boldsymbol{\Sigma}}|$ 为 $\boldsymbol{x}$ 的样本广义方差. 进一步, 假设 $\boldsymbol{x}_i \sim N_p(\boldsymbol{\mu}, \boldsymbol{\Sigma})$. 则 $\boldsymbol{S} \sim W_p(n-1, \boldsymbol{\Sigma})$. 因此, 样本广义方差的分布可由服从 Wishart 分布的矩阵的行列式分布决定.

定理 3.1.11 设 $\boldsymbol{A} \sim W_p(n, \boldsymbol{\Sigma})$, 则行列式 $|\boldsymbol{A}|$ 与 $|\boldsymbol{\Sigma}|\prod_{i=1}^{p}\chi^2_{n+1-i}$ 同分布.

证明 因为 $\boldsymbol{A} \sim W_p(n, \boldsymbol{\Sigma})$, $\boldsymbol{\Sigma} > 0$, 故

$$\boldsymbol{A}^* = \boldsymbol{\Sigma}^{-1/2}\boldsymbol{A}\boldsymbol{\Sigma}^{-1/2} \sim W_p(n, \boldsymbol{I}).$$

对 $\boldsymbol{A}^*$ 作 Bartlett 分解 $\boldsymbol{A}^* = \boldsymbol{B}\boldsymbol{B}'$. 应用定理 3.1.1, 得

$$|\boldsymbol{A}| = |\boldsymbol{\Sigma}||\boldsymbol{A}^*| \stackrel{d}{=} |\boldsymbol{\Sigma}|\prod_{i=1}^{p}\chi^2_{n+1-i}.$$

推论 3.1.5 设 $\boldsymbol{x}_1, \cdots, \boldsymbol{x}_n$ 来自 $N_p(\boldsymbol{\mu}, \boldsymbol{\Sigma})$ 的一个样本. 则样本广义方差 $|\hat{\boldsymbol{\Sigma}}|$ 同分布于

$$|\boldsymbol{S}/(n-1)| \stackrel{d}{=} \frac{|\boldsymbol{\Sigma}|}{(n-1)^p}\prod_{i=1}^{p}\chi^2_{n-i}.$$

由于小样本的精确分布繁琐, 实用性差, 故需要了解其大样本性质. 首先介绍一个重要的引理.

引理 3.1.1 (Slutsky 定理) 设 $\boldsymbol{u}_n$ 是随机序列, $\sqrt{n}(\boldsymbol{u}_n - \boldsymbol{b}) \to N_p(0, \boldsymbol{\Sigma})$, $\boldsymbol{f}(\boldsymbol{u})$ 是可微 $\boldsymbol{u}$ 的 $k \times 1$ 向量值函数, 则

$$\sqrt{n}(\boldsymbol{f}(\boldsymbol{u}_n) - \boldsymbol{f}(\boldsymbol{b}) \longrightarrow N_k(0, \boldsymbol{\Phi_b}\boldsymbol{\Sigma}\boldsymbol{\Phi}'_{\boldsymbol{b}}),$$

其中 $\boldsymbol{\Phi_b} = \left(\dfrac{\partial f_i}{\partial u_j}\right)\Bigg|_{\boldsymbol{u}=\boldsymbol{b}}$.

定理 3.1.12 设 $\boldsymbol{x}_1, \cdots, \boldsymbol{x}_n$ 来自 $N(\boldsymbol{\mu}, \boldsymbol{\Sigma})$ 的样本, $\boldsymbol{S} = \sum_{i=1}^{n}(\boldsymbol{x}_i - \bar{\boldsymbol{x}})(\boldsymbol{x}_i - \bar{\boldsymbol{x}})'$, $\hat{\boldsymbol{\Sigma}} = \boldsymbol{S}/(n-1)$, 则样本广义方差 $|\hat{\boldsymbol{\Sigma}}|$ 渐近分布为

$$\sqrt{(n-1)}\left(\frac{|\hat{\boldsymbol{\Sigma}}|}{|\boldsymbol{\Sigma}|} - 1\right) \to N(0, 2p). \tag{3.1.20}$$

证明 令 $\boldsymbol{S}^* = \boldsymbol{\Sigma}^{-1/2}\boldsymbol{S}\boldsymbol{\Sigma}^{-1/2}$. 则 $\boldsymbol{S}^* \sim W_p(n-1, \boldsymbol{I}_p)$,

$$\frac{|\hat{\boldsymbol{\Sigma}}|}{|\boldsymbol{\Sigma}|} = \left|\frac{\boldsymbol{S}^*}{n-1}\right| \stackrel{d}{=} \frac{\chi^2_{n-1}}{n-1} \cdot \frac{\chi^2_{n-2}}{n-1} \cdots \frac{\chi^2_{n-p}}{n-1} = \prod_{i=1}^{p}\nu_i,$$

这里, $\nu_i = \sum_{j=1}^{n-i}u_j^2/(n-1)$. 由于

$$E(\chi^2_{n-i}) = n-i, \quad \mathrm{Var}(\chi^2_{n-i}) = 2(n-i), \quad \chi^2_{n-i} = \sum_{j=1}^{n-i}u_j^2,$$

其中 $u_j \sim N(0,1)$, $u_1,\cdots,u_{n-i}$ 独立同分布, 所以

$$\frac{\sum_{j=1}^{n-i} u_j^2-(n-i)}{\sqrt{2(n-i)}} \to N(0,1),$$

即

$$\sqrt{(n-1)}\left(\frac{\sqrt{(n-1)}}{\sqrt{2(n-i)}}\nu_i-\frac{(n-i)}{\sqrt{2(n-1)(n-i)}}\right) \to N(0,1).$$

进一步, 我们可推到得每个 ν_i 极限分布

$$\sqrt{(n-1)}(\nu_i-1) \to N(0,2), \quad i=1,\cdots,p. \tag{3.1.21}$$

令 $\boldsymbol{\nu}=(\nu_1,\cdots,\nu_p)'$. 由于 $\chi^2_{n-1},\cdots,\chi^2_{n-p}$ 相互独立, 故有

$$\sqrt{n-1}(\boldsymbol{\nu}-\mathbf{1}) \to N(0,2\boldsymbol{I}_p).$$

定义 $f(\boldsymbol{\nu})=\prod_{i=1}^{p}\nu_i$. 故 $\Phi_1=\left(\frac{\partial f_j(\boldsymbol{\nu})}{\partial v_i}\right)\Big|_{\boldsymbol{v}=\mathbf{1}_p}=\mathbf{1}_p'$, 应用 Slutsky 定理, 得

$$\sqrt{(n-1)}\left(\frac{|\boldsymbol{S}^*|}{(n-1)^p}-1\right) \to N(0,2p).$$

定理证毕.

3.2 Hotelling-T^2 统计量

定义 3.2.1 设 $\boldsymbol{x}\sim N_p(\mathbf{0},\boldsymbol{I}_p)$, 随机阵 $\boldsymbol{A}\sim W_p(n,\boldsymbol{I}_p)$, $n>p$, 且 $\boldsymbol{x}$ 与 $\boldsymbol{A}$ 相互独立, 则称 $T^2=n\boldsymbol{x}'\boldsymbol{A}^{-1}\boldsymbol{x}$ 为Hotelling-T^2 统计量.

定理 3.2.1 若 $\boldsymbol{A}\sim W_p(n,\boldsymbol{\Sigma})$, $\boldsymbol{x}\sim N_p(\mathbf{0},\boldsymbol{\Sigma})$, $\boldsymbol{\Sigma}>0$, $n>p$, 且 $\boldsymbol{A}$ 与 $\boldsymbol{x}$ 相互独立, 则

$$n\boldsymbol{x}'\boldsymbol{A}^{-1}\boldsymbol{x}\sim T^2_{p,n}, \tag{3.2.1}$$

$$\frac{n-p+1}{np}T^2_{p,n}\sim F_{p,n+1-p}. \tag{3.2.2}$$

证明 利用 Wishart 分布与正态分布的性质, 有

$$\boldsymbol{A}^*=\boldsymbol{\Sigma}^{-1/2}\boldsymbol{A}\boldsymbol{\Sigma}^{-1/2}\sim W_p(n,\boldsymbol{I}_p), \quad \boldsymbol{x}^*=\boldsymbol{\Sigma}^{-1/2}\boldsymbol{x}\sim N_p(\mathbf{0},\boldsymbol{I}_p),$$

由 T^2 分布的定义, 有

$$\begin{aligned} n\boldsymbol{x}'(\boldsymbol{A})^{-1}\boldsymbol{x} &= n(\boldsymbol{\Sigma}^{-1/2}\boldsymbol{x})'(\boldsymbol{\Sigma}^{-1/2}\boldsymbol{A}\boldsymbol{\Sigma}^{-1/2})^{-1}(\boldsymbol{\Sigma}^{-1/2}\boldsymbol{x}) \\ &= n\boldsymbol{x}^{*\prime}(\boldsymbol{A})^{*-1}\boldsymbol{x}^* \\ &\sim T^2_{p,n}. \end{aligned}$$

式 (3.2.1) 得证.

由于 $\boldsymbol{x}$ 和 $\boldsymbol{A}$ 独立, 则由定理 3.1.10 得

$$\frac{\boldsymbol{x}'\boldsymbol{\Sigma}^{-1}\boldsymbol{x}}{\boldsymbol{x}'A^{-1}\boldsymbol{x}} \sim \chi^2_{n-p+1},$$

且与 $\boldsymbol{x}$ 独立. 由于 $\boldsymbol{x}'\boldsymbol{\Sigma}^{-1}\boldsymbol{x} \sim \chi^2_p$, 故

$$\boldsymbol{x}'\boldsymbol{A}^{-1}\boldsymbol{x} = \frac{\boldsymbol{x}'\boldsymbol{\Sigma}^{-1}\boldsymbol{x}}{\boldsymbol{x}'\boldsymbol{\Sigma}^{-1}\boldsymbol{x}/\boldsymbol{x}\prime\boldsymbol{A}^{-1}\boldsymbol{x}} \overset{d}{=} \frac{\chi^2_p}{\chi^2_{n-p+1}}, \tag{3.2.3}$$

于是由 (3.2.3) 可把 Hotelling-T^2 分布转化成 F- 分布, (3.2.2) 得证.

在一元总体下, 若 $x_1, \cdots, x_n$ 是来自总体 $N(\mu, \sigma^2)$ 的一个简单样本, 当 σ^2 未知时, 检验

$$H_0 : \mu = \mu_0 \leftrightarrow H_1 : \mu \neq \mu_0,$$

采用 t 统计量

$$\frac{\bar{x} - \mu_0}{\hat{\sigma}/\sqrt{n}} = \sqrt{n}\left(\frac{\bar{x} - \mu_0}{\hat{\sigma}}\right)\bigg|_{H_0} \sim t_{n-1},$$

这里 $\bar{x} = \sum\limits_{i=1}^{n} x_i/n$ 为样本均值, $\hat{\sigma} = \sqrt{s^2/(n-1)}$ 为样本标准差, 其中 $s^2 = \sum\limits_{i=1}^{n}(X_i - \bar{x})^2$. 显然

$$\begin{aligned} t^2 &= n(\bar{x} - \boldsymbol{\mu}_0)'(\hat{\sigma}^2)^{-1}(\bar{x} - \boldsymbol{\mu}_0) \\ &= n(n-1)\ (\bar{x} - \boldsymbol{\mu}_0)'(s^2)^{-1}(\bar{x} - \boldsymbol{\mu}_0)\big|_{H_0} \sim F_{1,n-1}. \end{aligned}$$

Hotelling (1931) 将一元总体下的 t^2 统计量推广到 p 元总体情形.

定理 3.2.2　设 $\boldsymbol{x}_1, \boldsymbol{x}_2, \cdots, \boldsymbol{x}_n$ 是抽自 p 元正态总体 $N_p(\boldsymbol{\mu}, \boldsymbol{\Sigma})$ 的随机样本, 且 $\boldsymbol{\Sigma} > 0$, $n > p$, 记 $\overline{x}$ 为样本均值向量, $\boldsymbol{S} = \sum\limits_{i=1}^{n}(\boldsymbol{x}_i - \bar{\boldsymbol{x}})(\boldsymbol{x}_i - \bar{\boldsymbol{x}})'$ 为样本离差阵, 则

$$T^2 = n(n-1)(\overline{\boldsymbol{x}} - \boldsymbol{\mu})'\boldsymbol{S}^{-1}(\overline{\boldsymbol{x}} - \boldsymbol{\mu}) \sim T^2_{p,n-1}\ , \tag{3.2.4}$$

$$\frac{n(n-p)}{p}(\overline{\boldsymbol{x}} - \boldsymbol{\mu})'\boldsymbol{S}^{-1}(\overline{\boldsymbol{x}} - \boldsymbol{\mu}) \sim F_{p,n-p}\ . \tag{3.2.5}$$

证明 因 $\overline{\boldsymbol{x}} \sim N_p(\boldsymbol{\mu}, \boldsymbol{\Sigma}/n)$, 有 $\overline{\boldsymbol{x}} - \boldsymbol{\mu} \sim N_p(0, \boldsymbol{\Sigma}/n)$. 而 $\boldsymbol{S} \sim W_p(n-1, \boldsymbol{\Sigma})$, 且 $\boldsymbol{S}$ 与 $\overline{\boldsymbol{x}} - \boldsymbol{\mu}$ 独立. 由定理 3.2.1 中的 (3.2.1) 式得

$$\begin{aligned} T^2 &= n(n-1)(\overline{\boldsymbol{x}} - \boldsymbol{\mu})' S^{-1}(\overline{\boldsymbol{x}} - \boldsymbol{\mu}) \\ &= (n-1)(\overline{\boldsymbol{x}} - \boldsymbol{\mu})'(\boldsymbol{S}/n)^{-1}(\overline{\boldsymbol{x}} - \boldsymbol{\mu}) \\ &\sim T^2_{p,n-1}, \end{aligned}$$

即

$$\frac{n(n-p)}{p}(\overline{\boldsymbol{x}} - \boldsymbol{\mu})'\boldsymbol{S}^{-1}(\overline{\boldsymbol{x}} - \boldsymbol{\mu}) = \frac{n-p}{(n-1)p}T^2 \sim F_{p,n-p}.$$

定理证毕.

3.3 Wilks-Λ 分布

对 p 元正态总体, 其协方差阵 $\boldsymbol{\Sigma}$ 刻画了总体中数据间的离散程度. 但它不是一个数值, 所以不直观. 那么, 如何用一个数值来描述总体中数据间的离散程度? 最常用的就是 $\boldsymbol{\Sigma}$ 的行列式 $|\boldsymbol{\Sigma}|$ 和迹 $\mathrm{tr}(\boldsymbol{\Sigma})$.

定义 3.3.1 *设随机向量 $\boldsymbol{x} \sim N_p(\boldsymbol{\mu}, \boldsymbol{\Sigma})$, 则称 $|\boldsymbol{\Sigma}|$ 为 $\boldsymbol{x}$ 的广义方差. 若 $\boldsymbol{x}_1, \boldsymbol{x}_2, \cdots, \boldsymbol{x}_n$ 为 p 元总体 $\boldsymbol{x}$ 的随机样本, $\boldsymbol{S} = \sum_{i=1}^{n}(\boldsymbol{x}_i - \bar{\boldsymbol{x}})(\boldsymbol{x}_i - \bar{\boldsymbol{x}})'$ 为样本离差阵, 则称 $|\boldsymbol{S}/(n-1)|$ 为样本广义方差.*

利用广义方差的概念, 多元统计中两正态总体 $N_p(\boldsymbol{\mu}_1, \boldsymbol{\Sigma}_1)$ 与 $N_p(\boldsymbol{\mu}_2, \boldsymbol{\Sigma}_2)$ 协方差阵的齐性检验

$$H_0 : \boldsymbol{\Sigma}_1 = \boldsymbol{\Sigma}_2 \tag{3.3.1}$$

就变成了两总体广义方差之比的检验. 两总体广义方差之比常用两个样本广义方差之比来刻画.

定义 3.3.2 *设 $\boldsymbol{A}_1 \sim W_p(n_1, \boldsymbol{\Sigma})$, $\boldsymbol{A}_2 \sim W_p(n_2, \boldsymbol{\Sigma})$, $\boldsymbol{\Sigma} > 0$, $n_1 \geqslant p$, 且 $\boldsymbol{A}_1$ 与 $\boldsymbol{A}_2$ 相互独立, 则称*

$$\Lambda = \frac{|\boldsymbol{A}_1|}{|\boldsymbol{A}_1 + \boldsymbol{A}_2|} \tag{3.3.2}$$

为威尔克斯 (Wilks) 统计量或 Λ 统计量, 其分布为 Wilks-Λ 分布, 记成 $\Lambda \sim \Lambda_{p,n_1,n_2}$.

显然, $0 \leqslant \Lambda \leqslant 1$. 为了使得 Λ 的分子分母为正的概率都等于 1, 除了 $\boldsymbol{\Sigma} > 0$, 这里还要求 $n_1 \geqslant p$.

定理 3.3.1 *若 $\Lambda \sim \Lambda_{p,n_1,n_2}$, 则存在相互独立的*

$$B_i \sim \mathrm{Beta}\left(\frac{n_1 - i + 1}{2}, \frac{n_2}{2}\right), \quad i = 1, \cdots, p,$$

使得

$$\Lambda \overset{d}{=} B_1 B_2 \cdots B_p, \tag{3.3.3}$$

这里, $\overset{d}{=}$ 表示该符号两边的随机变量是同分布的.

证明 设 $\boldsymbol{x}_1, \cdots, \boldsymbol{x}_n$ 是来自正态总体 $N_p(0, \boldsymbol{\Sigma})$ 的一个简单随机样本, 其中 $\boldsymbol{\Sigma} > 0$, $n = n_1 + n_2$. 因此有

$$\boldsymbol{A}_1 = \sum_{i=1}^{n_1} \boldsymbol{x}_i \boldsymbol{x}_i' \sim W_p(n_1, \boldsymbol{\Sigma}), \quad \boldsymbol{A}_2 = \sum_{i=n_1+1}^{n} \boldsymbol{x}_i \boldsymbol{x}_i' \sim W_p(n_2, \boldsymbol{\Sigma}),$$

且 $\boldsymbol{A}_1$ 和 $\boldsymbol{A}_2$ 独立. 用 $\boldsymbol{A}_{(i)}$ 表示 $\boldsymbol{A}$ 的前 i 行前 i 列组成的子矩阵. 注意到

$$|\boldsymbol{A}_1| = \frac{|\boldsymbol{A}_1|}{|\boldsymbol{A}_{1(p-1)}|} \frac{|\boldsymbol{A}_{1(p-1)}|}{|\boldsymbol{A}_{1(p-2)}|} \cdots \frac{|\boldsymbol{A}_{1(2)}|}{|\boldsymbol{A}_{1(1)}|} |\boldsymbol{A}_{1(1)}|,$$

$$|\boldsymbol{A}_1 + \boldsymbol{A}_2| = \frac{|\boldsymbol{A}_1 + \boldsymbol{A}_2|}{|(\boldsymbol{A}_1 + \boldsymbol{A}_2)_{(p-1)}|} \frac{|(\boldsymbol{A}_1 + \boldsymbol{A}_2)_{(p-1)}|}{(\boldsymbol{A}_1 + \boldsymbol{A}_2)_{(p-2)}|} \cdots \frac{|(\boldsymbol{A}_1 + \boldsymbol{A}_2)_{(2)}|}{|(\boldsymbol{A}_1 + \boldsymbol{A}_2)_{(1)}|} |(\boldsymbol{A}_1 + \boldsymbol{A}_2)_{(1)}|.$$

记

$$Z_i = \frac{|\boldsymbol{A}_{1(i)}|}{|\boldsymbol{A}_{1(i-1)}|} \bigg/ \frac{|(\boldsymbol{A}_1 + \boldsymbol{A}_2)_{1(i)}|}{|(\boldsymbol{A}_1 + \boldsymbol{A}_2)_{1(i-1)}|}, \quad i = 1, \cdots, p, \tag{3.3.4}$$

则

$$\Lambda = Z_p Z_{p-1} \cdots Z_1. \tag{3.3.5}$$

因此, 问题 (3.3.3) 归结为证明

$$Z_i \sim \text{Beta}\left(\frac{n_1 - i + 1}{2}, \frac{n_2}{2}\right), \quad i = 1, \cdots, p,$$

相互独立.

记

$$\boldsymbol{X} = (\boldsymbol{x}_1, \cdots, \boldsymbol{x}_n) = (\boldsymbol{X}_1, \boldsymbol{X}_2),$$

这里

$$\boldsymbol{X}_1 = (\boldsymbol{x}_1, \cdots, \boldsymbol{x}_{n_1}), \quad \boldsymbol{X}_2 = (\boldsymbol{x}_{n_1+1}, \cdots, \boldsymbol{x}_n).$$

显然, $\boldsymbol{A}_1 = \boldsymbol{X}_1 \boldsymbol{X}_1'$, $\boldsymbol{A}_2 = \boldsymbol{X}_2 \boldsymbol{X}_2'$. 将 $\boldsymbol{x}_i$ 与 $\boldsymbol{\Sigma}$ 作相应的分块为

$$\boldsymbol{x}_i = \begin{pmatrix} \boldsymbol{x}_{i(1)} \\ x_{ip} \end{pmatrix}, \quad \boldsymbol{\Sigma} = \begin{pmatrix} \boldsymbol{\Sigma}_{11} & \boldsymbol{\Sigma}_{12} \\ \boldsymbol{\Sigma}_{21} & \sigma_{pp} \end{pmatrix}.$$

其中, $\boldsymbol{x}_{i(1)} = (x_{i1}, \cdots, x_{i,p-1})'$, $i = 1, \cdots, n$. 当给定 $\boldsymbol{x}_{i(1)}$ 时, x_{ip} 的条件分布为

$$x_{ip}|_{\boldsymbol{x}_{i(1)}} \sim N\left(\boldsymbol{\Sigma}_{21} \boldsymbol{\Sigma}_{11}^{-1} \boldsymbol{x}_{i(1)}, \sigma_{pp.1}\right),$$

这里 $\sigma_{pp.1}=\sigma_{pp}-\boldsymbol{\Sigma}_{21}\boldsymbol{\Sigma}_{11}^{-1}\boldsymbol{\Sigma}_{12}$. 记

$$\boldsymbol{y}=\begin{pmatrix}\boldsymbol{y}_1\\ \boldsymbol{y}_2\end{pmatrix},\quad \widetilde{\boldsymbol{X}}=\begin{pmatrix}\widetilde{\boldsymbol{X}}_1\\ \widetilde{\boldsymbol{X}}_2\end{pmatrix},$$

其中 $\boldsymbol{y}_1=(x_{1p},\cdots,x_{(n_1)p})'$, $\boldsymbol{y}_2=(x_{(n_1+1)p},\cdots,x_{(n)p})'$,

$$\widetilde{\boldsymbol{X}}_1=\begin{pmatrix}\boldsymbol{x}'_{1(1)}\\ \vdots\\ \boldsymbol{x}'_{n_1(1)}\end{pmatrix},\quad \widetilde{\boldsymbol{X}}_2=\begin{pmatrix}\boldsymbol{x}'_{n_1+1(1)}\\ \vdots\\ \boldsymbol{x}'_{n(1)}\end{pmatrix}.$$

事实上, $\widetilde{\boldsymbol{X}}$ 的第 i 列列向量和 $\boldsymbol{y}$ 分别对应于 $\boldsymbol{X}$ 的第 i 行行向量和第 p 行向量, 即

$$\boldsymbol{X}=\begin{pmatrix}\widetilde{\boldsymbol{X}}'\\ \boldsymbol{y}'\end{pmatrix},\quad \boldsymbol{X}_1=\begin{pmatrix}\widetilde{\boldsymbol{X}}'_1\\ \boldsymbol{y}'_1\end{pmatrix}.$$

于是

$$\boldsymbol{A}=\begin{pmatrix}\widetilde{\boldsymbol{X}}'\\ \boldsymbol{y}'\end{pmatrix}\left(\widetilde{\boldsymbol{X}},\boldsymbol{y}\right)=\begin{pmatrix}\widetilde{\boldsymbol{X}}'\widetilde{\boldsymbol{X}} & \widetilde{\boldsymbol{X}}\boldsymbol{y}\\ \boldsymbol{y}'\widetilde{\boldsymbol{X}} & \boldsymbol{y}'\boldsymbol{y}\end{pmatrix},$$

$$\boldsymbol{A}_1=\begin{pmatrix}\widetilde{\boldsymbol{X}}'_1\\ \boldsymbol{y}'_1\end{pmatrix}\left(\widetilde{\boldsymbol{X}}_1,\boldsymbol{y}_1\right)=\begin{pmatrix}\widetilde{\boldsymbol{X}}'_1\widetilde{\boldsymbol{X}}_1 & \widetilde{\boldsymbol{X}}_1\boldsymbol{y}_1\\ \boldsymbol{y}'_1\widetilde{\boldsymbol{X}}_1 & \boldsymbol{y}'_1\boldsymbol{y}_1\end{pmatrix},$$

因此, 由推论 2.1.3 得

$$U=\frac{|\boldsymbol{A}_1|}{|\boldsymbol{A}_{1(p-1)}|}=A_{1.22.1}=\boldsymbol{y}'_1\left(\boldsymbol{I}-\boldsymbol{P}_{\widetilde{\boldsymbol{X}}_1}\right)\boldsymbol{y}_1,$$

$$W=\frac{|(\boldsymbol{A}_1+\boldsymbol{A}_2)|}{|(\boldsymbol{A}_1+\boldsymbol{A}_2)_{1(p-1)}|}=A_{22.1}=\boldsymbol{y}'\left(\boldsymbol{I}_n-\boldsymbol{P}_{\widetilde{\boldsymbol{X}}}\right)\boldsymbol{y}.$$

令

$$\boldsymbol{N}=\boldsymbol{I}_n-\boldsymbol{P}_{\widetilde{\boldsymbol{X}}},\quad \boldsymbol{N}_1=\mathrm{diag}(\boldsymbol{I}_{n_1}-\boldsymbol{P}_{\widetilde{\boldsymbol{X}}_1},0),\quad \boldsymbol{P}=\boldsymbol{N}-\boldsymbol{N}_1.$$

有

$$\boldsymbol{P}\widetilde{\boldsymbol{X}}=\boldsymbol{0},\quad \boldsymbol{N}\boldsymbol{N}_1=\boldsymbol{N}_1\boldsymbol{N}=\boldsymbol{N}_1,\quad \boldsymbol{P}\boldsymbol{N}_1=\boldsymbol{0}.$$

注意到 $\boldsymbol{N}$, $\boldsymbol{N}_1$, $\boldsymbol{P}$ 皆为对称幂等阵, 在给定 $\widetilde{\boldsymbol{X}}$ 的条件下,

$$\boldsymbol{y}_1\sim N(\widetilde{\boldsymbol{X}}_1\boldsymbol{\Sigma}_{11}^{-1}\boldsymbol{\Sigma}_{12},\sigma_{pp.1}\boldsymbol{I}_{n_1}),$$

$$\boldsymbol{y}\sim N(\widetilde{\boldsymbol{X}}\boldsymbol{\Sigma}_{11}^{-1}\boldsymbol{\Sigma}_{12},\sigma_{pp.1}\boldsymbol{I}_n),$$

应用定理 2.4.1 和定理 2.4.5, 有

$$\frac{1}{\sigma_{pp.1}}U \sim \chi^2_{n_1-p+1} = G\left(\frac{1}{2}, \frac{n_1-p+1}{2}\right),$$

$$\frac{1}{\sigma_{pp.1}}V = (W-U)/\sigma_{pp.1} \sim \chi^2_{n_2} = G\left(\frac{1}{2}, \frac{n_2}{2}\right)$$

且 U 与 V 独立. 因此, 在给定 $\widetilde{\boldsymbol{X}}$ 的条件下,

$$Z_p = \frac{U}{W} = \frac{U}{U+V} \sim \text{Beta}\left(\frac{n_1-p+1}{2}, \frac{n_2}{2}\right).$$

由于该分布与条件 $\widetilde{\boldsymbol{X}}$ 无关, 所以该分布也是 Z_p 的无条件分布, 且与 $\widetilde{\boldsymbol{X}}$ 独立, 且 Z_p 与 $\boldsymbol{X}$ 的前 $p-1$ 个分量 (行向量) 独立. 同理 Z_{p-1} 只与 $\boldsymbol{X}$ 的前 $p-1$ 个分量有关, 且与 $\boldsymbol{X}$ 的 $p-2$ 个分量独立,$\cdots$, 所以证得 $Z_1, Z_2, \cdots, Z_p$ 相互独立. 定理证毕.

下面定理给出了 $p=1,2$ 或 $n_2=1,2$ 情形下 Λ- 分布与 F- 分布的关系.

定理 3.3.2　当 $p=1$ 时, 有

$$\Lambda_{1,n_1,n_2} \overset{d}{=} \text{Beta}(n_1/2,\ n_2/2),$$

即

$$\frac{n_1}{n_2}\,\frac{1-\Lambda_{1,n_1,n_2}}{\Lambda_{1,n_1,n_2}} \sim F_{n_2,n_1}. \tag{3.3.6}$$

证明　设 $\boldsymbol{A}_1 \sim W_1(n_1,\sigma^2)$,　$\boldsymbol{A}_2 \sim W_1(n_2,\sigma^2)$, 且二者独立. 注意到

$$W_1(n_1,\sigma^2) \overset{d}{=} \sigma^2\chi^2_{n_1}, \quad W_1(n_2,\sigma^2) \overset{d}{=} \sigma^2\chi^2_{n_2},$$

利用 χ^2 分布与 Beta 分布的关系, 于是有

$$\Lambda_{1,n_1,n_2} = \frac{|\boldsymbol{A}_1|}{|\boldsymbol{A}_1+\boldsymbol{A}_2|} = \frac{\boldsymbol{A}_1}{\boldsymbol{A}_1+\boldsymbol{A}_2} \overset{d}{=} \frac{\chi^2_{n_1}}{\chi^2_{n_1}+\chi^2_{n_2}} \sim \text{Beta}(n_1/2,\ n_2/2),$$

故进一步证得

$$\frac{n_1}{n_2}\,\frac{1-\Lambda_{1,n_1,n_2}}{\Lambda_{1,n_1,n_2}} = \frac{\boldsymbol{A}_2/n_2}{\boldsymbol{A}_1/n_1} \overset{d}{=} \frac{\chi^2_{n_2}/n_2}{\chi^2_{n_1}/n_1} \sim F_{n_2,n_1}.$$

定理证毕.

定理 3.3.3　当 $n_2=1$ 时, 有

$$\frac{n_1+1-p}{p}\,\frac{1-\Lambda_{p,n_1,1}}{\Lambda_{p,n_1,1}} \sim F_{p,n_1+1-p}. \tag{3.3.7}$$

证明 设 $\boldsymbol{x}_1, \boldsymbol{x}_2, \cdots, \boldsymbol{x}_{n_1+1}$ 为抽自 p 元正态总体 $N_p(\boldsymbol{0}, \boldsymbol{\Sigma})$ 的随机样本, 记

$$\boldsymbol{A}_1 = \sum_{i=1}^{n_1} \boldsymbol{x}_i \boldsymbol{x}_i' \sim W_p(n_1, \boldsymbol{\Sigma}), \quad \boldsymbol{A} = \sum_{i=1}^{n_1+1} \boldsymbol{x}_i \boldsymbol{x}_i' \sim W_p(n_1+1, \boldsymbol{\Sigma}).$$

由定义知 $|\boldsymbol{A}_1|/|\boldsymbol{A}| \sim \Lambda_{p,n_1,1}$. 注意到 $\boldsymbol{A} = \boldsymbol{A}_1 + \boldsymbol{x}_{n_1+1}\boldsymbol{x}_{n_1+1}'$. 利用求分块矩阵行列式的公式 (2.1.8), 于是有

$$\begin{aligned} \left|\boldsymbol{A}_1 + \boldsymbol{x}_{n_1+1}\boldsymbol{x}_{n_1+1}'\right| &= \begin{vmatrix} \boldsymbol{A}_1 & -\boldsymbol{x}_{n_1+1} \\ \boldsymbol{x}_{n_1+1}' & 1 \end{vmatrix} \\ &= |\boldsymbol{A}_1|\left(1 + \boldsymbol{x}_{n_1+1}'\boldsymbol{A}_1^{-1}\boldsymbol{x}_{n_1+1}\right). \end{aligned}$$

结合 T^2 分布的定义, 得

$$\Lambda_{p,n_1,1} = \frac{|\boldsymbol{A}_1|}{|\boldsymbol{A}|} = \frac{1}{1 + \boldsymbol{x}_{n_1+1}'\boldsymbol{A}_1^{-1}\boldsymbol{x}_{n_1+1}} \stackrel{d}{=} \frac{1}{1 + \dfrac{1}{n_1}T_{p,n_1}^2}.$$

再利用 T^2 分布与 F- 分布的关系 (3.2.2), 得证 (3.3.7). 定理证毕.

定理 3.3.4 当 $p = 2$ 时, 则有

$$\frac{n_1 - 1}{n_2} \frac{1 - \sqrt{\Lambda_{2,n_1,n_2}}}{\sqrt{\Lambda_{2,n_1,n_2}}} \sim F_{2n_2, 2(n_1-1)}. \tag{3.3.8}$$

定理 3.3.5 当 $n_2 = 2$ 时, 则有

$$\frac{n_1 + 1 - p}{p} \frac{1 - \sqrt{\Lambda_{p,n_1,2}}}{\sqrt{\Lambda_{p,n_1,2}}} \sim F_{2p, 2(n_1+1-p)}. \tag{3.3.9}$$

由于定理 3.3.4 和 3.3.5 的证明比较复杂, 这里省略, 感兴趣的读者可参见 Anderson(1958).

当 p 和 n_2 都大于 2 时, $\Lambda(p, n_1, n_2)$ 的精确分布非常复杂, 因此其近似分布在实际应用中更为常用. 关于 $\Lambda(p, n_1, n_2)$ 的近似分布, 目前文献中主要有两个结论: Bartlett (1938) 提出的 χ^2- 分布近似和 Rao (1951) 提出的 F- 分布近似. 具体形式如下:

(i) Bartlett (1938) 提出的 χ^2- 分布近似: 当 n_1 很大时, 则

$$-\left(n_1 - \frac{p - n_2 + 1}{2}\right) \ln \Lambda \to \chi_f^2; \tag{3.3.10}$$

(ii) Rao (1951) 提出的 F- 分布近似: 当 n_2 很大时, 则

$$R = \frac{f_2}{f_1}\frac{1-\Lambda^{1/5}}{\Lambda^{1/5}} \to F_{f_1,[f_2]}, \tag{3.3.11}$$

这里 $f_1 = f = pn_2$, $f_2 = ts - 2\lambda$, $[a]$ 表示最接近于 a 的整数, 其中

$$t = n_1 + n_2 - \frac{p+n_2+1}{2}, \quad s = \sqrt{\frac{p^2n_2^2-4}{p^2+n_2^2-5}}, \quad \lambda = \frac{pn_2-2}{4}.$$

第 4 章　多元正态总体的参数估计

4.1　多元正态分布样本统计量

设 $\boldsymbol{x}_1, \cdots, \boldsymbol{x}_n$ 是来自多元正态总体 $N_p(\boldsymbol{\mu}, \boldsymbol{\Sigma})$ 的一个样本, 这里 $\boldsymbol{\mu} \in \mathbb{R}^p$, $\boldsymbol{\Sigma} > 0$, $n > p$. 于是似然函数 (样本的联合密度函数) 为

$$
\begin{aligned}
L(\boldsymbol{\mu}, \boldsymbol{\Sigma}) &= \prod_{i=1}^{n} f(\boldsymbol{x}_i) = \frac{1}{(2\pi)^{np/2}|\boldsymbol{\Sigma}|^{n/2}} \exp\left\{-\frac{1}{2}\sum_{i=1}^{n}(\boldsymbol{x}_i - \boldsymbol{\mu})'\boldsymbol{\Sigma}^{-1}(\boldsymbol{x}_i - \boldsymbol{\mu})\right\} \\
&= \frac{1}{(2\pi)^{np/2}|\boldsymbol{\Sigma}|^{n/2}} \exp\left\{-\frac{1}{2}\mathrm{tr}\left(\boldsymbol{\Sigma}^{-1}\sum_{i=1}^{n}(\boldsymbol{x}_i - \boldsymbol{\mu})(\boldsymbol{x}_i - \boldsymbol{\mu})'\right)\right\},
\end{aligned}
$$

注意到

$$
\sum_{i=1}^{n}(\boldsymbol{x}_i - \boldsymbol{\mu})(\boldsymbol{x}_i - \boldsymbol{\mu})' = \boldsymbol{S} + n(\bar{\boldsymbol{x}} - \boldsymbol{\mu})(\bar{\boldsymbol{x}} - \boldsymbol{\mu})',
$$

其中 $\bar{\boldsymbol{x}}$ 和 $\boldsymbol{S}$ 分别为样本均值和样本离差阵,

$$
\bar{\boldsymbol{x}} = \frac{1}{n}\sum_{i=1}^{n}\boldsymbol{x}_i, \quad \boldsymbol{S} = \sum_{i=1}^{n}(\boldsymbol{x}_i - \bar{\boldsymbol{x}})(\boldsymbol{x}_i - \bar{\boldsymbol{x}})',
$$

故似然函数可改写为

$$
L(\bar{\boldsymbol{x}}, \boldsymbol{\Sigma}) = \frac{1}{(2\pi)^{np/2}|\boldsymbol{\Sigma}|^{n/2}} \exp\left\{-\frac{1}{2}\mathrm{tr}\left(\boldsymbol{\Sigma}^{-1}\boldsymbol{S} + n\boldsymbol{\Sigma}^{-1}(\bar{\boldsymbol{x}} - \boldsymbol{\mu})(\bar{\boldsymbol{x}} - \boldsymbol{\mu})'\right)\right\}. \quad (4.1.1)
$$

根据充分性的分解定理, $(\bar{\boldsymbol{x}}, \boldsymbol{S})$ 为参数 $(\boldsymbol{\mu}, \boldsymbol{\Sigma})$ 的充分统计量. 进一步, 依据指数分布族的性质 2.3.2, 可以证明 $(\bar{\boldsymbol{x}}, \boldsymbol{S})$ 也是充分完备统计量.

4.2　多元正态分布参数的极大似然估计

容易验证 $\boldsymbol{\mu}$ 的极大似然估计 (MLE) 为

$$
\widetilde{\boldsymbol{\mu}} = \bar{\boldsymbol{x}}. \quad (4.2.1)
$$

由充分完备性可得: $\bar{\boldsymbol{x}}$ 为 $\boldsymbol{\mu}$ 的唯一的一致最小协方差阵无偏估计, 其协方差阵

$$
\mathrm{Cov}(\bar{\boldsymbol{x}}) = \frac{1}{n}\boldsymbol{\Sigma}.
$$

将 $\boldsymbol{\mu}$ 的极大似然估计代入 (4.1.1) 得

$$L(\bar{\boldsymbol{x}}, \boldsymbol{\Sigma}) = \frac{|\boldsymbol{\Sigma}^{-1}\boldsymbol{S}|^{n/2}}{(2\pi)^{np/2}|\boldsymbol{S}|^{n/2}} \exp\left\{-\frac{1}{2}\mathrm{tr}(\boldsymbol{\Sigma}^{-1}\boldsymbol{S})\right\}. \tag{4.2.2}$$

关于 $\boldsymbol{\Sigma}$ 极大化 (4.2.2), 便可得到 $\boldsymbol{\Sigma}$ 的极大似然估计.

引理 4.2.1　*设 $\boldsymbol{A}_{p\times p} > 0$, $f(\boldsymbol{A}) = |\boldsymbol{A}|^{\frac{n}{2}}\exp\left\{-\frac{1}{2}\mathrm{tr}(\boldsymbol{A})\right\}$. 则对一切正定阵, $f(\boldsymbol{A})$ 的最大值在 $\boldsymbol{A} = n\boldsymbol{I}_p$ 达到.*

证明　因为 $\boldsymbol{A} > 0$, 故其特征值 $\lambda_1, \cdots, \lambda_p$ 皆大于零. 注意到

$$\begin{aligned} f(\boldsymbol{A}) &= \prod_{i=1}^{p} \lambda_i^{n/2} \exp\left\{\sum_{i=1}^{p} \lambda_i/2\right\} \\ &= \prod_{i=1}^{p} \lambda_i^{n/2} e^{\lambda_i/2} \\ &= \prod_{i=1}^{p} g(\lambda_i), \end{aligned}$$

只依赖于 $\boldsymbol{A}$ 的特征值 $\lambda_1, \cdots, \lambda_p$, 且函数

$$g(x) = x^{n/2}e^{-x/2}, \quad x > 0$$

在 $x = n$ 处取得的最大值, 因此, 只有当 $\boldsymbol{A}$ 的所有特征值都等于 n 时, $f(\boldsymbol{A})$ 才取最大值, 即证得 $\boldsymbol{A} = n\boldsymbol{I}_p$. 引理证毕.

令 $\boldsymbol{A} = \boldsymbol{\Sigma}^{-1/2}\boldsymbol{S}\boldsymbol{\Sigma}^{-1/2}$. 注意到

$$\boldsymbol{A} > 0, \quad \mathrm{tr}(\boldsymbol{\Sigma}^{-1}\boldsymbol{S}) = \mathrm{tr}(\boldsymbol{A}), \quad |\boldsymbol{\Sigma}^{-1}\boldsymbol{S}| = |\boldsymbol{A}|,$$

于是, 由引理 4.2.1 立得

$$\widetilde{\boldsymbol{\Sigma}} = \frac{1}{n}\boldsymbol{S} \tag{4.2.3}$$

为协方差阵 $\boldsymbol{\Sigma}$ 的极大似然估计. 与一元情形类似, 协方差阵 $\boldsymbol{\Sigma}$ 的极大似然估计是有偏的, 且

$$E(\widetilde{\boldsymbol{\Sigma}}) = \frac{n-1}{n}\boldsymbol{\Sigma} \neq \boldsymbol{\Sigma}.$$

在应用中, 往往更多采用其无偏估计

$$\hat{\boldsymbol{\Sigma}} = \frac{1}{n-1}\boldsymbol{S}. \tag{4.2.4}$$

定理 4.2.1　*在多元正态总体下,*

(a) $\bar{\boldsymbol{x}} \sim N_p\left(\boldsymbol{\mu}, \frac{1}{n}\boldsymbol{\Sigma}\right)$;

(b) $\boldsymbol{S}=\boldsymbol{X}\left(\boldsymbol{I}-\dfrac{1}{n}\mathbf{1}\mathbf{1}'\right)\boldsymbol{X}'\sim W_p(n-1,\boldsymbol{\Sigma})$;

(c) $\bar{\boldsymbol{x}}$ 和 $\boldsymbol{S}$ 独立;

(d) $P(\boldsymbol{S}>0)=1$ 充分必要条件为 $n>p$.

证明 (a) 和 (b) 已证. 只需证 (c) 和 (d).

记 $\boldsymbol{B}\boldsymbol{B}'=\boldsymbol{I}_n-\mathbf{1}\mathbf{1}'/n$, 其中 $\boldsymbol{B}$ 为 $n\times(n-1)$ 列正交矩阵. 于是

$$\boldsymbol{S}=\boldsymbol{X}\boldsymbol{B}(\boldsymbol{X}\boldsymbol{B})',\quad \mathbf{1}_n'\boldsymbol{B}=\mathbf{0},$$

$\boldsymbol{B}_0=\left(\dfrac{1}{\sqrt{n}}\mathbf{1}_n,\boldsymbol{B}\right)$ 为正交矩阵, 即 $\boldsymbol{B}_0'\boldsymbol{B}_0=\boldsymbol{I}_n$. 注意到 $\bar{\boldsymbol{x}}=\boldsymbol{X}\mathbf{1}_n/n$,

$$(\sqrt{n}\bar{\boldsymbol{x}},\boldsymbol{X}\boldsymbol{B})=\boldsymbol{X}\boldsymbol{B}_0\sim N_{n\times p}(\sqrt{n}(\boldsymbol{\mu},\mathbf{0}),\boldsymbol{I}_n\otimes\boldsymbol{\Sigma}),$$

因此, $\boldsymbol{X}\boldsymbol{B}$ 与 $\bar{\boldsymbol{x}}$ 独立, 故 (c) 得证.

由于 $\boldsymbol{S}\sim W_p(n-1,\boldsymbol{\Sigma})$, 故 $\boldsymbol{S}$ 可由一组相互独立的正态随机向量 $\boldsymbol{y}_1,\cdots,\boldsymbol{y}_{n-1}$ 表示为

$$\boldsymbol{S}=\sum_{i=1}^{n-1}\boldsymbol{y}_i\boldsymbol{y}_i'=\boldsymbol{Y}\boldsymbol{Y}',$$

这里 $\boldsymbol{Y}=(\boldsymbol{y}_1,\cdots,\boldsymbol{y}_{n-1})$.

若 $\boldsymbol{S}>0$, 则 $p\leqslant n-1$, 即 $n\geqslant p+1$. 其必要性得证.

充分性. 因为增加 n 不会减少 $\boldsymbol{Y}=(\boldsymbol{y}_1,\cdots,\boldsymbol{y}_{n-1})$ 的秩, 因此, 不妨设 $n=p+1$. 要证 $\boldsymbol{S}>0$, 只需证 $\boldsymbol{y}_1,\cdots,\boldsymbol{y}_{n-1}$ 几乎处处 (a.s) 线性无关, 即证 $\boldsymbol{y}_1,\cdots,\boldsymbol{y}_{n-1}$ 线性相关的概率为 0. 事实上,

$$\begin{aligned}
&P\left\{\boldsymbol{y}_1,\cdots,\boldsymbol{y}_{n-1}\text{线性相关}\right\}\\
\leqslant&\sum_{i=1}^{n-1}P\left\{\boldsymbol{y}_i\in\mathcal{M}(\boldsymbol{y}_1,\cdots,\boldsymbol{y}_{i-1},\boldsymbol{y}_{i+1}\cdots,\boldsymbol{y}_{n-1})\right\}\\
=&(n-1)P\left\{\boldsymbol{y}_1\in\mathcal{M}(\boldsymbol{y}_2,\cdots,\boldsymbol{y}_{n-1})\right\}\\
=&(n-1)E\left(P\left\{\boldsymbol{y}_1\in\mathcal{M}(\boldsymbol{y}_2,\cdots,\boldsymbol{y}_{n-1})\,\Big|_{\boldsymbol{y}_2=\boldsymbol{a}_2,\cdots,\boldsymbol{y}_{n-1}=\boldsymbol{a}_{n-1}}\right\}\right)\\
=&(n-1)E\left(P\left\{\text{存在 }\boldsymbol{h}\neq 0,\text{ 使得 }\boldsymbol{h}'\boldsymbol{y}_1=0\,\Big|_{\boldsymbol{y}_2=\boldsymbol{a}_2,\cdots,\boldsymbol{y}_{n-1}=\boldsymbol{a}_{n-1}}\right\}\right)\\
=&0,
\end{aligned}$$

这里 $\mathcal{M}(\cdot)$ 表示的是由矩阵 $(\cdot)$ 的列向量张成的空间. 最后一个等式是因为 $\boldsymbol{y}_1\in\mathcal{M}(\boldsymbol{y}_2,\cdots,\boldsymbol{y}_{n-1})$ 等价于存在常数向量 $\boldsymbol{c}=(1,c_2,\cdots,c_{n-1})$, 使得

$$\sum_{i=1}^{n-1}c_i\boldsymbol{y}_i=\mathbf{0}.$$

设 $\boldsymbol{h}$ 为 $\mathcal{M}(\boldsymbol{a}_2,\cdots,\boldsymbol{a}_{n-1})$ 正交补空间上一个常数向量. 由于 $p>n-2$, 故该正交补空间的维数大于零, 即 $\boldsymbol{h}$ 可取非零向量, 使得

$$\boldsymbol{h}'\sum_{i=1}^{n-1}c_i\boldsymbol{y}_i\bigg|_{\boldsymbol{y}_2=\boldsymbol{a}_2,\cdots,\boldsymbol{y}_{n-1}=\boldsymbol{a}_{n-1}}=0.$$

由于 y_1 与 $y_2,\cdots,y_{n-1}$ 相互独立, 故有

$$\boldsymbol{h}'\boldsymbol{y}_1=0.$$

又因为 $\boldsymbol{h}'\boldsymbol{y}_1\sim N(0,\boldsymbol{h}'\boldsymbol{\Sigma}\boldsymbol{h})$, 其中 $\boldsymbol{h}'\boldsymbol{\Sigma}\boldsymbol{h}>0$, 故

$$P(\boldsymbol{h}'\boldsymbol{y}_1=\boldsymbol{0})=0.$$

定理证毕.

4.3 极大似然估计的改进

4.3.1 多元正态分布均值估计的改进

正态均值用样本均值估计有很好的性质, 如方差最小且有效. 但把这个估计推广到多元正态总体时出现了意外的结果: 当 $p=1,2$ 时, 样本均值向量 $\bar{\boldsymbol{x}}$ 为总体均值向量容许估计, 但当 $p>2$ 时, Stein(1955) 发现: 在二次损失下, $\bar{\boldsymbol{x}}$ 是 $\boldsymbol{\mu}$ 不允许估计, 即存在估计 $\boldsymbol{d}$, 使得

$$R(\boldsymbol{d},\boldsymbol{\mu})\leqslant R(\bar{\boldsymbol{x}},\boldsymbol{\mu}),$$

且至少存在一个 $\boldsymbol{\mu}_0$ 使得不等式成立, 这里 $R(\boldsymbol{d},\boldsymbol{\mu})=E\left(L(\boldsymbol{d},\boldsymbol{\mu})\right)$, 其中 $L(\boldsymbol{d},\boldsymbol{\mu})$ 为损失函数,

$$L(\boldsymbol{d},\boldsymbol{\mu})=n(\boldsymbol{d}-\boldsymbol{\mu})'\boldsymbol{\Sigma}^{-1}(\boldsymbol{d}-\boldsymbol{\mu}). \tag{4.3.1}$$

James-Stein (1961) 找到了在二次损失下一致优于 $\bar{\boldsymbol{x}}$ 的估计:

(a) 若 $\boldsymbol{\Sigma}$ 已知,

$$\boldsymbol{\delta}_1(\boldsymbol{x})=\left(1-\frac{p-2}{n\bar{\boldsymbol{x}}'\boldsymbol{\Sigma}^{-1}\bar{\boldsymbol{x}}}\right)\bar{\boldsymbol{x}};$$

(b) 若 $\boldsymbol{\Sigma}$ 未知,

$$\boldsymbol{\delta}_2(\boldsymbol{x})=\left(1-\frac{p-2}{(n-p+2)n\bar{\boldsymbol{x}}'\boldsymbol{S}^{-1}\bar{\boldsymbol{x}}}\right)\bar{\boldsymbol{x}},$$

称 $\delta_1(x)$ 和 $\delta_2(x)$ 为 James-Stein 估计, 是样本均值向量 $\bar{\boldsymbol{x}}$ 的压缩估计, 因为 $\|\boldsymbol{\delta}_i(\boldsymbol{x})\|\leqslant\|\bar{\boldsymbol{x}}\|$.

事实上, 应用以下引理, 可容易证得.

引理 4.3.1 若 $\boldsymbol{x} \sim N(\boldsymbol{\mu}, \boldsymbol{I}_p)$, 则

$$E\left(\frac{1}{\boldsymbol{x}'\boldsymbol{x}}\right) = E_\lambda\left(\frac{1}{p-2+2K}\right), \quad E\left(\frac{\boldsymbol{\mu}'\boldsymbol{x}}{\boldsymbol{x}'\boldsymbol{x}}\right) = E_\lambda\left(\frac{2K}{p-2+2K}\right),$$

这里 K 服从参数 $\lambda = \boldsymbol{\mu}'\boldsymbol{\mu}/2$ 的泊松分布, 即 $K \sim P(\lambda)$.

该引理的证明参见卯诗松, 王静龙, 濮晓龙 (1998, pp.335) 和王静龙 (2008).

在损失函数 $L(\boldsymbol{d}, \boldsymbol{\mu}) = n(\boldsymbol{d}-\boldsymbol{\mu})'\boldsymbol{\Sigma}^{-1}(\boldsymbol{d}-\boldsymbol{\mu})$ 下, 计算估计类

$$\boldsymbol{\delta}_{1c} = \left\{\boldsymbol{d}_{1c}:\ \boldsymbol{d}_{1c} = \left(1 - \frac{c}{\bar{\boldsymbol{x}}'\boldsymbol{\Sigma}^{-1}\bar{\boldsymbol{x}}}\right)\bar{\boldsymbol{x}}, \quad c \geqslant 0\right\} \tag{4.3.2}$$

中估计 $\boldsymbol{d}_{1c}$ 的风险函数

$$\begin{aligned}
R(\boldsymbol{d}_{1c}, \boldsymbol{\mu}) &= E\left(L(\boldsymbol{d}, \boldsymbol{\mu})\right) \\
&= nE(\bar{\boldsymbol{x}}-\boldsymbol{\mu})'\boldsymbol{\Sigma}^{-1}(\bar{\boldsymbol{x}}-\boldsymbol{\mu})) - 2cnE\left(1 - \frac{\boldsymbol{\mu}'\boldsymbol{\Sigma}^{-1}\bar{\boldsymbol{x}}}{\bar{\boldsymbol{x}}'\boldsymbol{\Sigma}^{-1}\bar{\boldsymbol{x}}}\right) + c^2nE\left(\frac{1}{\bar{\boldsymbol{x}}'\boldsymbol{\Sigma}^{-1}\bar{\boldsymbol{x}}}\right) \\
&= p - n\left(c^2n - 2c(p-2)\right)E_\lambda\left(\frac{1}{p-2+2K}\right).
\end{aligned}$$

易证该风险函数在 $c^* = (p-2)/n$ 达到最小. 此外, 在估计类

$$\boldsymbol{\delta}_{2c} = \left\{\boldsymbol{d}_{2c}:\ \boldsymbol{d}_{2c} = \left(1 - \frac{c}{\bar{\boldsymbol{x}}\boldsymbol{S}^{-1}\bar{\boldsymbol{x}}}\right)\bar{\boldsymbol{x}}, \quad c \geqslant 0\right\} \tag{4.3.3}$$

中, 估计 $\boldsymbol{d}_{1c}$ 的风险函数为

$$\begin{aligned}
R(\boldsymbol{d}_{2c}, \boldsymbol{\mu}) = {} & nE(\bar{\boldsymbol{x}}-\boldsymbol{\mu})'\boldsymbol{\Sigma}^{-1}(\bar{\boldsymbol{x}}-\boldsymbol{\mu})) - 2cnE\left(\frac{(\bar{\boldsymbol{x}}-\boldsymbol{\mu})'\boldsymbol{\Sigma}^{-1}\bar{\boldsymbol{x}}}{\bar{\boldsymbol{x}}'\boldsymbol{S}^{-1}\bar{\boldsymbol{x}}}\right) \\
& + c^2nE\left(\frac{\bar{\boldsymbol{x}}'\boldsymbol{\Sigma}^{-1}\bar{\boldsymbol{x}}}{(\bar{\boldsymbol{x}}'\boldsymbol{S}^{-1}\bar{\boldsymbol{x}})^2}\right).
\end{aligned}$$

注意到

$$\begin{aligned}
E\left(\frac{(\bar{\boldsymbol{x}}-\boldsymbol{\mu})'\boldsymbol{\Sigma}^{-1}\bar{\boldsymbol{x}}}{\bar{\boldsymbol{x}}'\boldsymbol{S}^{-1}\bar{\boldsymbol{x}}}\right) &= E\left(\frac{\bar{\boldsymbol{x}}'\boldsymbol{\Sigma}^{-1}\bar{\boldsymbol{x}}}{\bar{\boldsymbol{x}}'\boldsymbol{S}^{-1}\bar{\boldsymbol{x}}}\right) - E\left(\frac{\bar{\boldsymbol{x}}'\boldsymbol{\Sigma}^{-1}\bar{\boldsymbol{x}}}{\bar{\boldsymbol{x}}'\boldsymbol{S}^{-1}\bar{\boldsymbol{x}}}\frac{\boldsymbol{\mu}'\boldsymbol{\Sigma}^{-1}\bar{\boldsymbol{x}}}{\bar{\boldsymbol{x}}'\boldsymbol{\Sigma}^{-1}\bar{\boldsymbol{x}}}\right) \\
&= E\left(\frac{\bar{\boldsymbol{x}}'\boldsymbol{\Sigma}^{-1}\bar{\boldsymbol{x}}}{\bar{\boldsymbol{x}}'\boldsymbol{S}^{-1}\bar{\boldsymbol{x}}}\right)\left(1 - \frac{\boldsymbol{\mu}'\boldsymbol{\Sigma}^{-1}\bar{\boldsymbol{x}}}{\bar{\boldsymbol{x}}'\boldsymbol{\Sigma}^{-1}\bar{\boldsymbol{x}}}\right) \\
&= (n-p)\left(1 - \frac{\boldsymbol{\mu}'\boldsymbol{\Sigma}^{-1}\bar{\boldsymbol{x}}}{\bar{\boldsymbol{x}}'\boldsymbol{\Sigma}^{-1}\bar{\boldsymbol{x}}}\right) \\
&= (n-p)(p-2)E_\lambda\left(\frac{1}{p-2+2K}\right), \\
E\left(\frac{\bar{\boldsymbol{x}}'\boldsymbol{\Sigma}^{-1}\bar{\boldsymbol{x}}}{(\bar{\boldsymbol{x}}'\boldsymbol{S}^{-1}\bar{\boldsymbol{x}})^2}\right) &= E\left(\frac{\bar{\boldsymbol{x}}'\boldsymbol{\Sigma}^{-1}\bar{\boldsymbol{x}}}{\bar{\boldsymbol{x}}'\boldsymbol{S}^{-1}\bar{\boldsymbol{x}}}\right)^2 E\left(\frac{1}{\bar{\boldsymbol{x}}'\boldsymbol{\Sigma}^{-1}\bar{\boldsymbol{x}}}\right) \\
&= (n-p)(n-p+2)E\left(\frac{1}{\bar{\boldsymbol{x}}'\boldsymbol{\Sigma}^{-1}\bar{\boldsymbol{x}}}\right)
\end{aligned}$$

$$= n(n-p)(n-p+2)E_\lambda\left(\frac{1}{p-2+2K}\right),$$

因此

$$R(\boldsymbol{d}_{2c},\boldsymbol{\mu}) = p - cn(n-p)\left[2(p-2) - cn(n-p+2)\right]E_\lambda\left(\frac{1}{p-2+2K}\right),$$

且在 $c^* = (p-2)/n(n-p+2)$ 处达到最小, 其中 $K \sim P(\lambda)$, $\lambda = \boldsymbol{\mu}\boldsymbol{\Sigma}^{-1}\boldsymbol{\mu}/2$.

4.3.2 多元正态分布协方差阵估计的改进

$\hat{\boldsymbol{\Sigma}}_{\mathrm{MLE}} = \boldsymbol{S}/n$ 是 $\boldsymbol{\Sigma}$ 的极大似然估计, $\hat{\boldsymbol{\Sigma}}_{\mathrm{UE}} = \boldsymbol{S}/(n-1)$ 为 $\boldsymbol{\Sigma}$ 的唯一最小协方差无偏估计. 对于矩阵 $\boldsymbol{\Sigma}$ 的估计 $\hat{\boldsymbol{\Sigma}}$ 而言, 平方损失函数可取为

$$L(\hat{\boldsymbol{\Sigma}},\boldsymbol{\Sigma}) = \mathrm{tr}(\boldsymbol{\Sigma}^{-1}\hat{\boldsymbol{\Sigma}} - \boldsymbol{I}_p)^2. \tag{4.3.4}$$

此外, 文献中还有另两种常用的损失函数:

似然函数型或称熵损失函数: $L_1(\hat{\boldsymbol{\Sigma}},\boldsymbol{\Sigma}) = \mathrm{tr}(\boldsymbol{\Sigma}^{-1}\hat{\boldsymbol{\Sigma}}) - \ln|\boldsymbol{\Sigma}^{-1}\hat{\boldsymbol{\Sigma}}| - p$.

对称损失函数: $L_2(\hat{\boldsymbol{\Sigma}},\boldsymbol{\Sigma}) = \mathrm{tr}(\boldsymbol{\Sigma}^{-1}\hat{\boldsymbol{\Sigma}}) + \mathrm{tr}(\hat{\boldsymbol{\Sigma}}^{-1}\boldsymbol{\Sigma}) - 2p$.

下面考虑在各类损失函数下 $\hat{\boldsymbol{\Sigma}}_{\mathrm{MLE}}$ 和 $\hat{\boldsymbol{\Sigma}}_{\mathrm{UE}}$ 的比较和改进问题. 注意到 $\hat{\boldsymbol{\Sigma}}_{\mathrm{MLE}}$ 和 $\hat{\boldsymbol{\Sigma}}_{\mathrm{UE}}$ 都属于估计类

$$G_c = \{\hat{\boldsymbol{\Sigma}}:\ \hat{\boldsymbol{\Sigma}} = c\boldsymbol{S},\quad c>0\}, \tag{4.3.5}$$

所以下面只考虑该估计类 G_c.

定理 4.3.1 对平方损失函数 $L(W,\boldsymbol{\Sigma})$, 在估计类 G_c 中, $\boldsymbol{\Sigma}$ 的最小风险估计为 $\hat{\boldsymbol{\Sigma}} = \dfrac{1}{n+p}\boldsymbol{S}$.

证明 注意到 $\boldsymbol{S} \sim W_p(n-1,\boldsymbol{\Sigma})$, 因此

$$\begin{aligned} R(c\boldsymbol{S},\boldsymbol{\Sigma}) &= E(L(c\boldsymbol{S},\boldsymbol{\Sigma})) \\ &= E\left\{\mathrm{tr}\left(c\boldsymbol{\Sigma}^{-1}\boldsymbol{S} - \boldsymbol{I}_p\right)^2\right\} \\ &= \mathrm{tr}\left\{E\left(c\boldsymbol{\Sigma}^{-1}\boldsymbol{S} - \boldsymbol{I}_p\right)^2\right\} \\ &= c^2\mathrm{tr}\left\{E\left(\boldsymbol{\Sigma}^{-1}\boldsymbol{S}\boldsymbol{\Sigma}^{-1}\boldsymbol{S}\right)\right\} - 2c\mathrm{tr}\left\{E\left(\boldsymbol{\Sigma}^{-1}\boldsymbol{S}\right)\right\} + p. \end{aligned} \tag{4.3.6}$$

利用事实 $\boldsymbol{S} \sim W_p(n-1,\boldsymbol{\Sigma})$, 故有

$$\mathrm{tr}\left\{E\left(\boldsymbol{\Sigma}^{-1}\boldsymbol{S}\right)\right\} = (n-p)\mathrm{tr}(\boldsymbol{I}_p) = p(n-1),$$

$\boldsymbol{U} = \boldsymbol{\Sigma}^{-1/2}\boldsymbol{S}\boldsymbol{\Sigma}^{-1/2} \sim W_p(n-1, \boldsymbol{I}_p)$. 于是 $\boldsymbol{U}$ 可表示为 $\boldsymbol{U} = \sum_{i=1}^{n-1} \boldsymbol{a}_i\boldsymbol{a}_i'$, 其中 $\boldsymbol{a}_i \sim N_p(\boldsymbol{0}, \boldsymbol{I}_p)$, $\boldsymbol{a}_1, \cdots, \boldsymbol{a}_{n-1}$ 相互独立. 进一步有

$$\begin{aligned}
\operatorname{tr}\left\{E\left(\boldsymbol{\Sigma}^{-1}\boldsymbol{S}\boldsymbol{\Sigma}^{-1}\boldsymbol{S}\right)\right\} &= E\left\{\operatorname{tr}\left(\boldsymbol{U}^2\right)\right\} \\
&= E\left\{\sum_{i=1}^{n-1}(\boldsymbol{a}_i'\boldsymbol{a}_i)^2\right\} + 2E\left\{\sum_{1\leqslant i<j\leqslant(n-1)}(\boldsymbol{a}_i'\boldsymbol{a}_j)^2\right\} \\
&= (n-1)p(n+2) + 2\sum_{1\leqslant i<j\leqslant(n-1)}\operatorname{tr}\left\{E(\boldsymbol{a}_i\boldsymbol{a}_i')E(\boldsymbol{a}_i\boldsymbol{a}_i')\right\} \\
&= (n-1)p(n+2) + (n-1)(n-2)p \\
&= p(n-1)(n+p).
\end{aligned}$$

将其代入 (4.3.6) 得

$$R(c\boldsymbol{S}, \boldsymbol{\Sigma}) = c^2p(n-1)(n+p) - 2cp(n-1) + p,$$

对其关于 c 求导数, 解得 $R(c\boldsymbol{S}, \boldsymbol{\Sigma})$ 在 $c = 1/(n+p)$ 处达到最小值. 定理证毕.

定理 4.3.2 对于熵损失函数 $L_1(\hat{\boldsymbol{\Sigma}}, \boldsymbol{\Sigma})$, 在估计类 G_c 中, $\boldsymbol{\Sigma}$ 的最小风险估计为 $\hat{\boldsymbol{\Sigma}}_{UE} = \dfrac{1}{n-1}\boldsymbol{S}$.

证明

$$\begin{aligned}
R_1(c\boldsymbol{S}, \boldsymbol{\Sigma}) &= E(L_1(c\boldsymbol{S}, \boldsymbol{\Sigma})) \\
&= c\operatorname{tr}(\boldsymbol{\Sigma}^{-1}E(\boldsymbol{S})) - p\ln c - E(\ln|\boldsymbol{\Sigma}^{-1}\boldsymbol{S}|) - p \\
&= (n-1)cp - p\ln c - E\left(\ln\prod\chi_{n-i}^2\right) - p.
\end{aligned}$$

对其关于 c 求导数, 解得 $R_1(c\boldsymbol{S}, \boldsymbol{\Sigma})$ 在 $c = 1/(n-1)$ 处达到最小值. 定理证毕.

定理 4.3.3 对于对称损失函数 $L_2(\hat{\boldsymbol{\Sigma}}, \boldsymbol{\Sigma})$, 在估计类 G_c 中, $\boldsymbol{\Sigma}$ 的最小风险估计为

$$\hat{\boldsymbol{\Sigma}} = \frac{1}{\sqrt{(n-1)(n-p-2)}}\boldsymbol{S}.$$

证明

$$\begin{aligned}
R_2(c\boldsymbol{S}, \boldsymbol{\Sigma}) &= E(L_2(c\boldsymbol{S}, \boldsymbol{\Sigma})) \\
&= c\operatorname{tr}(\boldsymbol{\Sigma}^{-1}E(\boldsymbol{S})) + c\operatorname{tr}(E(\boldsymbol{S}^{-1})\boldsymbol{\Sigma}) - 2p \\
&= (n-1)cp + \frac{p}{c(n-p-2)} - p.
\end{aligned}$$

对其关于 c 求导数, 解得 $R_2(c\boldsymbol{S}, \boldsymbol{\Sigma})$ 在 $c = 1/\sqrt{(n-1)(n-p-2)}$ 处达到最小值. 定理证毕.

4.4　样本相关系数的分布

设 $\boldsymbol{x}_1, \cdots, \boldsymbol{x}_n$ 为来自正态总体 $N_p(\boldsymbol{\mu}, \boldsymbol{\Sigma})$, 的一个简单随机样本, 其中 $\boldsymbol{\Sigma} = (\sigma_{ij})$. 样本均值向量和样本离差阵分别为

$$\bar{\boldsymbol{x}} = \sum_{i=1}^{n} \boldsymbol{x}_i, \quad \boldsymbol{S} = (s_{ij}) = \sum_{i=1}^{n} (\boldsymbol{x}_i - \bar{\boldsymbol{x}})(\boldsymbol{x}_i - \bar{\boldsymbol{x}})'.$$

不失一般性, 下面假设 $p = 2$. 于是总体相关系数和样本相关系数可分别表示为

$$\rho = \frac{\sigma_{12}}{\sqrt{\sigma_{11}\sigma_{22}}}, \quad r = \frac{s_{12}}{\sqrt{s_{11}s_{22}}}.$$

由 4.2 节知, $\boldsymbol{\Sigma}$ 的极大似然估计为 $\boldsymbol{S}/n$, 由极大似然估计的不变性, 即若 T 为参数 θ 的极大似然估计, 则 $g(T)$ 也为 $g(\theta)$ 的极大似然估计, 因此, 有

定理 4.4.1　样本的相关系数 r 为总体相关系数 ρ 的极大似然估计.

当 $\rho = 0$ 时, 例 3.1.2 已给出 r 的分布, 见 (3.1.13), 且

$$\sqrt{n-2}\frac{r}{\sqrt{1-r^2}} \sim t_{n-2}. \tag{4.4.1}$$

容易验证 $r/\sqrt{1-r^2}$ 为 r 的单调增函数. 因此 (4.4.1) 常常被用于检验两个变量是否相关以及正相关还是负相关等检验问题.

下面考虑 $\rho \neq 0$ 时 r 的分布.

对 $\boldsymbol{\Sigma}$ 和 $\boldsymbol{S}$ 做 Cholesky 分解

$$\boldsymbol{\Sigma} = \boldsymbol{C}\boldsymbol{C}', \quad \boldsymbol{S} = \boldsymbol{T}\boldsymbol{T}',$$

其中 $\boldsymbol{C}$ 和 $\boldsymbol{T}$ 为下三角阵. 于是

$$\boldsymbol{C}^{-1}\boldsymbol{\Sigma}\boldsymbol{C}^{-1'} = \boldsymbol{I}.$$

注意 $\boldsymbol{S} \sim W_2(n-1, \boldsymbol{\Sigma})$, 结合定理 3.1.3, 有

$$\boldsymbol{C}^{-1}\boldsymbol{S}\boldsymbol{C}^{-1'} = \boldsymbol{C}^{-1}\boldsymbol{T}\boldsymbol{T}'\boldsymbol{C}^{-1'} = \boldsymbol{B}\boldsymbol{B}' \sim W_2(n-1, \boldsymbol{I}_2),$$

其中 $\boldsymbol{B} = \boldsymbol{C}^{-1}\boldsymbol{T}$ 也为下三角阵. 记

$$\boldsymbol{B} = \begin{pmatrix} b_{11} & 0 \\ b_{21} & b_{22} \end{pmatrix}, \quad \boldsymbol{T} = \begin{pmatrix} t_{11} & 0 \\ t_{21} & t_{22} \end{pmatrix}, \quad \boldsymbol{C} = \begin{pmatrix} c_{11} & 0 \\ c_{21} & c_{22} \end{pmatrix},$$

则由 $\boldsymbol{S}=\boldsymbol{T}\boldsymbol{T}'$ 可得

$$\begin{pmatrix} s_{11} & s_{12} \\ s_{21} & s_{22} \end{pmatrix} = \begin{pmatrix} t_{11}^2 & t_{12}t_{11} \\ t_{12}t_{11} & t_{22}^2+t_{12}^2 \end{pmatrix}.$$

由 $\boldsymbol{T}=\boldsymbol{C}\boldsymbol{B}$ 可得

$$t_{21}=c_{21}b_{11}+c_{22}b_{21}, \quad t_{22}=c_{22}b_{22}.$$

因此, 有

$$r^*=\frac{r}{\sqrt{1-r^2}}=\frac{s_{12}}{\sqrt{s_{11}s_{22}-s_{12}^2}}=\frac{t_{21}}{t_{22}}=\frac{b_{21}+\rho^* b_{11}}{b_{22}},$$

这里

$$\rho^*=\frac{\rho}{\sqrt{1-\rho^2}}.$$

由 Bartlett 分解知

$$b_{11}^2\sim\chi_{n-1}^2, \quad b_{21}\sim N(0,1), \quad b_{22}^2\sim\chi_{n-2}^2,$$

且 $b_{11}^2, b_{21}, b_{22}^2$ 相互独立. 于是, 在给定 b_{11} 和 b_{22} 条件下, r^* 的条件分布为

$$r^*|_{b_{11},b_{22}}\sim N\left(\rho^*\frac{b_{11}}{b_{22}}, \frac{1}{b_{22}^2}\right).$$

从而, r^*, b_{11}^2, b_{22}^2 的联合分布为

$$f(r^*|b_{11}^2, b_{22}^2)\cdot\chi_{n-1}^2(b_{11}^2)\cdot\chi_{n-2}^2(b_{22}^2). \tag{4.4.2}$$

作变换

$$r=\frac{r^*}{\sqrt{1-r^{*2}}}, \quad v=\frac{b_{11}}{\sqrt{1-\rho^2}}, \quad w=\frac{b_{22}}{\sqrt{1-\rho^2}},$$

得到变换后的联合分布, 再对 v, w 积分 (此处, 省略繁琐计算过程), 得 r 的密度函数为

$$f(r)=\frac{2^{n-3}(1-\rho^2)^{\frac{n-1}{2}}(1-r^2)^{\frac{n-4}{2}}}{\pi\Gamma(n-2)}\sum_{j=1}^{\infty}\Gamma^2\left(\frac{n-1+j}{2}\right)\frac{(2\rho r)^j}{j!}, \quad |r|\leqslant 1. \tag{4.4.3}$$

虽然 (4.4.3) 是 r 的精确密度函数, 但由于该分布函数非常复杂, 所以在应用中更倾向于其近似分布. Ghosh(1966) 给出了 r 近似矩

$$E(r)\cong\rho-\frac{1}{2n}\rho(1-\rho^2), \quad \mathrm{Var}(r)\cong\frac{1}{n}(1-\rho^2)^2. \tag{4.4.4}$$

定理 4.4.2　r 的极限分布为

$$\sqrt{n-1}(r-\rho) \to N\left(0,(1-\rho^2)^2\right). \tag{4.4.5}$$

证明　由于 $\boldsymbol{S} \sim W_2(n-1,\boldsymbol{\Sigma})$, 故

$$\boldsymbol{S}^* = \begin{pmatrix} \frac{1}{\sqrt{\sigma_{11}}} & 0 \\ 0 & \frac{1}{\sqrt{\sigma_{22}}} \end{pmatrix} \boldsymbol{S} \begin{pmatrix} \frac{1}{\sqrt{\sigma_{11}}} & 0 \\ 0 & \frac{1}{\sqrt{\sigma_{22}}} \end{pmatrix} \sim W_2\left(n-1, \begin{pmatrix} 1 & \rho \\ \rho & 1 \end{pmatrix}\right).$$

定义

$$\boldsymbol{w}_n = \frac{1}{n-1}\begin{pmatrix} s_{11}^* \\ s_{22}^* \\ s_{12}^* \end{pmatrix}, \quad \boldsymbol{b} = \begin{pmatrix} 1 \\ 1 \\ \rho \end{pmatrix}, \quad \boldsymbol{V} = \begin{pmatrix} 2 & 2\rho^2 & 2\rho \\ 2\rho^2 & 2 & 2\rho \\ 2\rho & 2\rho & 1+\rho^2 \end{pmatrix}.$$

于是 $\boldsymbol{w}_n$ 的极限分布为

$$\sqrt{n-1}(\boldsymbol{w}_n - \boldsymbol{b}) \to N_3(\boldsymbol{0}, \boldsymbol{V}). \tag{4.4.6}$$

注意到

$$r = f(\boldsymbol{w}_n) = \frac{s_{12}^*}{\sqrt{s_{11}^* s_{22}^*}}, \quad f(\boldsymbol{b}) = \rho,$$

应用 Slutsky 定理 (引理 3.1.1), 便得到 r 的极限分布为 $N\left(0,(1-\rho^2)^2\right)$. 定理得证.

然而注意到样本相关系数 r 的渐近方差依赖于 ρ, 当 $|\rho| \to 1$ 时, 该渐近方差趋于零, 此时渐近密度函数是极度偏的. 这使得该渐近结果在实际应用中受到限制, 因此, 即使样本量 n 很大, 也往往不建议用该渐近结果.

为了消除渐近方差中的参数, Fisher(1915) 提出了 Fisher-z 变换

$$z = \frac{1}{2}\ln\frac{1+r}{1-r}, \tag{4.4.7}$$

并表明经过 Fisher-z 变换后, z 的渐近分布为正态的, 其均值和方差分别为

$$\xi \approx \frac{1}{2}\ln\frac{1+\rho}{1-\rho}, \tag{4.4.8}$$

$$\mathrm{Var}(z) \approx \frac{1}{n-3}. \tag{4.4.9}$$

关于 z 分布问题, Fisher(1921) 在数据正态假设下给出了其精确分布; Gayen (1951) 研究了非正态数据下 z 的精确分布; Hotelling(1953) 给出了 z 前几阶矩的 Taylor 展开式; Hawkins(1989) 给出了非正态数据下 z 的渐近分布; Johnson, Kotz 和 Balakhrishna(1995) 表明 z 的分布比 r 的分布以更快的速度收敛到正态分布. 由于 Fisher-z 变换的单调性, 故 z 被广泛地应用于相关系数的假设检验中.

目前 Fisher-z 变换除了用于数据的方差稳定化处理, 还用于数据的正态化处理, 参见陈希儒和王松桂 (1987).

4.5 缺失数据下参数估计

前面几节都是在假设数据没有缺失情形下得到的，但在多元数据的观测中，数据缺失往往是不可避免的，如被调查者搬迁、患者中途放弃治疗、记录员将某些数据遗漏等. 此时样本均值和协方差阵的估计就会变得复杂. 首先需要考虑的是数据的缺失原因和机制，关于缺失机制的介绍，读者可参阅 Little 和 Rubin(2002) 或该书的译著孙山泽 (2004). 本节将主要介绍随机缺失下均值和协方差阵的估计方法.

关于随机缺失下均值和协方差阵的估计问题，早在 1932 年，Wilk 就已开始研究，随后在抽样调查文献 Elashoff 和 Afifi(1966), Timm(1970) 和 Hartley 和 Hocking(1971) 等中也出现了相关研究，但目前仍是一个备受关注的问题.

首先，考虑单调缺失情形. 单调缺失是随机缺失机制下一种特殊的缺失模式，即观测数据阵可整理为

$$\boldsymbol{X}=\begin{pmatrix} \boldsymbol{X}_{11} & \boldsymbol{X}_{12} & \cdots & \boldsymbol{X}_{1,k-1} & \boldsymbol{X}_{1k} \\ \boldsymbol{X}_{11} & \boldsymbol{X}_{12} & \cdots & \boldsymbol{X}_{1,k-1} & -- \\ \vdots & \vdots & & \vdots & \vdots \\ \boldsymbol{X}_{k-1,1} & \boldsymbol{X}_{k-1,2} & \cdots & -- & -- \\ \boldsymbol{X}_{k-2,1} & \cdots & -- & -- & -- \end{pmatrix}, \tag{4.5.1}$$

这里 “$--$” 表示缺失，$\boldsymbol{X}_{ij}$ 为 $p_i\times n_j$ 的矩阵，其中 $\sum_{j=1}^{k}n_j=n$ 为观测个体的总数. $\sum_{i=1}^{k}p_i=p$ 为响应变量的维数. 对总体的均值向量 $\boldsymbol{\mu}$ 和协方差阵 $\boldsymbol{\Sigma}$ 作相应的分块得

$$\boldsymbol{\mu}=(\boldsymbol{\mu}_1',\cdots,\boldsymbol{\mu}_k')',\quad \boldsymbol{\Sigma}=(\boldsymbol{\Sigma}_{ij}),$$

其中 $\boldsymbol{\mu}_i$ 为 $p_i\times 1$ 的向量，$\boldsymbol{\Sigma}_{ij}$ 为 $p_i\times p_j$ 的矩阵. 由于是单调缺失模式，故样本的似然函数可表达为条件分布的形式

$$\begin{aligned} L(\boldsymbol{\mu},\boldsymbol{\Sigma})=&\left(\prod_{i=1}^{k}f(\boldsymbol{X}_{1i})\right)\left(\prod_{i=1}^{k-1}f(\boldsymbol{X}_{2i}|\boldsymbol{X}_{1i})\right)\left(\prod_{i=1}^{k-2}f(\boldsymbol{X}_{3i}|\boldsymbol{X}_{1i}\boldsymbol{X}_{2i})\right)\\ &\cdots f(\boldsymbol{X}_{1k}|\boldsymbol{X}_{11},\cdots,\boldsymbol{X}_{1,k-1}). \end{aligned}\tag{4.5.2}$$

通过逐一极大化各级条件密度函数，便可求得相应分块参数的极大似然估计. 该方法最先是由 Anderson(1957) 提出的，Bhargava(1962) 将其结果推广到 $k>2$ 的情形.

由于方法类似, 下面只介绍 $k=2$ 的情形, 即

$$\boldsymbol{X}=\begin{pmatrix}\boldsymbol{X}_{11} & \boldsymbol{X}_{12}\\ \boldsymbol{X}_{21} & --\end{pmatrix},$$

这里 $\boldsymbol{X}_{11}$ 为 $p_1\times n_1$ 的. 为简单起见, 记

$$\boldsymbol{X}_{11}=(\boldsymbol{y}_1,\cdots,\boldsymbol{y}_{n_1}),\quad \boldsymbol{X}_{12}=(\boldsymbol{y}_{n_1+1},\cdots,\boldsymbol{y}_n),$$

$$\boldsymbol{X}_{21}=(\boldsymbol{z}_1,\cdots,\boldsymbol{z}_{n_1}).$$

此时, 样本的似然函数为

$$\begin{aligned}L(\boldsymbol{\mu},\boldsymbol{\Sigma})&=f(\boldsymbol{X}_{11})f(\boldsymbol{X}_{12})f(\boldsymbol{X}_{21}|\boldsymbol{X}_{11})\\&=(2\pi)^{-\frac{pn}{2}}|\boldsymbol{\Sigma}_{11}|^{-n/2}\prod_{i=1}^{n}\exp\left\{-\frac{1}{2}(\boldsymbol{y}_i-\boldsymbol{\mu}_1)'\boldsymbol{\Sigma}_{11}^{-1}(\boldsymbol{y}_i-\boldsymbol{\mu}_1)\right\}\\&\quad\cdot|\boldsymbol{\Sigma}_{22.1}|^{-n_1/2}\prod_{i=1}^{n_1}\exp\left\{-\frac{1}{2}(\boldsymbol{z}_i-\boldsymbol{B}\boldsymbol{y}_i-\boldsymbol{\mu}_{2.1})'\boldsymbol{\Sigma}_{22.1}^{-1}(\boldsymbol{z}_i-\boldsymbol{B}\boldsymbol{y}_i-\boldsymbol{\mu}_{2.1})\right\},\end{aligned}\tag{4.5.3}$$

这里 $\boldsymbol{B}=\boldsymbol{\Sigma}_{21}\boldsymbol{\Sigma}_{11}^{-1}$,

$$\boldsymbol{\mu}_{2.1}=\boldsymbol{\mu}_2-\boldsymbol{\Sigma}_{21}\boldsymbol{\Sigma}_{11}^{-1}\boldsymbol{\mu}_1,\quad \boldsymbol{\Sigma}_{22.1}=\boldsymbol{\Sigma}_{22}-\boldsymbol{\Sigma}_{21}\boldsymbol{\Sigma}_{11}^{-1}\boldsymbol{\Sigma}_{12}.$$

注意到 $(\boldsymbol{\mu}_1,\boldsymbol{\mu}_{2.1},\boldsymbol{\Sigma}_{11},\boldsymbol{B},\boldsymbol{\Sigma}_{22.1})$ 为 $(\boldsymbol{\mu},\boldsymbol{\Sigma})$ 的一一变换, 重新参数化后, 似然函数 (4.5.3) 的第一项仅与 $\boldsymbol{\mu}_1$ 和 $\boldsymbol{\Sigma}_{11}$ 有关, 第二项仅与 $\boldsymbol{\mu}_{2.1}$, $\boldsymbol{B}$ 和 $\boldsymbol{\Sigma}_{22.1}$ 有关, 因此分别极大化这两项, 便求得 $\boldsymbol{\mu}_1$, $\boldsymbol{\Sigma}_{11}$, $\boldsymbol{\mu}_{2.1}$, $\boldsymbol{B}$ 和 $\boldsymbol{\Sigma}_{22.1}$ 的极大似然估计. 然后利用极大似然估计的不变性, 从中解得 $\boldsymbol{\mu}_2,\boldsymbol{\Sigma}_{12}$ $\boldsymbol{\Sigma}_{22}$ 的极大似然估计. 具体过程如下.

首先, 关于 $\boldsymbol{\mu}_1$ 和 $\boldsymbol{\Sigma}_{11}$ 极大化似然函数 (4.5.3) 中的第一项, 求得 $\boldsymbol{\mu}_1$ 和 $\boldsymbol{\Sigma}_{11}$ 的极大似然估计, 分别为

$$\hat{\boldsymbol{\mu}}_1=\bar{\boldsymbol{y}}=\frac{1}{n}\sum_{i=1}^{n}\boldsymbol{y}_i,\tag{4.5.4}$$

$$\hat{\boldsymbol{\Sigma}}_{11}=\frac{1}{n}\sum_{i=1}^{n}(\boldsymbol{y}_i-\bar{\boldsymbol{y}})(\boldsymbol{y}_i-\bar{\boldsymbol{y}})'.\tag{4.5.5}$$

其次, 关于 $\boldsymbol{B}$, $\boldsymbol{\mu}_{2.1}$ 和 $\boldsymbol{\Sigma}_{22.1}$ 极大化似然函数 (4.5.3) 中的第二项, 求得

$$\begin{aligned}&\hat{\boldsymbol{B}}=\boldsymbol{S}_{11}^{-1}\boldsymbol{S}_{12},\\&\hat{\boldsymbol{\mu}}_{2.1}=\bar{\boldsymbol{z}}-\hat{\boldsymbol{B}}\bar{\boldsymbol{y}}_1,\\&\hat{\boldsymbol{\Sigma}}_{22.1}=\frac{1}{n_1}\sum_{i=1}^{n_1}(\boldsymbol{z}_i-\hat{\boldsymbol{B}}\boldsymbol{y}_i-\hat{\boldsymbol{\mu}}_{2.1})(\boldsymbol{z}_i-\hat{\boldsymbol{B}}\boldsymbol{y}_i-\hat{\boldsymbol{\mu}}_{2.1})',\end{aligned}$$

这里

$$\boldsymbol{S}_{11} = \sum_{i=1}^{n_1}(\boldsymbol{y}_i - \bar{\boldsymbol{y}}_1)(\boldsymbol{y}_i - \bar{\boldsymbol{y}}_1)',$$

$$\boldsymbol{S}_{12} = \sum_{i=1}^{n_1}(\boldsymbol{y}_i - \bar{\boldsymbol{y}}_1)(\boldsymbol{z}_i - \bar{\boldsymbol{z}})',$$

$$\bar{\boldsymbol{y}}_1 = \frac{1}{n_1}\sum_{i=1}^{n_1}\boldsymbol{y}_i, \quad \bar{\boldsymbol{z}} = \frac{1}{n_1}\sum_{i=1}^{n_1}\boldsymbol{z}_i.$$

最后, 结合 $\boldsymbol{\mu}_1$ 和 $\boldsymbol{\Sigma}_{11}$ 的极大似然估计 (4.5.4) 和 (4.5.5), 从中解出 $\boldsymbol{\mu}_2$, $\boldsymbol{\Sigma}_{12}$ 和 $\boldsymbol{\Sigma}_{22}$ 的极大似然估计, 分别为

$$\hat{\boldsymbol{\mu}}_2 = \bar{\boldsymbol{z}} + \hat{\boldsymbol{B}}(\bar{\boldsymbol{y}}_1 - \bar{\boldsymbol{y}}), \tag{4.5.6}$$

$$\hat{\boldsymbol{\Sigma}}_{12} = \hat{\boldsymbol{\Sigma}}_{11}\hat{\boldsymbol{B}}, \tag{4.5.7}$$

$$\hat{\boldsymbol{\Sigma}}_{22} = \hat{\boldsymbol{\Sigma}}_{22.1} + \hat{\boldsymbol{B}}'\hat{\boldsymbol{\Sigma}}_{11}\hat{\boldsymbol{B}}. \tag{4.5.8}$$

基于以上推断, Kanda, Fujikoshi (1998) 研究了极大似然估计的基本性质, Chang 和 Romer (2009, 2010) 考虑了单调随机缺失下均值向量和协方差阵的小样本推断问题; Krishnamoorthy (2013) 研究了相关系数的置信区间估计问题, 关于这些内容, 感兴趣的读者可参阅相关文献.

对于非单调缺失, 其极大似然估计未必有显式形式, Dempster 等 (1977) 提出了均值向量和协方差阵的极大似然估计的 EM 算法. 虽然理论上基于 EM 算法, 可求出随机缺失下均值向量和协方差阵的估计和渐近性质, 但由于这些渐近性质通常要求很大的样本量, Krishnamoorthy 和 Xia (2007) 通过模拟证实某一些情况下, 即使样本量很大, 其渐近效果也不理想. 因此, 关于均值向量的精确区间估计和精确检验方法仍然很受关注, 目前文献中已取得了一些的进展, 如 Seo, Kikuchi 和 Koizumi (2006), Wu, Yu (2008) 和 Wu, Yu 和 Liu (2009) 等研究了等相关结构下均值对照的精确区间估计问题, Krishnamoorthy (2013) 研究了单调缺失下相关系数的区间估计和检验问题, 并基于广义枢轴量 (generalized pivotal quantity, GPQ) 提出了一种精确的方法等. 但关于缺失数据下均值向量和协方差阵, 以及多元回归模型下参数推断问题, 还有许多问题期待解决.

第 5 章　假 设 检 验

多元假设检验的最根本问题起源于两个方面：一方面由于参数多而导致可检验的假设很多，另一方面是同一检验问题可能存在许多不同的检验统计量，如何选择较优的检验比较困难．本章主要考虑多元正态分布下均值向量和协方差阵的两大假设检验问题，介绍两种最常用的检验方法：似然比检验 (likelihood ratio rest, LRT) 和并交检验 (the union-intersection test, UIT)．这两种方法有时会导出相同的检验统计量，有时不然．

5.1　单正态总体均值的检验

关于单正态总体均值的检验，本节将显示似然比检验和并交检验导出的检验统计量完全相同，都等于根据样本均值和样本协方差阵直接构造的检验统计量．

设 $\boldsymbol{x}_1, \boldsymbol{x}_2, \cdots, \boldsymbol{x}_n$ 为多元正态总体 $N_p(\boldsymbol{\mu}, \boldsymbol{\Sigma})$ 的随机样本，$\bar{\boldsymbol{x}}$ 与 $\boldsymbol{S}$ 分别为样本均值向量与样本离差阵，其中

$$\bar{\boldsymbol{x}} = \sum_{i=1}^{n} \boldsymbol{x}_i / n, \quad \boldsymbol{S} = \sum_{i=1}^{n} (\boldsymbol{x}_i - \bar{\boldsymbol{x}})(\boldsymbol{x}_i - \bar{\boldsymbol{x}})'.$$

欲检验假设

$$H_0: \ \boldsymbol{\mu} = \boldsymbol{\mu}_0, \quad H_1: \ \boldsymbol{\mu} \neq \boldsymbol{\mu}_0, \tag{5.1.1}$$

这里 $\boldsymbol{\mu}_0$ 为已知向量．

5.1.1　$\boldsymbol{\Sigma} = \boldsymbol{\Sigma}_0$ 已知情形

由 $\bar{\boldsymbol{x}} \sim N_p(\boldsymbol{\mu}, \boldsymbol{\Sigma}_0/n)$，通过标准化 $\bar{\boldsymbol{x}}$，可构造检验统计量

$$T_0^2 = n(\bar{\boldsymbol{x}} - \boldsymbol{\mu}_0)' \boldsymbol{\Sigma}_0^{-1} (\bar{\boldsymbol{x}} - \boldsymbol{\mu}_0). \tag{5.1.2}$$

显然，当原假设 H_0 成立时，

$$T_0^2 \sim \chi_p^2.$$

于是，对于给定显著性水平 α，检验问题 (5.1.1) 可归结为判断 T_0^2 是否小于等于 $\chi_p^2(\alpha)$，这里 $\chi_p^2(\alpha)$ 为 χ_p^2 的上 α 分位点．当 $T_0^2 \leqslant \chi_p^2(\alpha)$ 时，接受 H_0 为真；否则，拒绝接受 H_0 为真．

5.1.2　$\boldsymbol{\Sigma}$ 未知情形

当 $\boldsymbol{\Sigma}$ 未知时, 类似一元情形, 用 $\boldsymbol{\Sigma}$ 的无偏估计 $\frac{1}{n-1}\boldsymbol{S}$ 代替 (5.1.2) 式中的 $\boldsymbol{\Sigma}_0$, 得 Hotelling-T^2 检验统计量, 即

$$T^2 = n(n-1)(\bar{\boldsymbol{x}}-\boldsymbol{\mu}_0)'\boldsymbol{S}^{-1}(\bar{\boldsymbol{x}}-\boldsymbol{\mu}_0). \tag{5.1.3}$$

当原假设为真时, 由定理 3.2.2 有

$$T^2 \sim T^2_{p,n-1},$$

$$F = \frac{n-p}{p(n-1)}T^2 = \frac{n(n-p)}{p}(\bar{\boldsymbol{x}}-\boldsymbol{\mu}_0)'\boldsymbol{S}^{-1}(\bar{\boldsymbol{x}}-\boldsymbol{\mu}_0) \sim F_{p,n-p}. \tag{5.1.4}$$

因此, 该检验的拒绝域为

$$F = \frac{n-p}{p(n-1)}T^2 \geqslant F_{p,n-p}(\alpha).$$

若上不等式成立, 就拒绝原假设 H_0, 认为 $\boldsymbol{\mu}$ 和 $\boldsymbol{\mu}_0$ 有显著差异, 否则就接原假设 H_0.

另外, 许多软件提供的是 p 值, 即随机变量 $F_{p,n-p}$ 大于统计量 F 的样本值的概率, $p = P(F_{p,n-p} > F)$. 此时, 该检验的拒绝域为

$$p = P(F_{p,n-p} > F) < \alpha.$$

例 5.1.1 (王静龙, 2008)　人体出汗量与人体内钠和钾的含量有一定关系. 今测量了 20 名健康成年女性的出汗量 (x_1)、钠的含量 (x_2) 与钾的含量 (x_3) (数据见表 5.1). 给定 $\alpha = 0.05$, 检验

$$H_0: \ \boldsymbol{\mu} = (4, 50, 10)', \quad H_1: \ \boldsymbol{\mu} \neq (4, 50, 10)'.$$

表 5.1　成年女性出汗量、钠含量与钾含量数据表

序号	x_1	x_2	x_3	序号	x_1	x_2	x_3
1	3.7	48.5	9.3	11	4.7	65.1	8.0
2	3.8	47.2	10.9	12	3.2	53.2	12.0
3	3.1	55.5	9.7	13	4.6	36.1	7.9
4	2.4	24.8	14.0	14	7.2	33.1	7.6
5	6.7	47.4	8.5	15	5.4	54.1	11.3
6	3.9	36.9	12.7	16	4.5	58.8	12.3
7	3.5	27.8	9.8	17	4.5	40.2	8.4
8	1.5	13.5	10.1	18	8.5	56.4	7.1
9	4.5	71.6	8.2	19	6.5	52.8	10.9
10	4.1	44.1	11.2	20	5.5	40.9	9.4

解 由于人体出汗量、人体内钠和钾的含量 $\boldsymbol{x}=(x_1,x_2,x_3)'$ 可以用正态分布来拟合, 因此, 假设 $\boldsymbol{x}\sim N_3,(\boldsymbol{\mu},\boldsymbol{\Sigma})$ (严格上, 需要先对数据进行正态检验).

已知 $\boldsymbol{\mu}_0=(4,50,10)'$, $n=20$, $p=3$. 计算样本均值向量和样本离差阵分别为

$$\bar{\boldsymbol{x}}=(4.64,45.4,9.965)'$$

和

$$\boldsymbol{S}=\begin{pmatrix} 54.708 & & \\ 190.190 & 3795.98 & \\ -34.372 & -107.16 & 68.926 \end{pmatrix}.$$

计算 F 检验统计量得

$$F=\frac{n(n-p)}{p}(\overline{\boldsymbol{x}}-\boldsymbol{\mu}_0)'\boldsymbol{S}^{-1}(\overline{\boldsymbol{x}}-\boldsymbol{\mu}_0)=2.9045,$$

由于

$$F<F_{p,n-p}(\alpha)=F_{3,17}(0.05)=3.2,$$

故接受原假设, 认为成年女性人平均体出汗量、人体内钠和钾的平均含量为 $(4,50,10)$. 也可以利用计算 p 值的方法, 计算得

$$p=P\{F_{p,n-p}\geqslant F\}=P\{F_{3,17}\geqslant 2.9045\}=0.06493>\alpha=0.05,$$

得到接受原假设的结果.

5.1.3 Hotelling-T^2 与似然比检验和并交检验的关系

上一节, 我们用类似一元统计中的 t 统计量, 引出了 Hotelling-T^2 检验统计量. 在数理统计中, 构造检验的常规方法就是似然比方法. 本小节将证明 Hotelling-T^2 检验统计量不但可由似然比方法导出, 也可由并交检验方法得到.

(a) 似然比检验方法

似然比检验是统计学中最为常用的一种检验方法, 就是分别在原假设 H_0 和备择假设 H_1 下极大化似然函数, 用这两个最大值的比值 (似然比) 作为检验统计量. 当原假设 H_0 成立时, 似然比就应该很接近于 1, 若似然比过小就拒绝原假设 H_0. 设 $\boldsymbol{x}_1,\cdots,\boldsymbol{x}_n$ 是来自总体 $N_p(\boldsymbol{\mu},\boldsymbol{\Sigma})$ 的一个简单样本. 检验问题是

$$H_0:\boldsymbol{\mu}=\boldsymbol{\mu}_0,\quad H_1:\boldsymbol{\mu}\neq\boldsymbol{\mu}_0.$$

于是, 该检验的似然比为

$$\lambda = \frac{\max_{H_0} L(\boldsymbol{\mu}, \boldsymbol{\Sigma})}{\max_{\boldsymbol{\mu},\boldsymbol{\Sigma}} L(\boldsymbol{\mu}, \boldsymbol{\Sigma})} \triangleq \frac{M_1}{M_2}, \tag{5.1.5}$$

这里 $L(\boldsymbol{\mu}, \boldsymbol{\Sigma})$ 为似然函数, 即

$$L(\boldsymbol{\mu}, \boldsymbol{\Sigma}) = \frac{1}{(2\pi)^{\frac{np}{2}}|\boldsymbol{\Sigma}|^{\frac{n}{2}}} \exp\left\{-\frac{1}{2}\sum_{i=1}^{n}(\boldsymbol{x}_i - \boldsymbol{\mu})'\boldsymbol{\Sigma}^{-1}(\boldsymbol{x}_i - \boldsymbol{\mu})\right\}.$$

由 (4.2.1)-(4.2.3) 知: $\boldsymbol{\mu}$ 和 $\boldsymbol{\Sigma}$ 未知情形下似然函数 $L(\boldsymbol{\mu}, \boldsymbol{\Sigma})$ 的最大值为

$$\begin{aligned} M_2 &= \max_{\boldsymbol{\mu},\boldsymbol{\Sigma}} L(\boldsymbol{\mu}, \boldsymbol{\Sigma}) = L(\bar{\boldsymbol{x}}, \boldsymbol{S}/n) \\ &= \left\{\frac{n}{2\pi}\right\}^{\frac{np}{2}} |\boldsymbol{S}|^{-\frac{n}{2}} \exp\left\{-\frac{1}{2}np\right\}. \end{aligned}$$

应用引理 4.2.1, 容易验证

$$\begin{aligned} M_1 = \max_{H_0} L(\boldsymbol{\mu}, \boldsymbol{\Sigma}) &= \max L(\boldsymbol{\mu}_0, \boldsymbol{\Sigma}) \\ &= \sup \frac{1}{(2\pi)^{\frac{np}{2}}|\boldsymbol{\Sigma}|^{\frac{n}{2}}} \max\left\{-\frac{1}{2}\mathrm{tr}(\boldsymbol{\Sigma}^{-1}\boldsymbol{S}_0)\right\} \\ &= \max \frac{1}{(2\pi)^{\frac{np}{2}}} \frac{|\boldsymbol{\Sigma}^{-\frac{1}{2}}\boldsymbol{S}_0\boldsymbol{\Sigma}^{-\frac{1}{2}}|^{\frac{n}{2}}}{|\boldsymbol{S}_0|^{\frac{n}{2}}} \exp\left\{-\frac{1}{2}\mathrm{tr}(\boldsymbol{\Sigma}^{-\frac{1}{2}}\boldsymbol{S}_0\boldsymbol{\Sigma}^{-\frac{1}{2}})\right\} \\ &= \left\{\frac{n}{2\pi}\right\}^{\frac{np}{2}} |\boldsymbol{S}_0|^{-\frac{n}{2}} \exp\left\{-\frac{1}{2}np\right\}, \end{aligned}$$

这里

$$\boldsymbol{S}_0 = \sum(\boldsymbol{x}_i - \boldsymbol{\mu}_0)(\boldsymbol{x}_i - \boldsymbol{\mu}_0)'.$$

注意到

$$\begin{aligned} \boldsymbol{S}_0 &= \sum(\boldsymbol{x}_i - \bar{\boldsymbol{x}} + \bar{\boldsymbol{x}} - \boldsymbol{\mu}_0)(\boldsymbol{x}_i - \bar{\boldsymbol{x}} + \bar{\boldsymbol{x}} - \boldsymbol{\mu}_0)' \\ &= \sum(\boldsymbol{x}_i - \bar{\boldsymbol{x}})(\boldsymbol{x}_i - \bar{\boldsymbol{x}}) + n(\bar{\boldsymbol{x}} - \boldsymbol{\mu}_0)(\bar{\boldsymbol{x}} - \boldsymbol{\mu}_0)' \\ &= \boldsymbol{S} + n(\bar{\boldsymbol{x}} - \boldsymbol{\mu}_0)(\bar{\boldsymbol{x}} - \boldsymbol{\mu}_0)', \end{aligned}$$

应用 (2.1.11) 得

$$|\boldsymbol{S}_0| = |\boldsymbol{S}|\left(1 + n(\bar{\boldsymbol{x}} - \boldsymbol{\mu}_0)'\boldsymbol{S}^{-1}(\bar{\boldsymbol{x}} - \boldsymbol{\mu}_0)\right).$$

于是似然比可化简为

$$\begin{aligned} \lambda &= \frac{M_1}{M_2} = \frac{|\boldsymbol{S}|^{n/2}}{|\boldsymbol{S}_0|^{n/2}} \\ &= \frac{1}{(1 + n(\bar{\boldsymbol{x}} - \boldsymbol{\mu}_0)'\boldsymbol{S}^{-1}(\bar{\boldsymbol{x}} - \boldsymbol{\mu}_0))^{n/2}}. \end{aligned} \tag{5.1.6}$$

由此易知似然比 λ 为 $n(\bar{\boldsymbol{x}}-\boldsymbol{\mu}_0)'\boldsymbol{S}^{-1}(\bar{\boldsymbol{x}}-\boldsymbol{\mu}_0)$ 的单调减函数. 因此, 似然比 λ 过小就拒绝原假设 H_0, 等价于

$$T^2=n(n-1)(\bar{\boldsymbol{x}}-\boldsymbol{\mu}_0)'\boldsymbol{S}^{-1}(\bar{\boldsymbol{x}}-\boldsymbol{\mu}_0)$$

过大就拒绝原假设 H_0, 即似然比检验等价于 Hotelling-T^2 检验.

(b) 并交检验方法

并交原理 (the union-intersection principle) 是由 Roy (1957) 提出的. 他注意到只要随机向量

$$\boldsymbol{x}\sim N_p(\boldsymbol{\mu},\boldsymbol{\Sigma}),$$

则对任一 $p\times 1$ 的非零常数向量 $\boldsymbol{a}$, 都有

$$\boldsymbol{a}'\boldsymbol{x}\sim N(\boldsymbol{a}'\boldsymbol{\mu},\boldsymbol{a}'\boldsymbol{\Sigma}\boldsymbol{a}).$$

因此, 关于多元正态总体 $N_p(\boldsymbol{\mu},\boldsymbol{\Sigma})$ 的参数检验问题可化为一元正态总体 $N(\boldsymbol{a}'\boldsymbol{\mu},\boldsymbol{a}'\boldsymbol{\Sigma}\boldsymbol{a})$ 的相应检验问题的**交**, 而其拒绝域恰好又是一元正态总体下的相应检验拒绝域的**并**, 文献中称其为并交原理. 几乎所有多元检验问题都可以应用该原理构造检验统计量.

下面, 用并交原理构造均值向量 $\boldsymbol{\mu}$ 的检验统计量, 其中假设问题为

$$H_0:\boldsymbol{\mu}=\boldsymbol{\mu}_0\leftrightarrow H_1:\boldsymbol{\mu}\neq\boldsymbol{\mu}_0. \tag{5.1.7}$$

注意到 $H_0:\boldsymbol{\mu}=\boldsymbol{\mu}_0$ 为真等价于对一切非零常数向量 $\boldsymbol{a}$, 都有

$$\boldsymbol{a}'\boldsymbol{\mu}=\boldsymbol{a}'\boldsymbol{\mu}_0.$$

故检验假设 (5.1.7) 等价于对一切非零常数向量 $\boldsymbol{a}$, 检验假设

$$H_{0\boldsymbol{a}}:\boldsymbol{a}'\boldsymbol{\mu}=\boldsymbol{a}'\boldsymbol{\mu}_0\leftrightarrow H_{1\boldsymbol{a}}:\boldsymbol{a}'\boldsymbol{\mu}\neq\boldsymbol{a}'\boldsymbol{\mu}_0, \tag{5.1.8}$$

因此, 原假设 H_0 可表示为以上 (5.1.8) 中原假设 $H_{0\boldsymbol{a}}$ 的交, 即

$$H_0=\bigcap_{\boldsymbol{a}}H_{0\boldsymbol{a}}. \tag{5.1.9}$$

记 $W_{\boldsymbol{a}}$ 为 $H_{0\boldsymbol{a}}$ 的拒绝域. 若一个样本落在 $H_{0\boldsymbol{a}}$ 的拒绝域 $W_{\boldsymbol{a}}$, 则拒绝 H_0. 故 H_0 的拒绝域可表达为 $W_{\boldsymbol{a}}$ 的并, 即

$$W=\bigcup_{\boldsymbol{a}}W_{\boldsymbol{a}}. \tag{5.1.10}$$

所以问题就归集为一元正态总体 $N_1(\boldsymbol{a}'\boldsymbol{\mu}, \boldsymbol{a}'\boldsymbol{\Sigma}\boldsymbol{a})$ 的均值检验问题.

设 $\boldsymbol{x}_1, \cdots, \boldsymbol{x}_n$ 是来自总体 $N_p(\boldsymbol{\mu}, \boldsymbol{\Sigma})$ 的一个简单样本. 因此, 样本均值向量

$$\bar{\boldsymbol{x}} = \sum_{i=1}^{n} \boldsymbol{x}_i/n \sim N_p(\boldsymbol{\mu}, \boldsymbol{\Sigma}/n),$$

样本离差阵

$$\boldsymbol{S} = \sum_{i=1}^{n} (\boldsymbol{x}_i - \bar{\boldsymbol{x}})(\boldsymbol{x}_i - \bar{\boldsymbol{x}})' \sim W_p(n-1, \boldsymbol{\Sigma}),$$

且两者独立. 结合定理 3.2.2, 于是当 $H_{0\boldsymbol{a}}$ 为真时,

$$t_{\boldsymbol{a}} = \frac{\sqrt{n}\boldsymbol{a}'(\bar{\boldsymbol{x}} - \boldsymbol{\mu}_0)}{\sqrt{\boldsymbol{a}'\boldsymbol{S}\boldsymbol{a}/(n-1)}} \sim t_{n-1}.$$

故 $t_{\boldsymbol{a}}$ 可作为 $H_{0\boldsymbol{a}}$ 的检验统计量, 其拒绝域为

$$W_{\boldsymbol{a}} = \left\{\boldsymbol{u} : |t_{\boldsymbol{a}}| > t_{n-1}\left(\frac{\alpha}{2}\right)\right\}.$$

若对一切非随机向量 $\boldsymbol{a} \neq 0$, 都有

$$|t_{\boldsymbol{a}}| \leqslant c_\alpha,$$

则接受 H_0, 但只要有一个 $|t_{\boldsymbol{a}}|$ 过大, 则拒绝 H_0, 因此 H_0 的检验最终依赖于统计量

$$\max_{\boldsymbol{a}} t_{\boldsymbol{a}}^2 = n(n-1)\max_{\boldsymbol{a}} \frac{(\boldsymbol{a}'(\bar{\boldsymbol{x}} - \boldsymbol{\mu}_0))^2}{\boldsymbol{a}'\boldsymbol{S}\boldsymbol{a}}.$$

引理 5.1.1 (Cauchy-Schwarz 不等式) 设 $\boldsymbol{A}$ 是 $p \times p$ 的正定阵, 则对任意 $p \times 1$ 的向量 $\boldsymbol{a}$ 和 $\boldsymbol{b}$, 有

$$(\boldsymbol{a}'\boldsymbol{b})^2 \leqslant \boldsymbol{a}'\boldsymbol{A}\boldsymbol{a}\boldsymbol{b}'\boldsymbol{A}^{-1}\boldsymbol{b}. \tag{5.1.11}$$

等号成立的充要条件是: $\boldsymbol{a}$ 与 $\boldsymbol{A}^{-1}\boldsymbol{b}$ 线性相关, 即存在常数 c, 使得 $\boldsymbol{a} = c\boldsymbol{A}^{-1}\boldsymbol{b}$.

该引理的证明参见王松桂等 (2006, pp.32).

由 Cauchy-Schwarz 不等式, 得

$$\begin{aligned}\max_{\boldsymbol{a}} t_{\boldsymbol{a}}^2 &= n(n-1)\max_{\boldsymbol{a}} \frac{(\boldsymbol{a}'(\bar{\boldsymbol{x}} - \boldsymbol{\mu}_0))^2}{\boldsymbol{a}'\boldsymbol{S}\boldsymbol{a}} \\ &= n(n-1)(\bar{\boldsymbol{x}} - \boldsymbol{\mu}_0)'\boldsymbol{S}^{-1}(\bar{\boldsymbol{x}} - \boldsymbol{\mu}_0) \\ &= T^2,\end{aligned}$$

因此, 并交检验的检验统计量也是 T^2.

以上三种方法得到 H_0 的检验统计量都为 T^2, 这也充分表明了检验 $\boldsymbol{\mu} = \boldsymbol{\mu}_0$ 的 Hotelling-T^2 统计量的优良性.

5.1.4 置信域

本节主要考虑均值向量 $\boldsymbol{\mu}$ 及其线性组合 $\boldsymbol{a}'\boldsymbol{\mu}$ 的置信域的问题.

Ⅰ. $\boldsymbol{\mu}$ 的置信域

在一元统计中, 用 t 统计量或 F 统计量可以得到总体均值 μ 的置信区间

$$\left(\bar{x} - \frac{S}{\sqrt{n}}t_{n-1}(\alpha/2),\ \bar{x} + \frac{S}{\sqrt{n}}t_{n-1}(\alpha/2)\right).$$

当原假设成立时, μ 落在这个区间里的概率为 $1-\alpha$. 类似一元情形, 当 $n > p$ 时, $\boldsymbol{\mu}$ 的置信度为 $1-\alpha$ 的置信区域为

$$\left\{\boldsymbol{\mu} : T^2 = n(\bar{\boldsymbol{x}} - \boldsymbol{\mu})'\boldsymbol{S}^{-1}(\bar{\boldsymbol{x}} - \boldsymbol{\mu}) \leqslant T^2_{p,n-p}(\alpha)\right\}, \tag{5.1.12}$$

或

$$\left\{\boldsymbol{\mu} : \frac{n(n-p)}{p}(\bar{\boldsymbol{x}} - \boldsymbol{\mu})'\boldsymbol{S}^{-1}(\bar{\boldsymbol{x}} - \boldsymbol{\mu}) \leqslant F_{p,n-p}(\alpha)\right\}, \tag{5.1.13}$$

其中 $\bar{\boldsymbol{x}}$ 和 $\boldsymbol{S}$ 分别为样本均值向量和样本离差阵. 当 $p=2$ 时, 该置信域为椭圆; 当 $p=3$ 时, 该置信域为椭球; 当 $p>3$ 时, 该置信域为广义椭球.

例 5.1.2 (接例 5.1.1) 求 $\boldsymbol{\mu}$ 的置信度为 95% 的置信椭球.

解 依据(5.1.13), 于是 $\boldsymbol{\mu}$ 的置信度为 95% 的置信域为如下椭球:

$$(\bar{\boldsymbol{x}} - \boldsymbol{\mu})'\hat{\boldsymbol{\Sigma}}^{-1}(\bar{\boldsymbol{x}} - \boldsymbol{\mu}) \leqslant c^2, \tag{5.1.14}$$

其中 $\bar{\boldsymbol{x}} = (4.64, 45.4, 9.965)'$,

$$\hat{\boldsymbol{\Sigma}} = \frac{1}{n-1}\boldsymbol{S} = \begin{pmatrix} 2.8794 & & \\ 10.0100 & 199.7884 & \\ -1.8090 & -5.6400 & 3.6277 \end{pmatrix},$$

$$c^2 = \frac{(n-1)p}{n(n-p)}F_{3,17}(0.05) = \frac{19\times 3}{20\times 17}\times 3.2 = 0.5365.$$

下面求该椭球的三主轴方向和主轴半径, 即求该椭球的标准型. 对 $\hat{\boldsymbol{\Sigma}}^{-1}$ 进行谱分解得

$$\hat{\boldsymbol{\Sigma}}^{-1} = \sum_{i=1}^{3}\frac{1}{\lambda_i}\boldsymbol{l}_i\boldsymbol{l}_i',$$

其中 λ_i 和 ℓ_i 分别为 $\hat{\boldsymbol{\Sigma}}$ 的特征值与 λ_i 所对应的正交特征向量. 通过计算得

$$\lambda_1 = 200.4625, \quad \lambda_2 = 4.5316, \quad \lambda_3 = 1.3014,$$

$$\boldsymbol{l}_1=(0.05084,\ 0.9983,\ -0.02907)',$$
$$\boldsymbol{l}_2=(-0.5737,\ 0.05302,\ 0.8173)',$$
$$\boldsymbol{l}_3=(0.8175,\ -0.02488,\ 0.5754)'.$$

令

$$\boldsymbol{y}_i=\boldsymbol{l}_i'(\boldsymbol{\mu}-\bar{\boldsymbol{x}}),\quad i=1,2,3,$$

于是置信椭球(5.1.14) 的标准型为

$$\frac{y_1^2}{\lambda_1c^2}+\frac{y_2^2}{\lambda_2c^2}+\frac{y_3^2}{\lambda_3c^2}\leqslant 1.$$

因此, 该椭球中心为 $\bar{x}$, 第一长轴的方向沿 $\boldsymbol{l}_1$, 半径为

$$d_1=c\sqrt{\lambda_1}=10.3703;$$

第二长轴的方向沿 $\boldsymbol{l}_2$, 半径为

$$d_2=c\sqrt{\lambda_2}=1.5592;$$

短轴的方向沿 $\boldsymbol{l}_3$, 半径为

$$d_3=c\sqrt{\lambda_3}=0.8356.$$

Ⅱ. $\boldsymbol{a}'\boldsymbol{\mu}$ 的置信区间

由多元正态分布的性质知: 对任一 $p\times 1$ 的非零常数向量 $\boldsymbol{a}$, 都有

$$\boldsymbol{a}'\bar{\boldsymbol{x}}\sim N(\boldsymbol{a}'\boldsymbol{\mu},\boldsymbol{a}'\boldsymbol{\Sigma}\boldsymbol{a}/n),\quad \frac{\boldsymbol{a}'\boldsymbol{S}\boldsymbol{a}}{\boldsymbol{a}'\boldsymbol{\Sigma}\boldsymbol{a}}\sim\chi^2_{n-1},$$

且两者独立. 因此

$$\frac{\boldsymbol{a}'\bar{\boldsymbol{x}}-\boldsymbol{a}'\boldsymbol{\mu}}{\sqrt{\boldsymbol{a}'\boldsymbol{S}\boldsymbol{a}/n(n-1)}}\sim t_{n-1}.$$

故对于给定常数向量 $\boldsymbol{a}$, $\boldsymbol{a}'\boldsymbol{\mu}$ 的置信系数为 $1-\alpha$ 的置信区间为

$$\left(\boldsymbol{a}'\bar{\boldsymbol{x}}-\frac{\sqrt{\boldsymbol{a}'\boldsymbol{S}\boldsymbol{a}}}{\sqrt{n(n-1)}}t_{n-1}(\alpha/2),\ \boldsymbol{a}'\bar{\boldsymbol{x}}+\frac{\sqrt{\boldsymbol{a}'\boldsymbol{S}\boldsymbol{a}}}{\sqrt{n(n-1)}}t_{n-1}(\alpha/2)\right).\tag{5.1.15}$$

特别地, 当 $\boldsymbol{a}=\boldsymbol{e}_i=(0,\cdots,0,1,0\cdots,0)'$(仅第 i 个分量为 1, 其他分量皆为零的 p 维列向量) 时, 由 (5.1.15) 式, 便得到每个分量 μ_i 的置信区间

$$\left(\bar{x}_i-\frac{\sqrt{s_{ii}}}{\sqrt{n(n-1)}}t_{n-1}(\alpha/2),\ \bar{x}_i+\frac{\sqrt{s_{ii}}}{\sqrt{n(n-1)}}t_{n-1}(\alpha/2)\right).\tag{5.1.16}$$

当 $\boldsymbol{a}=(0,\cdots,0,1,0,\cdots,0,-1,0,\cdots,0)'$(仅第 i 个分量为 1, 第 j 个分量为 -1, 其他分量皆为零的 p 维列向量) 时, 便得到均值对照 $\mu_i-\mu_j$ 的置信区间

$$\left(\bar{x}_i-\bar{x}_j-\frac{\sqrt{s_{ii}+s_{jj}-2s_{ij}}}{\sqrt{n(n-1)}}t_{n-1}(\alpha/2),\ x_i-\bar{x}_j+\frac{\sqrt{s_{ii}+s_{jj}-2s_{ij}}}{\sqrt{n(n-1)}}t_{n-1}(\alpha/2)\right). \tag{5.1.17}$$

其中 $\bar{x}_i$ 为样本均值向量的第 i 个分量, s_{ij} 为样本离差阵 $\boldsymbol{S}$ 的第 (i,j) 位上的元素.

Ⅲ. $\boldsymbol{a}'\boldsymbol{\mu}(\ \boldsymbol{a}\in\mathbb{R}^p)$ 的同时置信区间

$\boldsymbol{a}'\boldsymbol{\mu}$ ($\boldsymbol{a}\in\mathbb{R}^p$) 的同时置信区间就是均值的任意线性组合 $\boldsymbol{a}'\boldsymbol{\mu}$ 的置信度均为 $1-\alpha$ 的置信区间, 即寻找常数 c_α, 使得对任一非零常数向量 $\boldsymbol{a}$, 都有

$$P\left(\frac{|\boldsymbol{a}'\bar{\boldsymbol{x}}-\boldsymbol{a}'\boldsymbol{\mu}|}{\sqrt{\boldsymbol{a}'\boldsymbol{S}\boldsymbol{a}}}<c_\alpha\right)=1-\alpha. \tag{5.1.18}$$

注意到 (5.1.18) 等价于

$$P\left(\sup_{\boldsymbol{a}}\frac{|\boldsymbol{a}'\bar{\boldsymbol{x}}-\boldsymbol{a}'\boldsymbol{\mu}|}{\sqrt{\boldsymbol{a}'\boldsymbol{S}\boldsymbol{a}}}<c\right)=1-\alpha.$$

应用 Cauchy-Schwarz 不等式 (引理 5.1.1) 和定理 3.4.2 得

$$\sup_{\boldsymbol{a}}\frac{|\boldsymbol{a}'(\bar{\boldsymbol{x}}-\boldsymbol{\mu})|}{\sqrt{\boldsymbol{a}'\boldsymbol{S}\boldsymbol{a}}}=\left[(\bar{\boldsymbol{x}}-\boldsymbol{\mu})'\boldsymbol{S}^{-1}(\bar{\boldsymbol{x}}-\boldsymbol{\mu})\right]^{1/2}\overset{d}{=}\sqrt{\frac{p}{n(n-p)}F_{p,n-p}}\ .$$

因此只需取

$$c_\alpha=\sqrt{\frac{p}{n(n-p)}F_{p,n-p}(\alpha)}\ . \tag{5.1.19}$$

于是得如下定理.

定理 5.1.1　设 $\boldsymbol{x}_1,\boldsymbol{x}_2,\cdots,\boldsymbol{x}_n$ 为抽自 p 元正态总体 $N_p(\boldsymbol{\mu},\boldsymbol{\Sigma})$ 的随机样本, $\boldsymbol{\Sigma}>0$ 未知, 则对所有的 $\boldsymbol{a}\in\mathbb{R}^p$, $\boldsymbol{a}'\boldsymbol{\mu}$ 的置信系数为 $1-\alpha$ 的同时置信区间为

$$\left(\boldsymbol{a}'\bar{\boldsymbol{x}}-c_\alpha\sqrt{\boldsymbol{a}'\boldsymbol{S}\boldsymbol{a}},\ \boldsymbol{a}'\bar{\boldsymbol{x}}+c_\alpha\sqrt{\boldsymbol{a}'\boldsymbol{S}\boldsymbol{a}}\right), \tag{5.1.20}$$

这里 c_α 的定义见(5.1.19).

此外, 当考虑的是均值向量给定的线性组合 $\boldsymbol{a}_1'\boldsymbol{\mu},\cdots,\boldsymbol{a}_k'\boldsymbol{\mu}$ 的同时置信区间时, 也可采用 Bonferroni 同时置信区间

$$\left(\boldsymbol{a}_i\bar{x}-\frac{\sqrt{\boldsymbol{a}_i'\boldsymbol{S}\boldsymbol{a}_i}}{\sqrt{n(n-1)}}t_{n-1}\left(\frac{\alpha}{2k}\right),\ \boldsymbol{a}_i\bar{\boldsymbol{x}}+\frac{\sqrt{\boldsymbol{a}_i'\boldsymbol{S}\boldsymbol{a}_i}}{\sqrt{n(n-1)}}t_{n-1}\left(\frac{\alpha}{2k}\right)\right), \tag{5.1.21}$$

$i=1,\cdots,k$.

由于 (5.1.20) 和 (5.1.21) 都可给出 $\boldsymbol{a}_1'\boldsymbol{\mu}, \cdots, \boldsymbol{a}_k'\boldsymbol{\mu}$ 的同时置信区间, 究竟选用哪一个就成了问题. 对于具体的 k, 则选择产生的区间长度较短 (即精度较高) 的那个方法, 若

$$c_\alpha < \frac{1}{\sqrt{n(n-1)}} t_{n-1}\left(\frac{\alpha}{2k}\right),$$

则由 (5.1.20) 得到的同时置信区间的区间长度比 (5.1.21) 的短, 故选择 (5.1.20), 反之, 选择 (5.1.21).

特别地, 当 $\boldsymbol{a} = \boldsymbol{e}_i = (0, \cdots, 0, 1, 0 \cdots, 0)'$, $i = 1, \cdots, p$ 时, 便由 (5.1.20) 得到分量 $\mu_1, \cdots, \mu_p$ 的置信度为 $1-\alpha$ 的同时置信区间

$$\left(\bar{x}_i - \sqrt{s_{ii}}\sqrt{\frac{p}{n(n-p)}F_{p,n-p}(\alpha)},\ \bar{x}_i + \sqrt{s_{ii}}\sqrt{\frac{p}{n(n-p)}F_{p,n-p}(\alpha)}\right), \quad i = 1, \cdots, p;$$

由 (5.1.21) 得到分量 $\mu_1, \cdots, \mu_p$ 的置信度为 $1-\alpha$ 的 Bonferroni 同时置信区间

$$\left(\bar{x}_i - \frac{\sqrt{s_{ii}}}{\sqrt{n(n-1)}}t_{n-1}\left(\frac{\alpha}{2p}\right),\ \bar{x}_i + \frac{\sqrt{s_{ii}}}{\sqrt{n(n-1)}}t_{n-1}\left(\frac{\alpha}{2p}\right)\right), \quad i = 1, \cdots, p,$$

其中 $\bar{x}_i$ 为样本均值向量的 i 个分量, s_{ii} 为样本协方差阵 $\boldsymbol{S}$ 的第 i 个对角元素.

例 5.1.3 求例 5.1.1 中 μ_1, μ_2, μ_3 的置信系数为 0.95 的同时置信区间.

已知 $n = 20$, $p = 3$, $\alpha = 0.05$, $\bar{\boldsymbol{x}} = (4.64, 45.4, 9.965)'$,

$$s_{11} = 54.708, \quad s_{22} = 3795.98, \quad s_{33} = 68.926.$$

查表得

$$t_{19}\left(\frac{0.05}{2 \times 3}\right) = 2.6287, \quad F_{3,17}(0.05) = 3.2.$$

计算得

$$c_\alpha = \sqrt{\frac{3}{20(20-3)}F_{3,20-3}(0.05)} = \sqrt{9.6/340} = 0.168,$$

$$\frac{1}{\sqrt{20(20-1)}}t_{20-1}\left(\frac{0.05}{2 \times 3}\right) = 0.1348 < c_\alpha,$$

因此, 采用Bonferroni 同时置信区间, 计算得 μ_1, μ_2, μ_3 的置信系数为 0.95 的同时置信区间为

$$\mu_1 : 4.640 \mp 0.997, \quad \text{或者} \quad 3.643 \leqslant \mu_1 \leqslant 5.637;$$

$$\mu_2 : 45.400 \mp 8.305, \quad \text{或者} \quad 37.095 \leqslant \mu_2 \leqslant 53.705;$$

$$\mu_3 : 9.965 \mp 1.119, \quad \text{或者} \quad 8.846 \leqslant \mu_2 \leqslant 11.084.$$

此外, 同样采用 $\boldsymbol{a}$ 的特殊形式, 便可得到均值对照的同时置信区间. 以上结论都是在假设数据没有缺失的基础上得到的. 但在实际应用中, 数据缺失往往非常普遍. 这给现有的方法提出了挑战, Seo, Kikuchi 和 Koizumi (2006), Wu, Yu (2008) 和 Wu, Yu 和 Liu (2009), Krishnamoorthy (2013) 等仅在一类特殊的结构 (协方差阵是等相关系数) 提出了一些精确统计方法, 但对于一般协方差结构情形, 目前仍是一个有待解决的问题.

5.1.5 异常值的检验

异常值的检验问题是一切统计推断都会考虑的问题, 关于一元数据, 诊断异常值的方法有许多, 参见 David(1981), Barnett 和 Lewis (1984). 本节主要考虑多元正态总体的情形.

假设 $\boldsymbol{x}_1, \cdots, \boldsymbol{x}_n$ 是来多元正态总体 $N(\boldsymbol{\mu}, \boldsymbol{\Sigma})$ 的简单样本, $\bar{\boldsymbol{x}}$ 和 $\boldsymbol{S}$ 分别为样本均值和样本离差阵,

$$\bar{\boldsymbol{x}} = \sum_{i=1}^{n} \frac{1}{n} \boldsymbol{x}_i, \quad \boldsymbol{S} = \sum_{i=1}^{n} (\boldsymbol{x}_i - \bar{\boldsymbol{x}})(\boldsymbol{x}_i - \bar{\boldsymbol{x}})'.$$

则 $\bar{\boldsymbol{x}}$ 和 $\hat{\boldsymbol{\Sigma}} = \boldsymbol{S}/(n-1)$ 为参数 $\boldsymbol{\mu}$ 和 $\boldsymbol{\Sigma}$ 的无偏估计. 用 $\boldsymbol{x}_i$ 与 $\bar{\boldsymbol{x}}$ 的马氏 (Mahalanobis) 距离

$$D_i^2 = (\boldsymbol{x}_i - \bar{\boldsymbol{x}})' \hat{\boldsymbol{\Sigma}}^{-1} (\boldsymbol{x}_i - \bar{\boldsymbol{x}})$$

来衡量 $\boldsymbol{x}_i$ 与总体均值的距离, 如果 D_i 过大, 则认为观测值 $\boldsymbol{x}_i$ 为异常值. 由于 $\bar{\boldsymbol{x}}$ 和 $\hat{\boldsymbol{\Sigma}}$ 都包含 $\boldsymbol{x}_i$ 信息, 故 D_i^2 的分布比较复杂. 然而值得注意的是

$$\boldsymbol{x}_i - \bar{\boldsymbol{x}} = \frac{n-1}{n} \left(\boldsymbol{x}_i - \bar{\boldsymbol{x}}_{(i)}\right) \sim N_p \left(\boldsymbol{0}, \frac{n-1}{n} \boldsymbol{\Sigma}\right), \tag{5.1.22}$$

$$\boldsymbol{S} = \boldsymbol{S}_{(i)} + \frac{n-1}{n} \left(\boldsymbol{x}_i - \bar{\boldsymbol{x}}_{(i)}\right) \left(\boldsymbol{x}_i - \bar{\boldsymbol{x}}_{(i)}\right)',$$

其中 $\bar{\boldsymbol{x}}_{(i)}$ 和 $\boldsymbol{S}_{(i)}$ 分别为去掉 $\boldsymbol{x}_i$ 后的 $(n-1)$ 个数据的样本均值和样本离差阵, 即

$$\bar{\boldsymbol{x}}_{(i)} = \sum_{j \neq i} \frac{1}{n-1} \boldsymbol{x}_j, \quad \boldsymbol{S}_{(i)} = \sum_{j \neq i} \left(\boldsymbol{x}_j - \bar{\boldsymbol{x}}_{(i)}\right) \left(\boldsymbol{x}_j - \bar{\boldsymbol{x}}_{(i)}\right)'.$$

当 $n-1 > p$ 时, $\boldsymbol{S}_{(i)}$ 以概率为 1 的可逆. 应用 (2.1.12), 于是有

$$\boldsymbol{S}^{-1} = \boldsymbol{S}_{(i)}^{-1} - \frac{c\boldsymbol{S}_{(i)}^{-1} \left(\boldsymbol{x}_i - \bar{\boldsymbol{x}}_{(i)}\right) \left(\boldsymbol{x}_i - \bar{\boldsymbol{x}}_{(i)}\right)' \boldsymbol{S}_{(i)}^{-1}}{1 + c \left(\boldsymbol{x}_i - \bar{\boldsymbol{x}}_{(i)}\right)' \boldsymbol{S}_{(i)}^{-1} \left(\boldsymbol{x}_i - \bar{\boldsymbol{x}}_{(i)}\right)}.$$

这里 $c = (n-1)/n$. 于是

$$D_i^2 = \frac{(n-1)c^2\left(\boldsymbol{x}_i - \bar{\boldsymbol{x}}_{(i)}\right)' \boldsymbol{S}_{(i)}^{-1}\left(\boldsymbol{x}_i - \bar{\boldsymbol{x}}_{(i)}\right)}{1 + c\left(\boldsymbol{x}_i - \bar{\boldsymbol{x}}_{(i)}\right)' \boldsymbol{S}_{(i)}^{-1}\left(\boldsymbol{x}_i - \bar{\boldsymbol{x}}_{(i)}\right)}. \tag{5.1.23}$$

由于 $\boldsymbol{S}_{(i)}$ 与 $\bar{\boldsymbol{x}}_{(i)}$ 和 $\boldsymbol{x}_i$ 都独立,

$$\boldsymbol{S}_{(i)} \sim W_p(n-2, \boldsymbol{\Sigma}).$$

结合 (5.1.22) 和定理 3.2.1, 得

$$\begin{aligned}\left(\boldsymbol{x}_i - \bar{\boldsymbol{x}}_{(i)}\right)' \boldsymbol{S}_{(i)}^{-1}\left(\boldsymbol{x}_i - \bar{\boldsymbol{x}}_{(i)}\right) &= \frac{n}{(n-1)(n-2)} T_{p,n-2}^2 \\ &= \frac{np}{(n-1)(n-p-1)} F_i,\end{aligned}$$

这里 F_i 为随机变量, 服从自由度为 p 和 $n-p-1$ 的 F- 分布. 将其代入 (5.1.23), 得

$$D_i^2 = \frac{(n-1)^2 p F_i}{n(n-p-1+pF_i)}.$$

于是

$$F_i = \frac{(n-p-1)nD_i^2}{p(n-1)^2 - npD_i^2} \sim F_{p,n-p-1}. \tag{5.1.24}$$

显然, F_i 为 D_i^2 的单调增函数, 因此, 若统计量 F_i 过大,

$$F_i > F_{p,n-p-1}(\alpha),$$

则认为 $\boldsymbol{x}_i$ 为异常值. 记

$$\hat{\boldsymbol{\Sigma}}_{(i)} = \frac{1}{n-2}\boldsymbol{S}_{(i)},$$

则

$$D_{(i)} = \left(\boldsymbol{x}_i - \bar{\boldsymbol{x}}_{(i)}\right)' \hat{\boldsymbol{\Sigma}}_{(i)}^{-1}\left(\boldsymbol{x}_i - \bar{\boldsymbol{x}}_{(i)}\right)$$

就是 $\boldsymbol{x}_i$ 到去掉 $\boldsymbol{x}_i$ 后的 $(n-1)$ 个数据的样本均值的马氏距离, 也称 $\boldsymbol{x}_i$ 的 Jackknife 马氏距离. 注意到

$$D_{(i)} = \frac{np}{(n-1)(n-p-1)(n-2)} F_i,$$

因此, 证得 D_i^2 也为 $D_{(i)}$ 的单调增函数. 所以基于 $\boldsymbol{x}_i$ 的 Jackknife 马氏距离来识别均值向量的异常值与上面的方法等价.

此外, 与一元总体情形类似, 当样本观测值中异常值的个数大于 1 时, 诊断异常值问题就会变得很困难, 因为极端值之间会被相互"隐藏". 关于多个异常值的诊断问题, 感兴趣的读者可参阅 Rousseeuw 和 Leroy (1987), Hadi (1992), Atkinson (1994).

5.2　两总体均值向量的检验

设 $\boldsymbol{x}_1, \boldsymbol{x}_2, \cdots, \boldsymbol{x}_n$ 为抽自正态总体 $N_p(\boldsymbol{\mu}_1, \boldsymbol{\Sigma}_1)$ 的随机样本, $\boldsymbol{y}_1, \boldsymbol{y}_2, \cdots, \boldsymbol{y}_m$ 为抽自正态总体 $N_p(\boldsymbol{\mu}_2, \boldsymbol{\Sigma}_2)$ 的随机样本, $n > p$, $m > p$, 且两样本相互独立. 欲检验

$$H_0 : \boldsymbol{\mu}_1 = \boldsymbol{\mu}_2 \leftrightarrow H_1 : \boldsymbol{\mu}_1 \neq \boldsymbol{\mu}_2. \tag{5.2.1}$$

记 $\bar{\boldsymbol{x}}$ 与 $\boldsymbol{S}_1$ 分别为样本 $\boldsymbol{x}_1, \boldsymbol{x}_2, \cdots, \boldsymbol{x}_n$ 的均值向量与离差阵, $\bar{\boldsymbol{y}}$ 与 $\boldsymbol{S}_2$ 分别为样本 $\boldsymbol{y}_1, \boldsymbol{y}_2, \cdots, \boldsymbol{y}_m$ 的均值向量与离差阵, 其中

$$\bar{\boldsymbol{x}} = \sum_{i=1}^{n} \boldsymbol{x}_i / n, \quad S_1 = \sum_{i=1}^{n} (\boldsymbol{x}_i - \bar{\boldsymbol{x}})(\boldsymbol{x}_i - \bar{\boldsymbol{x}})',$$

$$\bar{\boldsymbol{y}} = \sum_{i=1}^{m} \boldsymbol{y}_i / m, \quad S_2 = \sum_{i=1}^{n} (\boldsymbol{y}_i - \bar{\boldsymbol{y}})(\boldsymbol{y}_i - \bar{\boldsymbol{y}})'.$$

于是

$$\bar{\boldsymbol{x}} \sim N_p\left(\boldsymbol{\mu}_1, \frac{1}{n}\boldsymbol{\Sigma}_1\right), \quad \boldsymbol{S}_1 \sim W_p(n-1, \boldsymbol{\Sigma}_1),$$

$$\bar{\boldsymbol{y}} \sim N_p\left(\boldsymbol{\mu}_2, \frac{1}{m}\boldsymbol{\Sigma}_2\right), \quad \boldsymbol{S}_2 \sim W_p(m-1, \boldsymbol{\Sigma}_2),$$

且 $\bar{\boldsymbol{x}}, \bar{\boldsymbol{y}}, \boldsymbol{S}_1$ 和 $\boldsymbol{S}_2$ 相互独立. 进一步有

$$\bar{\boldsymbol{x}} - \bar{\boldsymbol{y}} \sim N_p\Big(\boldsymbol{\mu}_1 - \boldsymbol{\mu}_2, \frac{1}{n}\boldsymbol{\Sigma}_1 + \frac{1}{m}\boldsymbol{\Sigma}_2\Big). \tag{5.2.2}$$

若协方差阵 $\boldsymbol{\Sigma}_1$ 和 $\boldsymbol{\Sigma}_2$ 已知, 则在原假设 H_0 成立的情况下,

$$T_0 = (\bar{\boldsymbol{x}} - \bar{\boldsymbol{y}})' \left(\frac{1}{n}\boldsymbol{\Sigma}_1 + \frac{1}{m}\boldsymbol{\Sigma}_2\right)^{-1} (\bar{\boldsymbol{x}} - \bar{\boldsymbol{y}}) \sim \chi^2_p.$$

故当 $T_0 < \chi^2_p(\alpha)$ 时, 接受原假设 H_0, 否则, 拒绝接受 H_0. 显然, 当协方差阵 $\boldsymbol{\Sigma}_1 = \boldsymbol{\Sigma}_2 = \boldsymbol{\Sigma}$, 且 $\boldsymbol{\Sigma}$ 已知时, 则

$$T_0 = \frac{nm}{n+m} (\bar{\boldsymbol{x}} - \bar{\boldsymbol{y}})' \boldsymbol{\Sigma}^{-1} (\bar{\boldsymbol{x}} - \bar{\boldsymbol{y}}).$$

由于在实际应用中 $\boldsymbol{\Sigma}_1$ 和 $\boldsymbol{\Sigma}_2$ 未知, 故本节主要考虑 $\boldsymbol{\Sigma}_1$ 和 $\boldsymbol{\Sigma}_2$ 未知的情形.

5.2.1 协方差阵相等情形 ($\boldsymbol{\Sigma_1} = \boldsymbol{\Sigma_2} = \boldsymbol{\Sigma}$)

当 $\boldsymbol{\Sigma}_1 = \boldsymbol{\Sigma}_2 = \boldsymbol{\Sigma}$ 时, 容易证明

$$\bar{\boldsymbol{x}} - \bar{\boldsymbol{y}} \sim N_p\Big(\boldsymbol{\mu}_1 - \boldsymbol{\mu}_2, \frac{n+m}{nm}\boldsymbol{\Sigma}\Big), \tag{5.2.3}$$

$$\boldsymbol{S} = \boldsymbol{S}_1 + \boldsymbol{S}_2 \sim W_p(n+m-2, \boldsymbol{\Sigma}), \tag{5.2.4}$$

且 $\bar{\boldsymbol{x}} - \bar{\boldsymbol{y}}$ 与 $\boldsymbol{S}_1 + \boldsymbol{S}_2$ 相互独立. 于是当原假设 H_0 成立时, 有

$$T^2 = \frac{(n+m-2)nm}{n+m}(\bar{\boldsymbol{x}} - \bar{\boldsymbol{y}})'(\boldsymbol{S}_1 + \boldsymbol{S}_2)^{-1}(\bar{\boldsymbol{x}} - \bar{\boldsymbol{y}}) \sim T^2_{p,n+m-2}, \tag{5.2.5}$$

即

$$F = \frac{n+m-p-1}{p(n+m-2)}T^2 \ \sim \ F_{p,n+m-p-1}. \tag{5.2.6}$$

故若

$$T^2 \leqslant T^2_{p,n+m-2}(\alpha)$$

或

$$F \leqslant F_{p,n+m-p-1}(\alpha),$$

则接受原假设 H_0, 否则, 拒绝接受 H_0.

在应用中, 除了直接检验两总体的均值向量是否相等外, 还往往会对其线性变换后的向量是否相等感兴趣, 即检验

$$H_0: \boldsymbol{C}\boldsymbol{\mu}_1 = \boldsymbol{C}\boldsymbol{\mu}_2, \tag{5.2.7}$$

这里 $\boldsymbol{C}$ 为任意 $r \times p$ 的行满秩矩阵. 如在形象 (profile) 分析中需探索两独立总体的形象是否平行 (即两总体 p 个指标的变动幅度是否相等), 若两总体形象平行的检验通过后, 可考虑检验两个总体的的形象重合 (即两均值向量相等) 的假设; 若两均值向量相等, 则可考虑检验两总体的形象是否水平 (即 p 个指标之间是否有显著差异) 的假设. 记

$$\boldsymbol{C} = \begin{pmatrix} 1 & -1 & & & \\ & 1 & -1 & & \\ & & \ddots & \ddots & \\ & & & 1 & -1 \end{pmatrix}. \tag{5.2.8}$$

则形象平行、重合和水平假设可分别表示为

$$H_{01}: \boldsymbol{C}\boldsymbol{\mu}_1 = \boldsymbol{C}\boldsymbol{\mu}_2,$$

$$H_{02}: \boldsymbol{1}_p'\boldsymbol{\mu}_1 = \boldsymbol{1}_p'\boldsymbol{\mu}_2,$$

$$H_{03}: \boldsymbol{C}(\boldsymbol{\mu}_1 + \boldsymbol{\mu}_2) = \boldsymbol{0}.$$

对任意 $r \times p$ 的行满秩矩阵 $\boldsymbol{C}$, 利用多元正态分布和 Wishart 分布的性质, 由 (5.2.3) 和 (5.2.4) 立得

$$\boldsymbol{C}(\bar{\boldsymbol{x}} - \bar{\boldsymbol{y}}) \sim N_r\Big(\boldsymbol{C}\boldsymbol{\mu}_1 - \boldsymbol{C}\boldsymbol{\mu}_2, \frac{n+m}{nm}\boldsymbol{C}\boldsymbol{\Sigma}\boldsymbol{C}'\Big),$$

$$\boldsymbol{CSC}' \sim W_r(n+m-2, \boldsymbol{C}\boldsymbol{\Sigma}\boldsymbol{C}'),$$

并且两者独立. 故在原假设 (5.2.7) 下, 有

$$T^2 = \frac{(n+m-2)nm}{n+m}(\bar{\boldsymbol{x}} - \bar{\boldsymbol{y}})'\boldsymbol{C}'(\boldsymbol{CSC}')^{-1}\boldsymbol{C}(\bar{\boldsymbol{x}} - \bar{\boldsymbol{y}}) \sim T^2_{r,n+m-2},$$

或

$$F = \frac{n+m-r-1}{r(n+m-2)}T^2 \ \sim \ F_{r,n+m-r-1}. \tag{5.2.9}$$

因此, 当 $F > F_{r,n+m-r-1}(\alpha)$ 时, 就拒绝原假设 (5.2.7), 否则接受原假设 (5.2.7).

下面分别给出形象平行、重合和水平假设的检验统计量. 令 (5.2.9) 中的 $\boldsymbol{C}$ 等于 (5.2.8), 便得到形象平行的检验统计量

$$F = \frac{(n+m-p)nm}{(p-1)(n+m)}(\bar{\boldsymbol{x}} - \bar{\boldsymbol{y}})'\boldsymbol{C}'(\boldsymbol{CSC}')^{-1}\boldsymbol{C}(\bar{\boldsymbol{x}} - \bar{\boldsymbol{y}}).$$

当 $F > F_{p-1,n+m-p}(\alpha)$ 时, 就拒绝原假设 H_{01}, 否则接受两总体形象平行的假设. 将平行假设的检验统计量中的 $\boldsymbol{C}$ 换成 $\boldsymbol{1}'$, 便得到两总体形象重合的检验统计量

$$T = \frac{\sqrt{n+m-2}(\boldsymbol{1}'\bar{\boldsymbol{x}} - \boldsymbol{1}'\bar{\boldsymbol{y}})}{\sqrt{(1/n+1/m)(\boldsymbol{1}'\boldsymbol{S}\boldsymbol{1})}}.$$

当 $|T| > t_{n+m-2}(\alpha/2)$ 或 $T^2 > F_{1,n+m-2}(\alpha)$ 时, 则拒绝两总体形象重合的假设 H_{02}, 否则接受假设 H_{02}, 认为这两个总体的均值向量相等, 即

$$\boldsymbol{\mu}_1 = \boldsymbol{\mu}_2 = \boldsymbol{\mu}.$$

当通过两总体形象重合的检验时, 可以进行两总体形象水平的检验, 即检验 H_{03}. 注意到通过两总体形象重合的检验等价于接受这两个总体实际上是来自同一个总体 $N(\boldsymbol{\mu}, \boldsymbol{\Sigma})$, 此时, 总体均值向量 $\boldsymbol{\mu}$ 的估计就是 $n+m$ 个的数据的均值, 即

$$\boldsymbol{z} = \frac{1}{n+m}(n\bar{\boldsymbol{x}} + m\bar{\boldsymbol{y}}).$$

于是, 可构造总体形象水平的检验统计量为

$$T^2 = (m+n)(n+m-2)\boldsymbol{z}'\boldsymbol{C}'(\boldsymbol{CSC}')^{-1}\boldsymbol{C}\boldsymbol{z},$$

或

$$F = \frac{(n+m-p)(n+m-2)}{p-1} T^2.$$

若

$$\frac{(n+m-p)(n+m}{p-1} \boldsymbol{z}'\boldsymbol{C}'(\boldsymbol{CSC}')^{-1}\boldsymbol{Cz} > F_{p-1,n+m-p}(\alpha),$$

则拒绝 H_{03}, 否则可以接受总体的形象是水平的.

注 5.2.1 形象 (profile) 又称轮廓图, 是将总体的样本均值绘制在同一坐标轴内所成的折线图, 每个指标都表示折线图上的一个点. 图 5.1 就是通过样本均值反映的两个总体的形象. 从该图直观感觉两总体的形象大体平行, 但是否可以接受平行假设, 还需通过上提出的严格检验.

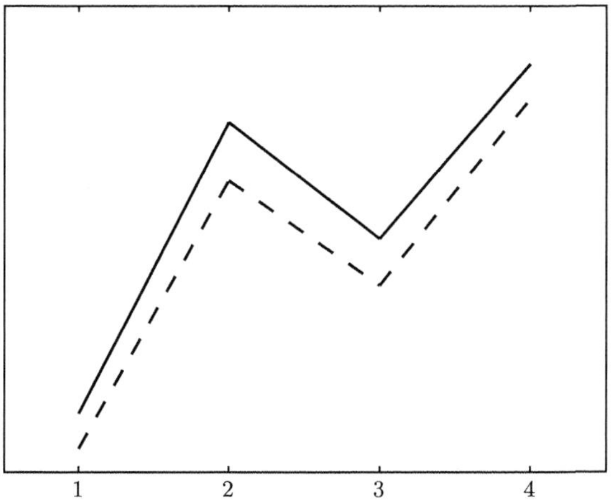

图 5.1 两总体的形象图

注 5.2.2 形象分析要求总体的 p 个指标必须是同类可比指标, 否则就没有意义了. 以上两总体的形象分析可推广到多个正态总体的情形, 对此感兴趣的读者可参见何晓群 (2008).

5.2.2 成对试验数据的检验问题 ($\boldsymbol{\Sigma}_1 \neq \boldsymbol{\Sigma}_2$, 但 $n = m$)

当两总体协方差阵不等, 但两总体样本大小相等, 即 $n = m$ 时, 两总体均值向量的检验就是成对试验数据的 T^2 检验问题, 此时两总体均值向量的检验就可化为单总体均值向量的检验问题.

令 $\boldsymbol{z}_i = \boldsymbol{x}_i - \boldsymbol{y}_i, i = 1, \cdots, n$. 由两样本相互独立性和正态假设, 有

$$\boldsymbol{z}_i \sim N_p(\boldsymbol{\mu}_1 - \boldsymbol{\mu}_2, \boldsymbol{\Sigma}_1 + \boldsymbol{\Sigma}_2), \quad i = 1, \cdots, n,$$

且 $\boldsymbol{z}_1, \cdots, \boldsymbol{z}_n$ 相互独立. 记 $\boldsymbol{\mu} = \boldsymbol{\mu}_1 - \boldsymbol{\mu}_2$, $\boldsymbol{\Sigma} = \boldsymbol{\Sigma}_1 + \boldsymbol{\Sigma}_2$, 并视 $\boldsymbol{z}_1, \cdots, \boldsymbol{z}_n$ 为抽自正态总体 $N_p(\boldsymbol{\mu}, \boldsymbol{\Sigma})$ 的随机样本, 于是两总体均值向量的检验问题 (5.2.1) 等价于检验

单总体下均值假设问题:

$$H_0: \boldsymbol{\mu} = 0, \quad H_1: \boldsymbol{\mu} \neq 0. \tag{5.2.10}$$

可直接套用 (5.1.3), 得到检验统计量

$$T^2 = n(n-1)\bar{\boldsymbol{z}}'\boldsymbol{S}^{-1}\bar{\boldsymbol{z}}, \tag{5.2.11}$$

或

$$F = \frac{n(n-p)}{p}\bar{\boldsymbol{z}}'\boldsymbol{S}^{-1}\bar{\boldsymbol{z}}. \tag{5.2.12}$$

这里

$$\boldsymbol{S}^{-1} = \sum_{i=1}^{n}(\boldsymbol{z}_{(i)} - \bar{\boldsymbol{z}})(\boldsymbol{z}_{(i)} - \bar{\boldsymbol{z}})'.$$

在 H_0 成立时, 有

$$T^2 \sim T^2_{p,n-1}, \quad F \sim F_{p,n-p}.$$

于是对给定的显著性水平 $\alpha \in (0,1)$, 当 $T^2 \leqslant T^2_{p,n-1}(\alpha)$ 或 $F \leqslant F_{p,n-p}(\alpha)$ 时, 接受 H_0 为真; 否则, 拒绝接受 H_0 为真.

5.2.3 Behrens-Fisher 问题 ($\boldsymbol{\Sigma}_1 \neq \boldsymbol{\Sigma}_2$, $n \neq m$)

以上讨论了两正态总体协方差阵相等与协方差阵不等, 但 $n = m$ 情形下, 两总体均值向量相等的检验问题. 当两总体协方差阵不等, 且 $n \neq m$ 时, 两总体均值向量相等的检验问题即使在一元统计中也没有得到很好地解决, 这就是著名的 Behrens-Fisher 问题.

当协方差阵不等, 但相差不大时, 介绍一种可行的检验法. 不妨设 $n < m$. 这种检验方法是利用 $\boldsymbol{x}_1, \boldsymbol{x}_2, \cdots, \boldsymbol{x}_n$ 与 $\boldsymbol{y}_1, \boldsymbol{y}_2, \cdots, \boldsymbol{y}_m$ 构造新的多元正态总体 $\boldsymbol{z}$ 的样本 $\boldsymbol{z}_1, \boldsymbol{z}_2, \cdots, \boldsymbol{z}_n$, 其中

$$\boldsymbol{z}_i = \boldsymbol{x}_i - \sqrt{\frac{n}{m}}\boldsymbol{y}_i + \frac{1}{\sqrt{nm}}\sum_{j=1}^{n}\boldsymbol{y}_j - \frac{1}{m}\sum_{j=1}^{m}\boldsymbol{y}_j, \quad i = 1, 2, \cdots, n. \tag{5.2.13}$$

可以证明 $\boldsymbol{z}_1, \boldsymbol{z}_2, \cdots, \boldsymbol{z}_n$ 独立同分布, 且 $\boldsymbol{z}_i \sim N_p(\boldsymbol{\mu}_1 - \boldsymbol{\mu}_2, \boldsymbol{\Sigma})$, 其中

$$\boldsymbol{\Sigma} = \boldsymbol{\Sigma}_1 + \frac{n}{m}\boldsymbol{\Sigma}_2.$$

于是, 两总体均值向量相等的检验问题转化为单总体均值向量等于零的检验, 即可将 $\boldsymbol{z}_1, \boldsymbol{z}_2, \cdots, \boldsymbol{z}_n$ 视为一个样本, 由 (5.1.3) 或 (5.1.4) 来计算统计量 T^2 或 F 的取值. 当 $T^2 \leqslant T^2_{p,n-1}(\alpha)$ 或 $F \leqslant F_{p,n-p}(\alpha)$ 时, 接受 H_0 为真; 否则, 拒绝接受 H_0 为真.

当 $\boldsymbol{\Sigma}_1$ 与 $\boldsymbol{\Sigma}_2$ 相差较大时, 上面所构造的检验的功效并不理想. 此时建议采用如下方法进行检验

$$T^2 = (\bar{\boldsymbol{x}} - \bar{\boldsymbol{y}})'\boldsymbol{S}^{-1}(\bar{\boldsymbol{x}} - \bar{\boldsymbol{y}}). \tag{5.2.14}$$

这里

$$\boldsymbol{S} = \frac{\boldsymbol{S}_1}{n(n-1)} + \frac{\boldsymbol{S}_2}{m(m-1)}.$$

定理 5.2.1 当 H_0 成立且 $\min(n,m) \to \infty$ 时, 则

$$T^2 \to \chi_p^2, \tag{5.2.15}$$

$$\frac{f-p+1}{fp}T^2 \to F_{p,f+1-p}; \tag{5.2.16}$$

这里

$$f^{-1} = \frac{1}{(n^3-n^2)T^4}[(\bar{\boldsymbol{x}} - \bar{\boldsymbol{y}})'\boldsymbol{S}^{-1}(\boldsymbol{S}_1/(n-1))\boldsymbol{S}^{-1}(\bar{\boldsymbol{x}} - \bar{\boldsymbol{y}})]^2 + \frac{1}{(m^3-m^2)T^4}[(\bar{\boldsymbol{x}} - \bar{\boldsymbol{y}})'\boldsymbol{S}^{-1}(\boldsymbol{S}_2/(m-1))\boldsymbol{S}^{-1}(\bar{\boldsymbol{x}} - \bar{\boldsymbol{y}})]^2,$$

该定理的证明详见 Yao(1965).

5.3 多总体均值向量的检验

设有 $k(\geqslant 3)$ 个 p 元正态总体 $N_p(\boldsymbol{\mu}_1, \boldsymbol{\Sigma})$, $N_p(\boldsymbol{\mu}_2, \boldsymbol{\Sigma})$, $\cdots$, $N_p(\boldsymbol{\mu}_k, \boldsymbol{\Sigma})$. 记 $\boldsymbol{x}_{i1}$, $\boldsymbol{x}_{i2}$, $\cdots$, $\boldsymbol{x}_{in_i}$ 是抽自第 i 个总体的随机样本, $i = 1, 2, \cdots, k$. 欲检验的 k 个总体均值向量是否相等, 即检验

$$H_0 : \boldsymbol{\mu}_1 = \boldsymbol{\mu}_2 = \cdots = \boldsymbol{\mu}_k. \tag{5.3.1}$$

下面介绍检验 (5.3.1) 的两种最常用方法: Wilks-Λ 检验和 Roy 最大特征根检验.

5.3.1 Wilks-Λ 检验 (平方和分解法)

令 $n = n_1 + n_2 + \cdots + n_k$,

$$\overline{\boldsymbol{x}} = \frac{1}{n}\sum_{i=1}^{k}\sum_{j=1}^{n_i}\boldsymbol{x}_{ij}, \quad \overline{\boldsymbol{x}}_i = \frac{1}{n_i}\sum_{j=1}^{n_i}\boldsymbol{x}_{ij}, \quad i = 1, 2, \cdots, k.$$

对样本总离差阵 $\boldsymbol{T}$ 进行分解, 得

$$
\begin{aligned}
\boldsymbol{T} &= \sum_{i=1}^{k}\sum_{j=1}^{n_i}(\boldsymbol{x}_{ij}-\overline{\boldsymbol{x}})(\boldsymbol{x}_{ij}-\overline{\boldsymbol{x}})' \\
&= \sum_{i=1}^{k}\sum_{j=1}^{n_i}(\boldsymbol{x}_{ij}-\overline{\boldsymbol{x}}_i+\overline{\boldsymbol{x}}_i-\overline{\boldsymbol{x}})(\boldsymbol{x}_{ij}-\overline{\boldsymbol{x}}_i+\overline{\boldsymbol{x}}_i-\overline{\boldsymbol{x}})' \\
&= \sum_{i=1}^{k}\sum_{j=1}^{n_i}(\boldsymbol{x}_{ij}-\overline{\boldsymbol{x}}_i)(\boldsymbol{x}_{ij}-\overline{\boldsymbol{x}}_i)' + \sum_{i=1}^{k}\sum_{j=1}^{n_i}(\overline{\boldsymbol{x}}_i-\overline{\boldsymbol{x}})(\overline{\boldsymbol{x}}_i-\overline{\boldsymbol{x}})' \\
&= \sum_{i=1}^{k}\boldsymbol{A}_i + \sum_{i=1}^{k}n_i(\overline{\boldsymbol{x}}_i-\overline{\boldsymbol{x}})(\overline{\boldsymbol{x}}_i-\overline{\boldsymbol{x}})' \\
&= \boldsymbol{A}+\boldsymbol{B},
\end{aligned}
$$

这里, $\boldsymbol{A}=\sum_{i=1}^{k}\boldsymbol{A}_i$ 为组内离差阵, $\boldsymbol{B}=\sum_{i=1}^{k}n_i(\overline{\boldsymbol{x}}_i-\overline{\boldsymbol{x}})(\overline{\boldsymbol{x}}_i-\overline{\boldsymbol{x}})'$ 为组间离差阵, 其中

$$
\boldsymbol{A}_i=\sum_{j=1}^{n_i}(\boldsymbol{x}_{ij}-\overline{\boldsymbol{x}}_i)(\boldsymbol{x}_{ij}-\overline{\boldsymbol{x}}_i)'
$$

是抽自第 i 个总体样本 $\boldsymbol{x}_{i1},\boldsymbol{x}_{i2},\cdots,\boldsymbol{x}_{in_i}$ 的离差阵, $i=1,2,\cdots,k$. 注意到 $\boldsymbol{A}_i\sim W_p(n_i-1,\boldsymbol{\Sigma})$, $\boldsymbol{A}_1,\cdots,\boldsymbol{A}_k$ 相互独立, 故 $\boldsymbol{A}\sim W_p(n-k,\boldsymbol{\Sigma})$.

定理 5.3.1 *在正态总体下, 有*

(i) $\boldsymbol{A}\sim W_p(n-k,\boldsymbol{\Sigma})$;

(ii) *在* H_0 *下*, $\boldsymbol{T}\sim W_p(n-1,\boldsymbol{\Sigma})$;

(iii) *在* H_0 *下*, $\boldsymbol{B}\sim W_p(k-1,\boldsymbol{\Sigma})$, *且与* $\boldsymbol{A}$ *相互独立*.

证明 (i) 已被证明, 故下面仅需证 (ii) 和 (iii).

记

$$
\boldsymbol{C}=\boldsymbol{I}_n-\bar{\boldsymbol{J}}_n,\quad \boldsymbol{C}_1=\boldsymbol{I}_n-\mathrm{diag}(\bar{\boldsymbol{J}}_{n_1},\cdots,\bar{\boldsymbol{J}}_{n_k}),
$$
$$
\boldsymbol{C}_2=\boldsymbol{C}-\boldsymbol{C}_1,\quad \boldsymbol{X}=(\boldsymbol{X}_1,\cdots,\boldsymbol{X}_k),
$$

其中

$$
\bar{\boldsymbol{J}}_t=\boldsymbol{1}_t\boldsymbol{1}_t'/t,\quad t=n,n_1,\cdots,n_k,
$$
$$
\boldsymbol{X}_i=(\boldsymbol{x}_{i1},\cdots,\boldsymbol{x}_{in_i}),\quad i=1,\cdots,k.
$$

易证

$$
\boldsymbol{T}=\boldsymbol{X}\boldsymbol{C}\boldsymbol{X}',\quad \boldsymbol{A}=\boldsymbol{X}\boldsymbol{C}_1\boldsymbol{X}',\quad \boldsymbol{B}=\boldsymbol{T}-\boldsymbol{A}=\boldsymbol{X}\boldsymbol{C}_2\boldsymbol{X}'.
$$

注意到 $\boldsymbol{C}\boldsymbol{1}_n=\boldsymbol{0}$, $\boldsymbol{C}_1\boldsymbol{1}_n=\boldsymbol{0}$, $\boldsymbol{C}$ 和 $\boldsymbol{C}_1$ 皆为对称幂等阵, 因此有 $\boldsymbol{C}_2\boldsymbol{1}_n=\boldsymbol{0}$, $\boldsymbol{C}_2$ 皆为对称幂等阵, 且 $\boldsymbol{C}_1\boldsymbol{C}_2=\boldsymbol{0}$. 利用定理 3.1.7 和推论 3.1.2, 得证在 H_0 成立时,

$$
\boldsymbol{T}=\boldsymbol{X}\boldsymbol{C}\boldsymbol{X}'\sim W_p(n-1,\boldsymbol{\Sigma}),\quad \boldsymbol{B}\sim W_p(k-1,\boldsymbol{\Sigma}),
$$

且 $\boldsymbol{A}$ 与 $\boldsymbol{B}$ 相互独立. 定理得证.

结合 Wilks-Λ 统计量的定义, 若 H_0 成立, 则有

$$\Lambda = \frac{|\boldsymbol{A}|}{|\boldsymbol{A}+\boldsymbol{B}|} \sim \Lambda_{p,n-k,k-1}. \tag{5.3.2}$$

容易验证基于 Wilks-Λ 统计量的检验等价于似然比检验, 对此感兴趣的读者, 可参见张尧庭和方开泰 (2003).

由 Λ- 分布性质 (详见 3.3 节) 知, 当 $p \leqslant 2$ 或 $k \leqslant 3$ 时, Wilks-Λ 统计量有精确的零分布, 见表 5.2. 当 $p > 2$, $k > 3$ 时, 若样本量 n 较大, 就可用 Bartlett (1938) 提出的 χ^2- 分布近似: 在 H_0 成立时,

$$\chi^2 = -\left(n-1-\frac{p+k}{2}\right)\ln\Lambda \tag{5.3.3}$$

近似服从 $\chi^2_{(k-1)p}$; 或 Rao.C.R (1951) 提出的 F- 分布近似: 在 H_0 成立时,

$$F = \frac{f}{(k-1)p}\frac{1-\Lambda^{1/5}}{\Lambda^{1/5}} \tag{5.3.4}$$

近似服从 $F_{(k-1)p,f}$, 这里

$$f = ts - \frac{p(k-1)-2}{2},$$

其中

$$t = n-(p+k)/2, \quad s = \sqrt{\frac{(k-1)^2p^2-4}{(k-1)^2p^2-5}}.$$

于是可对假设检验 (5.3.1) 作近似 χ^2 检验或近似 F 检验.

表 5.2 Wilks-Λ 统计量的分布

维数 p	分组 k	精确分布
$p=1$	$k\geqslant 2$	$\left(\frac{n-k}{k-1}\right)\left(\frac{1-\Lambda}{\Lambda}\right)\sim F_{k-1,n-k}$
$p=2$	$k\geqslant 2$	$\left(\frac{n-k-1}{k-1}\right)\left(\frac{1-\sqrt{\Lambda}}{\sqrt{\Lambda}}\right)\sim F_{2(k-1),2(n-k-1)}$
$p\geqslant 1$	$k=2$	$\left(\frac{n-p-1}{p}\right)\left(\frac{1-\Lambda}{\Lambda}\right)\sim F_{p,n-p-1}$
$p\geqslant 1$	$k=3$	$\left(\frac{n-p-2}{p}\right)\left(\frac{1-\sqrt{\Lambda}}{\sqrt{\Lambda}}\right)\sim F_{2p,2(n-p-2)}$

例 5.3.1 Wisconsin 养老院数据 (该例选自 Johnson, Wichern, 2007)

养老院的分类可分别依据所有权和护理资质的不同进行分类. 根据养老院的所有权人的性质不同, 养老院可分为私人养老院、非营利组织养老院和公立养老院;

根据养老院的护理资质不同, 养老院又可划分为技术性护理型、一般护理型和两者兼有型. Wisconsin 州卫生及公共服务部需要要根据护理水平、平均工资和州平均工资等因素来计算每个养老院的成本, 从而提供合理的补助.

在本例中, 主要兴趣是研究养老院的所有权性质是否对养老院的成本有影响. 记 X_1 为雇用护工的成本, X_2 为饮食的成本, X_3 为机构的植被种植和维护成本, X_4 为房间保洁和清洗衣物的成本, 故 $p=4$. 共收集了 $n=516$ 家机构的数据, 其中私人养老院 $n_1=271$ 家, 非营利组织养老院 $n_2=138$ 家, 公立养老院 $n_3=107$ 家, 计算的三组数据的样本均值向量和样本协方差矩阵分别为

$$\bar{\boldsymbol{x}}_1=\begin{pmatrix}2.066\\0.480\\0.082\\0.360\end{pmatrix},\quad \hat{\boldsymbol{\Sigma}}_1=\begin{pmatrix}0.291 & & & \\ -0.001 & 0.011 & & \\ 0.002 & 0.00 & 0.001 & \\ 0.010 & 0.003 & 0.000 & 0.010\end{pmatrix};$$

$$\bar{\boldsymbol{x}}_2=\begin{pmatrix}2.167\\0.596\\0.124\\0.418\end{pmatrix},\quad \hat{\boldsymbol{\Sigma}}_2=\begin{pmatrix}0.561 & & & \\ 0.011 & 0.025 & & \\ 0.001 & 0.004 & 0.005 & \\ 0.037 & 0.007 & 0.002 & 0.019\end{pmatrix};$$

$$\bar{\boldsymbol{x}}_3=\begin{pmatrix}2.261\\0.521\\0.125\\0.383\end{pmatrix},\quad \hat{\boldsymbol{\Sigma}}_3=\begin{pmatrix}0.261 & & & \\ 0.030 & 0.017 & & \\ 0.003 & -0.00 & 0.004 & \\ 0.018 & 0.006 & 0.001 & 0.013\end{pmatrix}.$$

由于这三种所有权下的养老院成本向量 $(X_1, X_2, X_3, X_4)'$ 的协方差阵看起来差别不太大, 故合并得组内离差阵为

$$\begin{aligned}\boldsymbol{A}&=\boldsymbol{A}_1+\boldsymbol{A}_2+\boldsymbol{A}_3\\&=(n_1-1)\hat{\boldsymbol{\Sigma}}_1+(n_2-1)\hat{\boldsymbol{\Sigma}}_2+(n_3-1)\hat{\boldsymbol{\Sigma}}_3\\&=\begin{pmatrix}182.962 & & & \\ 4.408 & 8.200 & & \\ 1.695 & 0.633 & 1.484 & \\ 9.581 & 2.428 & 0.394 & 6.538\end{pmatrix},\end{aligned}$$

总样本均值向量为

$$\bar{\boldsymbol{x}}=\sum_{i=1}^{3} n_i\bar{\boldsymbol{x}}_i/n=(2.136, 0.519, 0.102, 0.380)'.$$

计算可得样本组间离差阵为

$$\boldsymbol{B}=\sum_{i=1}^{3}n_i(\bar{\boldsymbol{x}}_i-\bar{\boldsymbol{x}})(\bar{\boldsymbol{x}}_i-\bar{\boldsymbol{x}})'$$
$$=\begin{pmatrix}3.475 & & & \\ 1.111 & 1.225 & & \\ 0.821 & 0.453 & 0.235 & \\ 0.584 & 0.610 & 0.230 & 0.304\end{pmatrix}.$$

为了检验三种性质的养老院的成本是否相等, 计算

$$\Lambda=\frac{|\boldsymbol{A}|}{|\boldsymbol{A}+\boldsymbol{B}|}=0.7714.$$

注意到 $k=3$, 可采用精确的 F 检验统计量, 计算

$$F=\left(\frac{n-p-2}{p}\right)\left(\frac{1-\sqrt{\Lambda}}{\sqrt{\Lambda}}\right)=\left(\frac{516-4-2}{4}\right)\left(\frac{1-\sqrt{0.7714}}{\sqrt{0.7714}}\right)=17.67.$$

取 $\alpha=0.01$, 由于

$$F=17.67>F_{2p,2(n-p-2)}(0.01)=F_{8,1020}(0.01)\approx\chi^2(0.01)/8=2.51,$$

故拒绝原假设, 认为三种性质的养老院的成本不相等, 即养老院的所有权性质对养老院的成本有显著影响.

另外, 由于 $n=516$ 很大, 我们也可以用Bartlett (1938)提出的 χ^2 近似检验, 计算

$$\chi^2=-\left(n-1-\frac{p+k}{2}\right)\ln\Lambda=-511.5\ln(0.7714)=132.76.$$

查表得 $\chi^2_{(k-1)p}(0.01)=\chi^2_8(0.01)=20.09<132.76$, 因此, 拒绝原假设, 得到与精确检验下相同的结论.

5.3.2 Roy 最大特征根检验 (利用交并原理)

注意到对任意的常数向量 $\boldsymbol{a}$, 都有

$$\boldsymbol{a}'\boldsymbol{x}_{ij}\sim N(\boldsymbol{a}'\boldsymbol{\mu}_i,\sigma_a^2),\quad j=1,2,\cdots,n_i,\quad i=1,2,\cdots,k,$$

这里, $\sigma_a^2=\boldsymbol{a}'\boldsymbol{\Sigma}\boldsymbol{a}$. 于是利用交并原理, 就将多个多元正态总体的均值向量的检验问题

$$H_0:\boldsymbol{\mu}_1=\boldsymbol{\mu}_2=\cdots=\boldsymbol{\mu}_k$$

转化为多个一元正态总体的均值的检验问题

$$H_a : \boldsymbol{a}'\boldsymbol{\mu}_1 = \boldsymbol{a}'\boldsymbol{\mu}_2 = \cdots = \boldsymbol{a}'\boldsymbol{\mu}_k. \tag{5.3.5}$$

应用方差分析法, 将总的平方和

$$S = \sum_{i=1}^{k}\sum_{j=1}^{n_i}(\boldsymbol{a}'\boldsymbol{x}_{ij} - \boldsymbol{a}'\bar{\boldsymbol{x}})^2 = \boldsymbol{a}'\boldsymbol{T}\boldsymbol{a}$$

分解为组间平方和

$$S_1 = \sum_{i=1}^{k} n_i(\boldsymbol{a}'\bar{\boldsymbol{x}}_i - \boldsymbol{a}'\bar{\boldsymbol{x}})^2 = \boldsymbol{a}'\boldsymbol{B}\boldsymbol{a}$$

和组内平方和

$$S_2 = \sum_{i=1}^{k}\sum_{j=1}^{n_i}(\boldsymbol{a}'\boldsymbol{x}_{ij} - \boldsymbol{a}'\bar{\boldsymbol{x}}_i)^2 = \boldsymbol{a}'\boldsymbol{A}\boldsymbol{a}.$$

由于当原假设 (5.3.5) 成立时, 有

$$S_2 = \boldsymbol{a}'\boldsymbol{A}\boldsymbol{a} \sim \sigma_a^2\chi_{n-k}^2, \quad S_1 = \boldsymbol{a}'\boldsymbol{B}\boldsymbol{a} \sim \sigma_a^2\chi_{k-1}^2,$$

且两者独立, 于是由 S_1 和 S_2 可构造假设 (5.3.5) 的 F 检验统计量, 即

$$F_a = \frac{(n-k)\boldsymbol{a}'\boldsymbol{B}\boldsymbol{a}}{(k-1)\boldsymbol{a}'\boldsymbol{A}\boldsymbol{a}}.$$

对一切 $\boldsymbol{a}$, 若 F_a 很大, 则拒绝原假设 $H_0 : \boldsymbol{\mu}_1 = \boldsymbol{\mu}_2 = \cdots = \boldsymbol{\mu}_k$, 即若

$$\sup_{\boldsymbol{a}\neq\boldsymbol{0}} \frac{\boldsymbol{a}'\boldsymbol{B}\boldsymbol{a}}{\boldsymbol{a}'\boldsymbol{A}\boldsymbol{a}}$$

太大就拒绝原假设 H_0.

引理 5.3.1 (Raylaigh-Ritz 定理) 设 $\boldsymbol{A}$ 为 $n \times n$ 的对称阵. 则

$$\lambda_1(\boldsymbol{A}) = \sup \frac{\boldsymbol{x}'\boldsymbol{A}\boldsymbol{x}}{\boldsymbol{x}'\boldsymbol{x}}, \quad \lambda_n(\boldsymbol{A}) = \inf \frac{\boldsymbol{x}'A\boldsymbol{x}}{\boldsymbol{x}'\boldsymbol{x}}.$$

同理, 若 $\boldsymbol{B} > 0$, 则

$$\lambda_1(\boldsymbol{A}\boldsymbol{B}^{-1}) = \sup \frac{\boldsymbol{x}'\boldsymbol{A}\boldsymbol{x}}{\boldsymbol{x}'\boldsymbol{B}\boldsymbol{x}}, \quad \lambda_n(\boldsymbol{A}) = \inf \frac{\boldsymbol{x}'\boldsymbol{A}\boldsymbol{x}}{\boldsymbol{x}'\boldsymbol{B}\boldsymbol{x}}.$$

应用该引理 5.3.1, 于是

$$\sup_{\boldsymbol{a}\neq\boldsymbol{0}} \frac{\boldsymbol{a}'\boldsymbol{B}\boldsymbol{a}}{\boldsymbol{a}'\boldsymbol{A}\boldsymbol{a}} = \lambda_{\max}(\boldsymbol{B}\boldsymbol{A}^{-1}),$$

多总体均值向量是否相等的检验问题就归结为 $\lambda_{\max}(\boldsymbol{B}\boldsymbol{A}^{-1})$ 的分布.

事实上, $\boldsymbol{B}\boldsymbol{A}^{-1}$ 的特征根在均值检验中具有重要的作用, 除了 Roy 最大特征根检验将其归结为 $\boldsymbol{B}\boldsymbol{A}^{-1}$ 特征根的问题外, 许多统计量都可表示为其特征根 $\lambda_1,\cdots,\lambda_g$ 的函数, 如最为常用的统计量:

- Wilks-Λ 统计量

$$\Lambda=\frac{|\boldsymbol{A}|}{|\boldsymbol{A}+\boldsymbol{B}|}=\frac{1}{|I+\boldsymbol{B}\boldsymbol{A}^{-1}|}=\prod_{i=1}^{k-1}\frac{1}{1+\lambda_i}. \tag{5.3.6}$$

- Lawley-Hotelling 迹统计量

$$\operatorname{tr}(\boldsymbol{B}\boldsymbol{A}^{-1})=\sum_{i=1}^{g}\frac{1}{\lambda_i}. \tag{5.3.7}$$

- Pillai 迹统计量

$$\operatorname{tr}(\boldsymbol{B}(\boldsymbol{A}+\boldsymbol{B})^{-1})=\sum_{i=1}^{g}\frac{\lambda_i}{1+\lambda_i}, \tag{5.3.8}$$

这里 $g=\min(p,k-1)$. 关于更多的相关统计量, 详见张尧庭和方开泰 (2003).

注 虽然以上列出的四个统计量具有几乎相同的渐近分布, 但在有限样本下的表现且并不完全一致. 文献中通过模拟显示: Wilks-Λ 统计量、Lawley-Hotelling 迹统计量和 Pillai 迹统计量有类似的检验功效; 但 Roy 最大特征根的检验功效略有不同, 仅在当组间差异只有一个非零特征根时, 基于 Roy 最大特征根的检验才具有很好的功效. 因此, 在应用中, 一般更倾向采用 Wilks-Λ 检验统计量.

5.4 协方差阵的检验

关于协方差阵的检验问题, 文献中主要采用的方法为似然比方法. 由于协方差阵的似然比检验统计量的精确分布都很复杂, 故往往使用其极限分布, 即 χ^2 分布. 本节将分别针对单总体和多总体情形, 给出协方差阵的相关检验统计量以及其极限分布.

5.4.1 单总体协方差阵的检验

设 $\boldsymbol{x}_1,\cdots,\boldsymbol{x}_n$ 为 p 元正态总体 $N_p(\boldsymbol{\mu},\boldsymbol{\Sigma})$ 的一个随机样本, $\boldsymbol{\mu}$ 和 $\boldsymbol{\Sigma}>0$ 未知. 记 $\bar{\boldsymbol{x}}$ 和 $\boldsymbol{S}$ 分别为样本均值向量和样本离差阵, 即

$$\bar{\boldsymbol{x}}=\sum_{i=1}^{n}\boldsymbol{x}_i/n,\quad \boldsymbol{S}=\sum_{i=1}^{n}(\boldsymbol{x}_i-\bar{\boldsymbol{x}})(\boldsymbol{x}_i-\bar{\boldsymbol{x}})'.$$

关于单总体下协方差阵的检验, 目前文献中主要检验以下两个问题:

(i) $\boldsymbol{\Sigma}$ 是否等于一个已知矩阵 $\boldsymbol{\Sigma}_0$, 即检验 $\boldsymbol{\Sigma}=\boldsymbol{\Sigma}_0$;

(ii) $\boldsymbol{\Sigma}$ 是否等于一个已知矩阵 $\boldsymbol{\Sigma}_0$ 的常数倍, 即检验 $\boldsymbol{\Sigma}=\sigma^2\boldsymbol{\Sigma}_0$.

首先, 检验问题 (i), 即检验

$$H_0:\boldsymbol{\Sigma}=\boldsymbol{\Sigma}_0, \tag{5.4.1}$$

这里 $\boldsymbol{\Sigma}_0$ 为已知的正定阵. 利用似然比原理, 似然比统计量为

$$\begin{aligned}\lambda_1&=\frac{\max\limits_{\boldsymbol{\mu}}L(\boldsymbol{\mu},\boldsymbol{\Sigma}_0)}{\max\limits_{\boldsymbol{\mu},\boldsymbol{\Sigma}>0}L(\boldsymbol{\mu},\boldsymbol{\Sigma})}\\&=\frac{L(\bar{\boldsymbol{x}},\boldsymbol{\Sigma}_0)}{L(\bar{\boldsymbol{x}},\boldsymbol{S}/n)}\\&=\left(\frac{e}{n}\right)^{np/2}|\boldsymbol{\Sigma}_0^{-1}\boldsymbol{S}|^{n/2}\exp\left\{-\frac{1}{2}\mathrm{tr}(\boldsymbol{\Sigma}_0^{-1}\boldsymbol{S})\right\},\end{aligned} \tag{5.4.2}$$

因此

$$\begin{aligned}-2\ln\lambda_1&=n\mathrm{tr}(\boldsymbol{\Sigma}_0^{-1}\boldsymbol{S})-n\ln|\boldsymbol{\Sigma}_0^{-1}\boldsymbol{S}|-np\\&=np(\gamma-\ln\zeta-1),\end{aligned} \tag{5.4.3}$$

其中 γ 和 ζ 分别为 $\boldsymbol{\Sigma}_0^{-1}\boldsymbol{S}$ 的特征值 $\tau_1,\cdots,\tau_p$ 的算术平均值和几何平均值,

$$\gamma=\frac{1}{p}\sum_{i=1}^{p}\tau_i,\quad \zeta=\left(\prod_{i=1}^{p}\tau_i\right)^{1/p}.$$

由于 $-2\ln\lambda_1$ 的精确分布非常复杂, 下面定理给出了其渐近分布 (Anderson,1958; Giri,1977).

定理 5.4.1 若原假设 H_0 成立, 则当 $n\to\infty$ 时, 有

$$-2\ln\lambda_1\to\chi_f^2, \tag{5.4.4}$$

这里 $f=p(p+1)/2$.

因此, 当 n 较大时, 若计算得 $-2\ln\lambda_1>\chi_f^2(\alpha)$, 则拒绝原假设 H_0, 否则接受原假设 H_0, 认为 $\boldsymbol{\Sigma}=\boldsymbol{\Sigma}_0$.

Sugiura 和 Nagao(1968) 证明以上的似然比检验是有偏的, 这是因为 $\boldsymbol{\Sigma}$ 的极大似然估计 $\boldsymbol{S}/n$ 是 $\boldsymbol{\Sigma}$ 的有偏估计. 将似然比 λ_1 分母中的极大似然估计 $\boldsymbol{S}/n$ 用其无偏估计 $\boldsymbol{S}/(n-1)$ 替代, 即将似然比 λ_1 中的 n 用 $n-1$ 替代, 得修正的似然比

$$\lambda_1^*=\left(\frac{e}{n-1}\right)^{(n-1)p/2}|\boldsymbol{\Sigma}_0^{-1}\boldsymbol{S}|^{(n-1)/2}\exp\left\{-\frac{1}{2}\mathrm{tr}(\boldsymbol{\Sigma}_0^{-1}\boldsymbol{S})\right\}.$$

Sugiura 和 Nagao(1968) 证明了用 λ_1^* 导出的检验是无偏的, 且 λ^* 有如下渐近分布.

定理 5.4.2 在原假设 H_0 下, 当 $n\to\infty$ 时, 有

$$-2\ln\lambda_1^*\to\chi_f^2,$$

且其分布函数的渐近展开式为

$$P(-2\ln\lambda_1^*\leqslant z)=P(\chi_f^2\leqslant z)+\frac{b}{n}\left(P(\chi_{f+2}^2\leqslant z)-P(\chi_f^2\leqslant z)\right)+o\left(\frac{1}{n^2}\right),$$

其中

$$f=p(p+1)/2,\quad b=\frac{p(2p^2+3p-1)}{24}.$$

此外, 利用并–交原理可以导出另一种检验. 检验

$$H_0:\boldsymbol{\Sigma}=\boldsymbol{\Sigma}_0$$

等价于对任意的 $\boldsymbol{a}\neq 0$, 检验

$$H_a:\boldsymbol{a}'\boldsymbol{\Sigma}\boldsymbol{a}=\boldsymbol{a}'\boldsymbol{\Sigma}_0\boldsymbol{a}.$$

注意到如果 H_a 成立, 则 $\boldsymbol{a}'\boldsymbol{S}\boldsymbol{a}/\boldsymbol{a}'\boldsymbol{\Sigma}_0\boldsymbol{a}\sim\chi_{n-1}^2$. 因此, 若 H_0 成立, 对任意的 $\boldsymbol{a}\neq 0$, $\boldsymbol{a}'\boldsymbol{S}\boldsymbol{a}/\boldsymbol{a}'\boldsymbol{\Sigma}_0\boldsymbol{a}$ 都不应该过大或者过小, 否则就拒绝 H_0. 注意到

$$\sup_{\boldsymbol{a}}\frac{\boldsymbol{a}'\boldsymbol{S}\boldsymbol{a}}{\boldsymbol{a}'\boldsymbol{\Sigma}_0\boldsymbol{a}}=\tau_1(\boldsymbol{S}\boldsymbol{\Sigma}_0^{-1}),\quad \inf_{\boldsymbol{a}}\frac{\boldsymbol{a}'\boldsymbol{S}\boldsymbol{a}}{\boldsymbol{a}'\boldsymbol{\Sigma}_0\boldsymbol{a}}=\tau_p(\boldsymbol{S}\boldsymbol{\Sigma}_0^{-1}).$$

因此以上问题又归结为特征根 $\tau_1(\boldsymbol{S}\boldsymbol{\Sigma}_0^{-1}),\tau_p(\boldsymbol{S}\boldsymbol{\Sigma}_0^{-1})$ 的分布问题. 对此感兴趣的读者, 可参见王静龙 (2008).

其次, 若以上假设 $H_0:\boldsymbol{\Sigma}=\boldsymbol{\Sigma_0}$ 被拒绝, 接下来感兴趣的就是检验 $\boldsymbol{\Sigma}$ 是否为 $\boldsymbol{\Sigma}_0$ 的常数倍, 即检验

$$H_0:\boldsymbol{\Sigma}=\sigma^{\boldsymbol{2}}\boldsymbol{\Sigma_0},\tag{5.4.5}$$

其中 $\boldsymbol{\Sigma}_0(>0)$ 为已知阵, $\sigma^2(>0)$ 为未知常数. 与 (5.4.1) 的检验类似, 先计算似然比统计量

$$\begin{aligned}\lambda_2&=\frac{\max\limits_{\boldsymbol{\mu},\sigma^2>0}L(\boldsymbol{\mu},\sigma^2\boldsymbol{\Sigma}_0)}{\max\limits_{\boldsymbol{\mu},\boldsymbol{\Sigma}>0}L(\boldsymbol{\mu},\boldsymbol{\Sigma})}\\&=\frac{|\boldsymbol{\Sigma}_0^{-1}\boldsymbol{S}|^{n/2}}{[\mathrm{tr}(\boldsymbol{\Sigma}_0^{-1}\boldsymbol{S})/p]^{np/2}}.\end{aligned}\tag{5.4.6}$$

定理 5.4.3 在原假设 H_0 下, 当 $n\to\infty$ 时, λ_2 的近似分布为

$$-2\ln\lambda_2\to\chi_{p(p+1)/2-1}^2.\tag{5.4.7}$$

证明详见 Khatri 和 Srivastava(1971). Davis(1971) 提出了修正 λ_2 的近似分布:

定理 5.4.4 在原假设 H_0 下, 当 $n\to\infty$ 时, 有

$$-\left(2-\frac{2p^2+p+2}{3p(n-1)}\right)\ln\lambda_2\to\chi^2_{p(p+1)/2-1}. \tag{5.4.8}$$

特别地, 当 $\boldsymbol{\Sigma}_0=\boldsymbol{I}_p$ 时, 称检验问题 (5.4.5) 为球性检验. 令 λ_2 中的 $\boldsymbol{\Sigma}_0=\boldsymbol{I}_p$, 便可得到球性检验的检验统计量

$$\lambda^*=\frac{|\boldsymbol{S}|^{n/2}}{[\mathrm{tr}(\boldsymbol{S})/p]^{np/2}}=\left(\frac{|\boldsymbol{S}|^{1/p}}{[\mathrm{tr}(\boldsymbol{S})]/p}\right)^{np/2}.$$

值得注意的是

$$\omega=(\lambda^*)^{2/np}=\frac{|\boldsymbol{S}|^{1/p}}{[\mathrm{tr}(\boldsymbol{S})]/p}=\frac{\left(\prod\limits_{i=1}^{p}\tau_i\right)^{1/p}}{\sum\limits_{i=1}^{p}\tau_i/p}$$

为 $\boldsymbol{S}$ 的 p 个特征值的几何平均值与算术平均值之商, 直接刻画了 p 个特征根的差异程度, 这里 τ_i 为 $\boldsymbol{S}$ 的特征值. 如果 H_0 真, 则 $\boldsymbol{\Sigma}=\sigma^2\boldsymbol{I}$ 所有特征值都相等, 都等于 σ^2, 因此当 H_0 为真时, $\boldsymbol{S}$ 的 p 个特征值应该相差不大, ω 与 1 应该很接近, 若 ω 过大则拒绝 H_0. 这里 H_0 的拒绝域可根据定理 5.4.3 和 5.4.4 给出.

5.4.2 多总体协方差阵的检验

设 k 个总体的分布分别为 $N_p(\boldsymbol{\mu}_1,\boldsymbol{\Sigma}_1),\cdots,N_p(\boldsymbol{\mu}_k,\boldsymbol{\Sigma}_k)$. 欲检验假设

$$H_0:\boldsymbol{\Sigma}_1=\cdots=\boldsymbol{\Sigma}_k=\boldsymbol{\Sigma},\quad H_1:\boldsymbol{\Sigma}_1,\cdots,\boldsymbol{\Sigma}_k\ \text{不全相等}. \tag{5.4.9}$$

该问题是在对多组数据进行多元方差分析前首先要检验的问题, 因为与一元方差分析类似, 多元方差分析是在协方差阵相等的假设下, 检验不同总体的均值向量是否相等.

记 $\boldsymbol{x}_{i1},\cdots,\boldsymbol{x}_{in_i}$ 是抽自第 i 个总体的随机样本, $i=1,2,\cdots,k$, $\overline{\boldsymbol{x}}_i$ 和 $\boldsymbol{S}_i$ 分别为第 i 个总体的样本均值向量和样本离差阵, 即

$$\overline{\boldsymbol{x}}_i=\frac{1}{n_i}\sum_{j=1}^{n_i}\boldsymbol{x}_{ij},\quad i=1,\cdots,k,$$

$$\boldsymbol{S}_i=\sum_{j=1}^{n_i}(\boldsymbol{x}_{ij}-\overline{\boldsymbol{x}}_i)(\boldsymbol{x}_{ij}-\overline{\boldsymbol{x}}_i)',\quad i=1,\cdots,k,$$

并记

$$n=\sum_{i=1}^{k}n_i,\quad \boldsymbol{S}=\sum_{i=1}^{k}\boldsymbol{S}_i.$$

容易验证

$$\widetilde{\boldsymbol{\Sigma}}_i=\frac{1}{n_i}\boldsymbol{S}_i,\quad \widetilde{\boldsymbol{\Sigma}}=\frac{1}{n}\boldsymbol{S}$$

分别为 H_1 下 $\boldsymbol{\Sigma}_i$ 的极大似然估计和 H_0 下 $\boldsymbol{\Sigma}$ 的极大似然估计. 于是, 检验 (5.4.9) 的似然比统计量为

$$\begin{aligned}\lambda_3&=\frac{\max\limits_{\boldsymbol{\mu}_1,\cdots,\boldsymbol{\mu}_k,\boldsymbol{\Sigma}>0}L(\boldsymbol{\mu}_1,\cdots,\boldsymbol{\mu}_k,\boldsymbol{\Sigma},\cdots,\boldsymbol{\Sigma})}{\max\limits_{\boldsymbol{\mu}_1,\cdots,\boldsymbol{\mu}_k,\boldsymbol{\Sigma}_1>0,\cdots,\boldsymbol{\Sigma}_k>0}L(\boldsymbol{\mu}_1,\cdots,\boldsymbol{\mu}_k,\boldsymbol{\Sigma}_1,\cdots,\boldsymbol{\Sigma}_k)}\\&=\frac{\prod\limits_{i=1}^{k}|\boldsymbol{S}_i/n_i|^{n_i/2}}{|\boldsymbol{S}/n|^{n/2}}\\&=\frac{\prod\limits_{i=1}^{k}|\widetilde{\boldsymbol{\Sigma}}_i|^{n_i/2}}{|\widetilde{\boldsymbol{\Sigma}}|^{n/2}}.\end{aligned}\tag{5.4.10}$$

因此

$$-2\ln\lambda_3=n\ln|\widetilde{\boldsymbol{\Sigma}}|-\sum_{i=1}^{k}n_i\ln|\widetilde{\boldsymbol{\Sigma}}_i|.\tag{5.4.11}$$

定理 5.4.5 *在原假设 H_0 下, 当 $n\to\infty$ 时, $-2\ln\lambda_3$ 的渐近分布为*

$$-2\ln\lambda_3\to\chi_f^2,\tag{5.4.12}$$

其中, $f=p(p+1)(k-1)/2$.

由于基于 λ_3 的检验是有偏的, Bartlett 建议将上式中的 n_i 换成 n_i-1, n 换成 $n-k$, 得到调整的似然比统计量

$$M=(n-k)\ln\left|\frac{\boldsymbol{S}}{n-k}\right|-\sum_{i=1}^{k}(n_i-1)\ln\left|\frac{\boldsymbol{S}_i}{n_i-1}\right|\tag{5.4.13}$$

$$=(n-k)\log\left|\widehat{\boldsymbol{\Sigma}}\right|-\sum_{i=1}^{k}(n_i-1)\ln\left|\widehat{\boldsymbol{\Sigma}}_i\right|,\tag{5.4.14}$$

这里

$$\widehat{\boldsymbol{\Sigma}}=\frac{\boldsymbol{S}}{n-k},\quad \widehat{\boldsymbol{\Sigma}}_i=\frac{\boldsymbol{S}_i}{n_i-1}.$$

Box(1950,1969) 给出了 M 的渐近分布.

定理 5.4.6　在原假设 H_0 下, 当 $n \to \infty$ 时, M 的渐近分布为

$$(1-u)M \to \chi_f^2, \tag{5.4.15}$$

其中 $f = p(p+1)(k-1)/2$,

$$u = \left(\sum_{i=1}^{k} \frac{1}{n_i - 1} - \frac{1}{n-k}\right)\left(\frac{2p^2+3p-1}{6(p+1)(k-1)}\right).$$

利用这一结果, 可导出 H_0 的近似 χ^2 近似检验. 文献中称 M 为 Box 的 M 统计量, 称基于 M 的检验为 Box 的 M 检验. 该检验是用来检验多总体的协方差阵相等常规方法.

注意到当每个 n_i 都大于 20 且 p 和 k 都不超过 5 时, 定理 5.4.6 给出的 χ^2 近似很好. 然而, 当这些条件不满足时, Box 给出了更精确的 F 近似.

定理 5.4.7　当 H_0 成立时,

$$F = bM \to F_{f_1, f_2}, \tag{5.4.16}$$

这里

$$f_1 = \frac{p(p+1)(k-1)}{2}, \quad f_2 = \frac{f_1+2}{d_2 - d_1^2}, \quad b = \frac{1-d_1}{f_1} - \frac{1}{f_2},$$

其中

$$d_1 = \frac{2p^2+3p-1}{6(p+1)(k-1)}\left[\sum_{i=1}^{k} \frac{1}{n_i-1} - \frac{1}{n-k}\right],$$

$$d_2 = \frac{(p-1)(p+2)}{6(k-1)}\left[\sum_{i=1}^{k} \frac{1}{(n_i-1)^2} - \frac{1}{(n-k)^2}\right].$$

利用这一结果, 可导出 H_0 的 F 近似检验.

此外, 当 $k=2$ 时, 检验假设问题 $H_0: \boldsymbol{\Sigma}_1 = \boldsymbol{\Sigma}_2$, 我们还可应用 Wilks-$\Lambda$ 统计量 $|\boldsymbol{S}_1|/|\boldsymbol{S}_1 + \boldsymbol{S}_2|$, Lawley-Hotelling 迹统计量 $\mathrm{tr}(\boldsymbol{S}_1\boldsymbol{S}_2^{-1})$ 和 Pillai 迹统计量 $\mathrm{tr}(\boldsymbol{S}_1 + \boldsymbol{S}_1\boldsymbol{S}_2^{-1})$ 以及 Roy 最大特征根 $\max\lambda(\boldsymbol{S}_1\boldsymbol{S}_2^{-1})$ 等检验统计量.

例 5.4.1　Wisconsin 养老院数据的协方差阵相等检验

在例 5.3.1 中, 我们依据 4 方面的开销 (雇用护工、食物费用、机构植被修剪维护费和洗衣清洁费) 检验了 3 种不同所有权下养老院的成本是否相等, 本例主要检验这 3 种所有权下养老院成本向量的协方差阵是否相等, 即检验

$$H_0: \boldsymbol{\Sigma}_1 = \boldsymbol{\Sigma}_2 = \boldsymbol{\Sigma}_3 = \boldsymbol{\Sigma}.$$

利用例 5.3.1 的信息, 得 $p=4$, $k=3$, $n=516$, $n_1=271$, $n_2=138$, $n_3=107$,

$$|\widehat{\boldsymbol{\Sigma}}| = |\boldsymbol{A}/(n-k)| = 17.398 \times 10^{-8},$$

$$|\widehat{\boldsymbol{\Sigma}}_1| = 2.783 \times 10^{-8}, \quad |\widehat{\boldsymbol{\Sigma}}_2| = 89.539 \times 10^{-8}, \quad |\widehat{\boldsymbol{\Sigma}}_3| = 14.579 \times 10^{-8},$$

进一步计算得 $f = 4(4+1)(3-1)/2 = 20$,

$$u = \left(\frac{1}{271-1} + \frac{1}{138-1} + \frac{1}{107-1} - \frac{1}{516-3}\right)\left(\frac{2\times 4^2 + 3\times 4 - 1}{6(4+1)(3-1)}\right) = 0.0133,$$

$$M = (516-3)\ln\left|\widehat{\boldsymbol{\Sigma}}\right| - (271-1)\ln\left|\widehat{\boldsymbol{\Sigma}}_1\right| - (138-1)\ln\left|\widehat{\boldsymbol{\Sigma}}_2\right| - (107-1)\ln\left|\widehat{\boldsymbol{\Sigma}}_3\right| = 289.3.$$

应用定理 5.4.6, 由于

$$(1-u)M = 285.5 > \chi^2_{20}(0.005) = 40,$$

拒绝原假设 H_0, 认为这 3 种不同所有权下养老院的成本向量的的协方差阵不相等是高度显著的.

注 在各个统计软件中, Box 的 M 检验是检验协方差阵是否相等的最常规的方法. 尽管该方法不稳健, 对非正态很敏感, 但多元方差分析关于均值向量的检验在大样本下很稳健. 此外, 当各组的样本量 n_i 都相等时, 不等的协方差阵几乎对均值向量的检验没有影响. 因此, 即使 Box 的 M 检验下拒绝 H_0 协方差阵相等的假设, 在实际应用中仍然会采用多元方差分析方法检验均值向量, 参见 Johnson 和 Wichern(2007).

5.4.3 多正态总体均值向量和协方差阵的同时检验

前面讨论了多个总体均值向量相等或协方差阵相等的检验问题, 当两者都需要检验时能否同时进行呢? 即检验

$$H_0: \boldsymbol{\mu}_1 = \boldsymbol{\mu}_2 = \cdots = \boldsymbol{\mu}_k, \quad \boldsymbol{\Sigma}_1 = \boldsymbol{\Sigma}_2 = \cdots = \boldsymbol{\Sigma}_k. \tag{5.4.17}$$

设有 k 个 p 元正态总体 $N_p(\boldsymbol{\mu}_1, \boldsymbol{\Sigma}_1), \cdots, N_p(\boldsymbol{\mu}_k, \boldsymbol{\Sigma}_k)$, 记 $\boldsymbol{x}_{i1}, \cdots, \boldsymbol{x}_{in_i}$ 是抽自第 i 个总体的随机样本,$i = 1, 2\cdots, k$. 容易推出检验 (5.4.17) 的似然比统计量为

$$\lambda_4 = \frac{\prod_{i=1}^{k} |\boldsymbol{S}_i/n_i|^{n_i/2}}{|T/(n-p)|^{n/2}}, \tag{5.4.18}$$

这里, $n = n_1 + n_2 + \cdots + n_k$,

$$\boldsymbol{S}_i = \sum_{j=1}^{n_i} (\boldsymbol{x}_{ij} - \overline{\boldsymbol{x}}_i)(\boldsymbol{x}_{ij} - \overline{\boldsymbol{x}}_i)', \quad i = 1, 2, \cdots, k,$$

$$T = \sum_{i=1}^{k}\sum_{j=1}^{n_i} (\boldsymbol{x}_{ij} - \overline{\boldsymbol{x}})(\boldsymbol{x}_{ij} - \overline{\boldsymbol{x}})',$$

其中

$$\overline{\boldsymbol{x}}_i = \frac{1}{n_i}\sum_{j=1}^{n_i}\boldsymbol{x}_{ij}, \quad \overline{\boldsymbol{x}} = \frac{1}{n}\sum_{i=1}^{k}\sum_{j=1}^{n_i}\boldsymbol{x}_{ij}.$$

与 λ_3 一样, Box 对以上检验统计量作了修正, 将公式 (5.4.18) 中的 n_i 替换成 n_i-1, n 替换成 $n-k$, 得到的统计量

$$\lambda_4' = \frac{\prod_{i=1}^{k}|\boldsymbol{S}_i/(n_i-1)|^{(n_i-1)/2}}{|T/(n-k)|^{(n-k)/2}}, \tag{5.4.19}$$

并给出 λ_4' 的渐近分布.

定理 5.4.8 当原假设 H_0 成立, 且 n 充分大时, λ_4' 有如下渐近分布

$$-2b\ln\lambda_4' \to \chi_f^2,$$

其中 $f = p(p+1)(k-1)/2$,

$$b = 1 - \frac{2p^2+3p-1}{6(p+3)(k-1)}\left(\sum_{i=1}^{k}\frac{1}{n_i-1} - \frac{1}{n-k}\right) + \frac{p-k+2}{(p-k)(p+3)}.$$

因此, 当 n 较大时, 可利用这些结果导出 H_0 的近似 χ^2 检验.

5.5 独立性检验

设总体 $\boldsymbol{x} \sim N_p(\boldsymbol{\mu}, \boldsymbol{\Sigma})$, 将 $X, \boldsymbol{\mu}, \boldsymbol{\Sigma}$ 作如下分块:

$$\boldsymbol{x} = \begin{pmatrix} \boldsymbol{x}^{(1)} \\ \vdots \\ \boldsymbol{x}^{(k)} \end{pmatrix}, \quad \boldsymbol{\mu} = \begin{pmatrix} \boldsymbol{\mu}_1 \\ \vdots \\ \boldsymbol{\mu}_k \end{pmatrix}, \quad \boldsymbol{\Sigma} = \begin{pmatrix} \boldsymbol{\Sigma}_{11} & \cdots & \boldsymbol{\Sigma}_{1k} \\ \vdots & & \vdots \\ \boldsymbol{\Sigma}_{k1} & \cdots & \boldsymbol{\Sigma}_{kk} \end{pmatrix}. \tag{5.5.1}$$

其中 $\boldsymbol{x}^{(i)}$ 和 $\boldsymbol{\mu}_i$ 为 $p_i \times 1$ 的向量, $\boldsymbol{\Sigma}_{ij}$ 为 $p_i \times p_j$ 矩阵, $i, j = 1, \cdots, k$, $p_1 + \cdots + p_k = p$.

依据多元正态分布的性质, 于是有

(i) $\boldsymbol{x}^{(i)} \sim N_{p_i}(\boldsymbol{\mu}_i, \boldsymbol{\Sigma}_{ii})$;

(ii) $\boldsymbol{x}^{(1)}, \cdots, \boldsymbol{x}^{(k)}$ 相互独立的充要条件为 $\boldsymbol{\Sigma}_{ij} = \boldsymbol{0}$ 对一切 $i \neq j$ 成立.

因此, 在正态总体下, 检验 $\boldsymbol{x}^{(1)}, \cdots, \boldsymbol{x}^{(k)}$ 相互独立等价于检验

$$H_0 : \boldsymbol{\Sigma}_{ij} = \boldsymbol{0}, \quad 对一切\ i \neq j. \tag{5.5.2}$$

设 $\boldsymbol{x}_1, \boldsymbol{x}_2, \cdots, \boldsymbol{x}_n$ 为抽自 p 元正态总体 $N_p(\boldsymbol{\mu}, \boldsymbol{\Sigma})$ 的随机样本, $n > p$. 分别对样本均值向量 $\overline{\boldsymbol{x}}$ 与样本离差阵 $\boldsymbol{S}$ 作与 (5.5.1) 式所对应的分块, 得

$$\overline{\boldsymbol{x}} = \sum_{i=1}^{n} \boldsymbol{x}_i = \begin{pmatrix} \overline{\boldsymbol{x}}^{(1)} \\ \vdots \\ \overline{\boldsymbol{x}}^{(k)} \end{pmatrix},$$

$$\boldsymbol{S} = \sum_{i=1}^{n} (\boldsymbol{x}_i - \overline{\boldsymbol{x}})(\boldsymbol{x}_i - \overline{\boldsymbol{x}})' = \begin{pmatrix} \boldsymbol{S}_{11} & \cdots & \boldsymbol{S}_{1k} \\ \vdots & & \vdots \\ \boldsymbol{S}_{k1} & \cdots & \boldsymbol{S}_{kk} \end{pmatrix}.$$

于是容易导出检验 (5.5.2) 的似然比统计量为

$$\lambda_5 = \left[\frac{|\boldsymbol{S}|}{\prod\limits_{i=1}^{k} |\boldsymbol{S}_{ii}|} \right]^{n/2}. \tag{5.5.3}$$

Box(1949) 给出了 λ_5 的渐近结果.

定理 5.5.1 当原假设 H_0 成立, 且 n 充分大时, λ_5 的渐近分布为

$$-2b \ln \lambda_5 \to \chi_f^2, \tag{5.5.4}$$

这里

$$b = n - \frac{3}{2} - \frac{p^3 - \sum\limits_{i=1}^{k} p_i^3}{3\left(p^2 - \sum\limits_{i=1}^{k} p_i^2\right)},$$

$$f = \frac{1}{2}\left[p(p+1) - \sum_{i=1}^{k} p_i(p_i+1)\right] = \frac{1}{2}\left(p^2 - \sum_{i=1}^{k} p_i\right).$$

当 n 较大时, 就可利用该渐近结果导出 H_0 的近似 χ^2 检验. 张尧庭和方开泰 (2003) 还分别针对 $k=2$ 和 $k=p$ 两种特殊情形给出了独立性检验的检验统计量, 更详细的内容, 读者可参阅该文献.

5.6 缺失数据下的均值检验

在前面几节中, 检验统计量的构造都是在多元数据没有缺失的情形下给出的, 但在实际应用中, 数据缺失常常不可避免. 在 4.5 节介绍了单调随机缺失下总体均值和协方差阵的极大似然估计, 本节主要介绍单调随机缺失下均值的检验问题.

首先考虑单总体的均值检验问题 $H_0 : \boldsymbol{\mu} = \boldsymbol{\mu}_0$. 设样本中仅有 n_1 个体的 p 个变量全部被观测到, 其余 $n - n_2$ 个体仅有前 p_1 个变量被观测到. 于是样本观测数据矩阵可表达为

$$\begin{pmatrix} \boldsymbol{Y}_1 & \boldsymbol{Y}_2 \\ \boldsymbol{Z}_1 & -- \end{pmatrix},$$

这里 $\boldsymbol{Y}_1$ 为 $p_1 \times n_1$ 的, $\boldsymbol{Y}_2$ 为 $p_1 \times (n - n_1)$ 的, $--$ 表示缺失. 为简单起见, 记

$$\boldsymbol{Y}_1 = (\boldsymbol{y}_1, \cdots, \boldsymbol{y}_{n_1}), \quad \boldsymbol{Y}_2 = (\boldsymbol{y}_{n_1+1}, \cdots, \boldsymbol{y}_n),$$

$$\boldsymbol{Z}_1 = (\boldsymbol{z}_1, \cdots, \boldsymbol{z}_{n_1}).$$

对总体均值和协方差阵作相应的分块, $\boldsymbol{\mu}' = (\boldsymbol{\mu}_1', \boldsymbol{\mu}_2')$,

$$\boldsymbol{\Sigma} = \begin{pmatrix} \boldsymbol{\Sigma}_{11} & \boldsymbol{\Sigma}_{12} \\ \boldsymbol{\Sigma}_{21} & \boldsymbol{\Sigma}_{22} \end{pmatrix}.$$

当协方差阵 $\boldsymbol{\Sigma}$ 已知时, $\boldsymbol{\mu}_1$ 和 $\boldsymbol{\mu}_2$ 的极大似然估计分别为

$$\hat{\boldsymbol{\mu}}_1 = \bar{\boldsymbol{y}} = \frac{1}{n}\sum_{i=1}^{n} \boldsymbol{y}_i = \frac{n_1}{n}\bar{\boldsymbol{y}}_1 + \frac{n - n_1}{n}\bar{\boldsymbol{y}}_2, \tag{5.6.1}$$

$$\hat{\boldsymbol{\mu}}_2 = \bar{\boldsymbol{z}} + \boldsymbol{\Sigma}_{21}\boldsymbol{\Sigma}_{11}^{-1}(\bar{\boldsymbol{y}}_1 - \bar{\boldsymbol{y}}) = \bar{\boldsymbol{z}} - \frac{n - n_1}{n}\boldsymbol{\Sigma}_{21}\boldsymbol{\Sigma}_{11}^{-1}(\bar{\boldsymbol{y}}_1 - \bar{\boldsymbol{y}}_2), \tag{5.6.2}$$

这里

$$\bar{\boldsymbol{y}}_1 = \frac{1}{n}\sum_{i=1}^{n_1} \boldsymbol{y}_i, \quad \bar{\boldsymbol{y}}_2 = \frac{1}{n - n_1}\sum_{i=n_1+1}^{n} \boldsymbol{y}_i, \quad \bar{\boldsymbol{z}} = \frac{1}{n_1}\sum_{i=1}^{n_1} \boldsymbol{z}_i,$$

易证 $\hat{\boldsymbol{\mu}}_1$ 和 $\hat{\boldsymbol{\mu}}_2$ 的联合分布是正态分布, 且有

$$\mathrm{Cov}(\hat{\boldsymbol{\mu}}_1) = \frac{1}{n}\boldsymbol{\Sigma}_{11},$$

$$\mathrm{Cov}(\hat{\boldsymbol{\mu}}_1, \hat{\boldsymbol{\mu}}_2) = \frac{1}{n}\boldsymbol{\Sigma}_{12}.$$

结合定理 2.4.4, 得

$$\begin{aligned}
\hat{\boldsymbol{\mu}}_1 &= \bar{\boldsymbol{y}} \sim N_{p_1}\left(\boldsymbol{\mu}_1, \frac{1}{n}\boldsymbol{\Sigma}_{11}\right), \\
\hat{\boldsymbol{\mu}}_{2.1} &= \hat{\boldsymbol{\mu}}_2 - \boldsymbol{\Sigma}_{21}\boldsymbol{\Sigma}_{11}^{-1}\hat{\boldsymbol{\mu}}_1 \\
&= \bar{\boldsymbol{z}} + \boldsymbol{\Sigma}_{21}\boldsymbol{\Sigma}_{11}^{-1}\bar{\boldsymbol{y}}_1 \sim N_{p-p_1}\left(\boldsymbol{\mu}_{2.1}, \frac{1}{n_1}\boldsymbol{\Sigma}_{22.1}\right),
\end{aligned}$$

且两者独立, 这里

$$\boldsymbol{\mu}_{2.1} = \boldsymbol{\mu}_2 - \boldsymbol{\Sigma}_{21}\boldsymbol{\Sigma}_{11}^{-1}\boldsymbol{\mu}_1, \quad \boldsymbol{\Sigma}_{22.1} = \boldsymbol{\Sigma}_{22} - \boldsymbol{\Sigma}_{21}\boldsymbol{\Sigma}_{22}^{-1}\boldsymbol{\Sigma}_{12}.$$

于是, 可构造原假设 $H_0:\boldsymbol{\mu}=\boldsymbol{\mu}_0$ 的 χ^2 检验统计量

$$\begin{aligned}\chi^2=&n_1\left(\bar{\boldsymbol{z}}-\boldsymbol{\mu}_{02}+\boldsymbol{\Sigma}_{21}\boldsymbol{\Sigma}_{11}^{-1}(\bar{\boldsymbol{y}}_1-\boldsymbol{\mu}_{01}\right)'(\boldsymbol{\Sigma}_{22}-\boldsymbol{\Sigma}_{21}\boldsymbol{\Sigma}_{22}^{-1}\boldsymbol{\Sigma}_{12})^{-1}\\&\cdot\left(\bar{\boldsymbol{z}}-\boldsymbol{\mu}_{02}+\boldsymbol{\Sigma}_{21}\boldsymbol{\Sigma}_{11}^{-1}(\bar{\boldsymbol{y}}_1-\boldsymbol{\mu}_{01}\right)+n(\bar{\boldsymbol{y}}-\boldsymbol{\mu}_{01})'\boldsymbol{\Sigma}_{11}^{-1}(\bar{\boldsymbol{y}}-\boldsymbol{\mu}_{01}),\end{aligned}$$

这里 $\boldsymbol{\mu}_0=(\boldsymbol{\mu}_{01}',\boldsymbol{\mu}_{02}')'$. 由于原假设 $H_0:\boldsymbol{\mu}=\boldsymbol{\mu}_0$ 成立时, 检验统计量 χ^2 服从自由度为 p 的 χ^2 分布, 所以若 $\chi^2>\chi_p^2(\alpha)$, 则拒绝原假设 H_0.

类似地可构造两个正态总体的均值的 χ^2 检验统计量. 假设两个总体的协方差阵相等, 皆为 $\boldsymbol{\Sigma}$, 均值向量分别为 $\boldsymbol{\mu}_1$ 和 $\boldsymbol{\mu}_2$, 观测数据矩阵分别为

$$\begin{pmatrix}\boldsymbol{Y}_{11} & \boldsymbol{Y}_{21}\\ \boldsymbol{Z}_{11} & --\end{pmatrix},\quad\begin{pmatrix}\boldsymbol{Y}_{12} & \boldsymbol{Y}_{22}\\ \boldsymbol{Z}_{12} & --\end{pmatrix},$$

这里

$$\boldsymbol{Y}_{1i}=(\boldsymbol{y}_{1i}\cdots,\boldsymbol{y}_{n_{1i}i}),\quad \boldsymbol{Y}_{2i}=(\boldsymbol{y}_{n_i+1,i}\cdots,\boldsymbol{y}_{n_i,i})$$
$$\boldsymbol{Z}_{12}=(\boldsymbol{z}_{1i}\cdots,\boldsymbol{z}_{n_{1i}i}),\quad i=1,2,$$

其中 $\boldsymbol{y}_{ji}$ 为 $p_1\times 1$ 的向量, $\boldsymbol{z}_{ji}$ 为 $(p-p_1)\times 1$ 的向量, n_{1i} 为第 i 个总体的样本中的 p 个变量都被观测到的个体数, $j=1,2$, n_i, 为第 i 个总体的样本量.

对均值向量 $\boldsymbol{\mu}_1$ 和 $\boldsymbol{\mu}_2$ 作相应的分块,

$$\boldsymbol{\mu}_1=\begin{pmatrix}\boldsymbol{\mu}_{11}\\ \boldsymbol{\mu}_{21}\end{pmatrix},\quad \boldsymbol{\mu}_2=\begin{pmatrix}\boldsymbol{\mu}_{12}\\ \boldsymbol{\mu}_{22}\end{pmatrix}.$$

于是, 当 $\boldsymbol{\Sigma}$ 已知时, $\boldsymbol{\mu}_{1i}$ 和 $\boldsymbol{\mu}_{2i}$ 的极大似然估计分别为

$$\hat{\boldsymbol{\mu}}_{1i}=\bar{\boldsymbol{y}}_i=\frac{1}{n_i}\sum_{j=1}^{n_i}\boldsymbol{y}_{ji},\quad \hat{\boldsymbol{\mu}}_{2i}=\bar{\boldsymbol{z}}_i+\boldsymbol{\Sigma}_{21}\boldsymbol{\Sigma}_{11}^{-1}(\bar{\boldsymbol{y}}_{1i}-\bar{\boldsymbol{y}}_{.i}),\quad i=1,2, \tag{5.6.3}$$

这里

$$\bar{\boldsymbol{y}}_{1i}=\frac{1}{n_i}\sum_{j=1}^{n_{1i}}\boldsymbol{y}_{ji},\quad \bar{\boldsymbol{y}}_{2i}=\frac{1}{n_i-n_{1i}}\sum_{j=n_{1i}+1}^{n_i}\boldsymbol{y}_{ji},\quad \bar{\boldsymbol{z}}_i=\frac{1}{n_{1i}}\sum_{j=1}^{n_{1i}}\boldsymbol{z}_{ji}.$$

由于两总体独立, 故可以证明 $(\hat{\boldsymbol{\mu}}_{11}-\hat{\boldsymbol{\mu}}_{12},(\hat{\boldsymbol{\mu}}_{21}-\hat{\boldsymbol{\mu}}_{22}))$ 的联合分布也是正态的. 类似单正态总体情形, 进一步可证得

$$(\hat{\boldsymbol{\mu}}_{11}-\hat{\boldsymbol{\mu}}_{12})\sim N_{p_1}\left(\boldsymbol{\mu}_{11}-\boldsymbol{\mu}_{12},\frac{n_1+n_2}{n_1n_2}\boldsymbol{\Sigma}_{11}\right),$$

$$(\hat{\boldsymbol{\mu}}_{21}-\hat{\boldsymbol{\mu}}_{22})-\boldsymbol{\Sigma}_{21}\boldsymbol{\Sigma}_{11}^{-1}(\hat{\boldsymbol{\mu}}_{11}-\hat{\boldsymbol{\mu}}_{12})\sim N_{p-p_1}\left(\boldsymbol{\mu}_{2.1},\frac{n_{11}+n_{12}}{n_{11}n_{12}}\boldsymbol{\Sigma}_{22.1}\right),$$

且两者独立, 这里

$$\boldsymbol{\mu}_{2.1} = (\boldsymbol{\mu}_{21}\boldsymbol{\mu}_{22}) - \boldsymbol{\Sigma}_{21}\boldsymbol{\Sigma}_{11}^{-1}(\boldsymbol{\mu}_{11} - \boldsymbol{\mu}_{12}).$$

从而可以构造 χ^2 检验统计量

$$\begin{aligned}\chi^2 = &\frac{n_{11}n_{12}}{n_{11}+n_{12}}\left((\hat{\boldsymbol{\mu}}_{21} - \hat{\boldsymbol{\mu}}_{22}) - \boldsymbol{\Sigma}_{21}\boldsymbol{\Sigma}_{11}^{-1}(\hat{\boldsymbol{\mu}}_{11} - \hat{\boldsymbol{\mu}}_{12})\right)'(\boldsymbol{\Sigma}_{22} - \boldsymbol{\Sigma}_{21}\boldsymbol{\Sigma}_{22}^{-1}\boldsymbol{\Sigma}_{12})^{-1}\\ &\cdot\left((\hat{\boldsymbol{\mu}}_{21} - \hat{\boldsymbol{\mu}}_{22}) - \boldsymbol{\Sigma}_{21}\boldsymbol{\Sigma}_{11}^{-1}(\hat{\boldsymbol{\mu}}_{11} - \hat{\boldsymbol{\mu}}_{12})\right)\\ &+\frac{n_1n_2}{n_1+n_2}(\hat{\boldsymbol{\mu}}_{11} - \hat{\boldsymbol{\mu}}_{12})'\boldsymbol{\Sigma}_{11}^{-1}(\hat{\boldsymbol{\mu}}_{11} - \hat{\boldsymbol{\mu}}_{12}),\end{aligned}$$

来检验两总体均值相等的假设 $H_0 : \boldsymbol{\mu}_1 = \boldsymbol{\mu}_2$. 若 $\chi^2 > \chi_p^2(\alpha)$, 则拒绝原假设 H_0.

以上仅考虑了协方差阵 $\boldsymbol{\Sigma}$ 已知, 且数据为单调缺失的情形. Srivastava, Cater (1986) 和 Chang, Romer (2009, 2010) 等考虑了协方差阵 $\boldsymbol{\Sigma}$ 未知但数据为单调缺失情形下总体均值的推断问题. 但对于协方差阵 $\boldsymbol{\Sigma}$ 未知或数据为非单调缺失的更一般情形, 多元总体的均值和协方差阵的检验问题仍是一个未完全解决的问题.

另外, 本章构造的检验统计量都要求样本量 n 大于总体的维数 p, 然而在许多领域常常也会遇到大维数据, $p > n$. 因此关于大维数据下总体均值和协方差阵的检验问题已引起了统计学家的广泛关注, 目前已取得了一些进展, 如 Bai 和 Saranadasa (1996); Srivastava, Du (2008); Katayamaa, Kanoa 和 Srivastava (2013) 等考虑了高维数据下总体均值的检验问题, Schott (2007); Srivastava, Yanagihara (2010); Cai, Liu, Xia(2011) 等考虑了高维数据下总体协方差阵的检验问题. 对此感兴趣的读者, 可查阅相关文献.

第 6 章　多元线性模型

一元线性模型是响应变量为一维的情形, 当对同一试验条件下的多个变量感兴趣时, 往往会将这些依赖于相同协变量的响应变量同时建模. 本章主要介绍多元线性模型中最基础的三类模型：多元方差分析模型、一般的多元线性模型和生长曲线模型, 以及各模型参数的估计和检验问题.

6.1　多元方差分析模型

在第 5 章我们介绍了多总体均值的检验, 设有 k 个相互独立的 p 元正态总体 $N_p(\boldsymbol{\mu}_1, \boldsymbol{\Sigma}), \cdots, N_p(\boldsymbol{\mu}_k, \boldsymbol{\Sigma})$, $\boldsymbol{x}_{i1}, \cdots, \boldsymbol{x}_{in_i}$ 是抽自第 i 个总体的随机样本, $i = 1, 2, \cdots, k$. 记

$$\boldsymbol{\mu} = \sum_{i=1}^{k} n_i \boldsymbol{\mu}_i / n, \quad \boldsymbol{\tau}_i = \boldsymbol{\mu}_i - \boldsymbol{\mu}, \quad i = 1, \cdots, k,$$

这里, $n = \sum_{i=1}^{k} n_i$. 于是第 i 个总体的观测值 $\boldsymbol{x}_{ij}$ 就可以用单向分类模型来表达, 即

$$\boldsymbol{x}_{ij} = \boldsymbol{\mu} + \boldsymbol{\tau}_i + \boldsymbol{e}_{ij}, \tag{6.1.1}$$

其中 $\boldsymbol{\tau}_i$ 为第 i 个总体的效应, 满足条件

$$\sum_{i}^{k} n_i \boldsymbol{\tau}_i = \mathbf{0},$$

误差向量 $\boldsymbol{e}_{ij}$, $i = 1, \cdots, k$, $j = 1, \cdots, n_i$ 相互独立, 且

$$\boldsymbol{e}_{ij} \sim N_p(\mathbf{0}, \boldsymbol{\Sigma}).$$

此时, 多总体均值的检验问题

$$H_0 : \boldsymbol{\mu}_1 = \cdots = \boldsymbol{\mu}_k,$$

就等价于在单向分类方差分析模型 (6.1.1) 下检验

$$H_0 : \boldsymbol{\tau}_1 = \cdots = \boldsymbol{\tau}_k. \tag{6.1.2}$$

类似一元单向方差分析中效应平方和与误差平方和, 令组效应离差阵为

$$\boldsymbol{B}=\sum_{i=1}^{k}n_i\left(\overline{\boldsymbol{x}}_i-\overline{\boldsymbol{x}}\right)\left(\overline{\boldsymbol{x}}_i-\overline{\boldsymbol{x}}\right)',$$

误差离差阵为

$$\boldsymbol{A}=\sum_{i=1}^{k}\boldsymbol{A}_i,$$

这里

$$\overline{\boldsymbol{x}}=\frac{1}{n}\sum_{i=1}^{k}\sum_{j=1}^{n_i}\boldsymbol{x}_{ij},\quad \overline{\boldsymbol{x}}_i=\frac{1}{n_i}\sum_{j=1}^{n_i}\boldsymbol{x}_{ij},\quad i=1,2,\cdots,k,$$

$$\boldsymbol{A}_i=\sum_{j=1}^{n_i}\left(\boldsymbol{x}_{ij}-\overline{\boldsymbol{x}}_i\right)\left(\boldsymbol{x}_{ij}-\overline{\boldsymbol{x}}_i\right)',$$

其中 $n=n_1+n_2+\cdots+n_k$. 由 5.3 小节知: 在原假设 H_0 下, $\boldsymbol{A}\sim W_p(n-k,\boldsymbol{\Sigma})$, $\boldsymbol{B}\sim W_p(k-1,\boldsymbol{\Sigma})$, 且两者独立, 因此, 可借助 Wilks-$\Lambda$ 统计量、Lawley-Hotelling 迹统计量、Pillai 迹统计量以及 Roy 最大特征根等检验统计量, 给出原假设 H_0 的相应的拒绝域. 关于这几个统计量, 见本书 5.3 小节.

类似地, 可以考虑多元两向分类方差分析模型

$$\boldsymbol{x}_{ijl}=\boldsymbol{\mu}+\boldsymbol{\tau}_i+\boldsymbol{\beta}_j+\boldsymbol{e}_{ijl},\tag{6.1.3}$$

$i=1,\cdots,k$, $j=1,\cdots,m$, $l=1,\cdots,n_{ij}$, 这里, 误差向量 $\boldsymbol{e}_{ijl}\sim N_p(\boldsymbol{0},\boldsymbol{\Sigma})$, 且 $\boldsymbol{e}_{ijl}$ 间相互独立, $\boldsymbol{\tau}_i$ 和 $\boldsymbol{\beta}_j$ 为固定效应向量, 满足条件

$$\sum_{i=1}^{k}n_{i.}\boldsymbol{\tau}_i=\boldsymbol{0},$$

$$\sum_{j=1}^{m}n_{.j}\boldsymbol{\beta}_j=\boldsymbol{0},$$

其中

$$n_{i.}=\sum_{j=1}^{m}n_{ij},\quad n_{.j}=\sum_{i=1}^{k}n_{ij}.$$

在该模型下, 需要检验如下两个假设

$$H_{01}:\boldsymbol{\tau}_1=\cdots=\boldsymbol{\tau}_k,$$

$$H_{02}:\boldsymbol{\beta}_1=\cdots=\boldsymbol{\beta}_m.$$

记

$$A = \sum_{i=1}^{k}\sum_{j=1}^{m} A_{ij},$$

$$B = \sum_{i=1}^{k} n_{i.}\left(\overline{x}_{ij.} - \overline{x}_{.j.}\right)\left(\overline{x}_{ij.} - \overline{x}_{.j.}\right)',$$

$$C = \sum_{j=1}^{m} n_{.j}\left(\overline{x}_{ij.} - \overline{x}_{i..}\right)\left(\overline{x}_{ij.} - \overline{x}_{i..}\right)',$$

这里

$$A_{ij} = \sum_{l=1}^{n_i}\left(x_{ijl} - \overline{x}_{i..} - \overline{x}_{.j.} + \overline{x}\right)\left(x_{ijl} - \overline{x}_{i..} - \overline{x}_{.j.} + \overline{x}\right)',$$

$$\overline{x} = \frac{1}{n}\sum_{i=1}^{k}\sum_{j=1}^{m}\sum_{l=1}^{n_{ij}} x_{ijl},$$

$$\overline{x}_{i..} = \frac{1}{n_{i.}}\sum_{j=1}^{m}\sum_{l=1}^{n_{ij}} x_{ijl}, \quad i = 1, 2, \cdots, k,$$

$$\overline{x}_{.j.} = \frac{1}{n_{.j}}\sum_{i=1}^{k}\sum_{l=1}^{n_{ij}} x_{ijl}, \quad j = 1, 2, \cdots, m,$$

其中 $n = \sum_{i=1}^{k}\sum_{j=1}^{m} n_{ij}$. 可以证明:

(a) $A \sim W_p(n-k-m+1, \Sigma)$;

(b) 在原假设 H_{01} 下, $B \sim W_p(k-1, \Sigma)$, 且与 A 独立;

(c) 在原假设 H_{02} 下, $C \sim W_p(m-1, \Sigma)$, 且与 A 独立.

因此, 两向分类方差分析模型下假设 H_{01} 和 H_{02} 的检验问题最终仍归为两个 Wishart 阵的比较问题, 其检验统计量的构造与单向分类方差分析模型情形完全相同, 这里从略.

6.2 一般的多元线性模型

线性模型通常指的是只含一个因变量的一元线性模型, 但实际应用中, 人们也常常会遇到含多个因变量的问题, 如同时对产品的多个指标 $X_1, \cdots, X_p$ 感兴趣, 这时就有 p 个因变量. 设每个因变量 X_j 与自变量 $A_1, \cdots, A_{q-1}$ 都是线性关系, 即

$$X_j = (1, A_1, \cdots, A_{q-1})\boldsymbol{\theta}_j + e_j, \quad j = 1, \cdots, p, \tag{6.2.1}$$

这里 $\boldsymbol{\theta}_j$ 为未知的 $q \times 1$ 参数向量.

为了估计系数 $\boldsymbol{\theta}_j$, 对 $(X_1,\cdots,X_p)$ 和 $(A_1,\cdots,A_{q-1})$ 作 n 次观测, 得到观测向量

$$\boldsymbol{x}_i=(x_{i1},\cdots,x_{ip})',\quad (a_{i1},\cdots,a_{iq-1}),\quad i=1,\cdots,n.$$

于是

$$\boldsymbol{x}_i=\boldsymbol{a}_i'\boldsymbol{\Theta}+\boldsymbol{e}_i,\quad i=1,\cdots,n, \tag{6.2.2}$$

其中 $\boldsymbol{a}_i=(1,a_{i1},\cdots,a_{iq-1})'$ 为 $q\times 1$ 的已知向量, $\boldsymbol{\Theta}'=(\boldsymbol{\theta}_1,\cdots,\boldsymbol{\theta}_p)$ 为 $q\times p$ 回归参数, $\boldsymbol{e}_i$ 为 $p\times 1$ 随机误差向量. 由于 $\boldsymbol{e}_1,\cdots,\boldsymbol{e}_n$ 对应于不同次观测, 所以假定它们不相关, 均值为零, 且有公共协方差阵 $\boldsymbol{\Sigma}>0$.

记

$$\boldsymbol{X}'=(\boldsymbol{x}_1,\cdots,\boldsymbol{x}_n),\quad \boldsymbol{A}'=(\boldsymbol{a}_1,\cdots,\boldsymbol{a}_n),\quad \boldsymbol{E}'=(\boldsymbol{e}_1,\cdots,\boldsymbol{e}_n).$$

则模型 (6.2.2) 的矩阵形式为

$$\boldsymbol{X}=\boldsymbol{A}\boldsymbol{\Theta}+\boldsymbol{E}, \tag{6.2.3}$$

$$\mathrm{Cov}(\mathrm{Vec}(\boldsymbol{E}))=\boldsymbol{\Sigma}\otimes\boldsymbol{I}_n.$$

这里, $\boldsymbol{X}$ 为 $n\times p$ 因变量随机观测阵, 它的不同行对应于不同次观测 (或试验), 每个列对应于一个因变量, $\boldsymbol{A}$ 为 $n\times q$ 的设计阵, $\boldsymbol{\Theta}$ 为 $q\times p$ 未知参数矩阵, $\boldsymbol{E}$ 为误差矩阵. 我们称 (6.2.3) 为多元线性模型.

显然, 当 $p=1$ 时, 模型 (6.2.3) 就是满足 Guass-Markow 假设的一元线性模型.

类似一元线性模型, 若 $\boldsymbol{A}$ 为列满秩矩阵, 则 $\boldsymbol{\Theta}$ 可估, 通过

$$\min_{\boldsymbol{\Theta}}(\boldsymbol{X}-\boldsymbol{A}\boldsymbol{\Theta})'(\boldsymbol{X}-\boldsymbol{A}\boldsymbol{\Theta}) \tag{6.2.4}$$

便可得到 $\boldsymbol{\Theta}$ 和 Σ 的最小二乘估计

$$\widehat{\boldsymbol{\Theta}}=(\boldsymbol{A}'\boldsymbol{A})^{-1}\boldsymbol{A}'\boldsymbol{X}, \tag{6.2.5}$$

$$\widehat{\boldsymbol{\Sigma}}=\frac{1}{n-q}\boldsymbol{X}'(\boldsymbol{I}_n-\boldsymbol{A}(\boldsymbol{A}'\boldsymbol{A})^-\boldsymbol{A}')\boldsymbol{X}.$$

若 $\mathrm{rk}(\boldsymbol{A})=r<q$, 此时将 (6.2.5) 中的 $(\boldsymbol{A}'\boldsymbol{A})^{-1}$ 改为广义逆 $(\boldsymbol{A}'\boldsymbol{A})^-$, 即

$$\widehat{\boldsymbol{\Theta}}=(\boldsymbol{A}'\boldsymbol{A})^-\boldsymbol{A}'\boldsymbol{X}, \tag{6.2.6}$$

$\widehat{\boldsymbol{\Theta}}$ 就是 $\boldsymbol{\Theta}$ 的最小二乘解. 于是, 任意可估函数 $\boldsymbol{C}\boldsymbol{\Theta}$ 的最小二乘估计为 $\boldsymbol{C}\widehat{\boldsymbol{\Theta}}$, 这里可估的定义如下.

定义 6.2.1 设 $\boldsymbol{C}$ 为任一 $m\times p$ 矩阵, 则 $\boldsymbol{C\Theta}$ 为可估函数当且仅当

$$\boldsymbol{C}'=\boldsymbol{A}'\boldsymbol{T}, \tag{6.2.7}$$

这里 $\boldsymbol{T}$ 为 $n\times q$ 的常数矩阵.

显然, $\boldsymbol{A\Theta}$ 是可估的, 因此, 当 $\mathrm{rk}(\boldsymbol{A})=r\leqslant q$ 时, $\boldsymbol{\Sigma}$ 的最小二乘估计为

$$\begin{aligned}\widehat{\boldsymbol{\Sigma}}&=\frac{1}{n-r}(\boldsymbol{X}-\boldsymbol{A}\widehat{\boldsymbol{\Theta}})'(\boldsymbol{X}-\boldsymbol{A}\widehat{\boldsymbol{\Theta}})\\&=\frac{1}{n-r}\boldsymbol{X}'(\boldsymbol{I}_n-\boldsymbol{A}(\boldsymbol{A}'\boldsymbol{A})^-\boldsymbol{A}')\boldsymbol{X}.\end{aligned}$$

在多元线性模型(6.2.3) 下, 可以证明 $\boldsymbol{C\Theta}$ 和 $\boldsymbol{\Sigma}$ 的最小二乘估计的无偏性. 进一步有

定理 6.2.1 若模型(6.2.3)的随机误差向量 $\boldsymbol{e}_1,\cdots,\boldsymbol{e}_n$ 服从正态分布, 则

$$\boldsymbol{C}\widehat{\boldsymbol{\Theta}}\sim N_{m\times q}(\boldsymbol{C\Theta},\boldsymbol{\Sigma}\otimes\boldsymbol{C}(\boldsymbol{A}'\boldsymbol{A})^-\boldsymbol{C}'), \tag{6.2.8}$$

$$\boldsymbol{S}=\boldsymbol{X}'(\boldsymbol{I}_n-\boldsymbol{A}(\boldsymbol{A}'\boldsymbol{A})^-\boldsymbol{A}')\boldsymbol{X}\sim W_p(n-r,\boldsymbol{\Sigma}), \tag{6.2.9}$$

且两者独立.

基于以上事实, 可构造关于参数矩阵的线性假设

$$H_0:\boldsymbol{C\Theta}=\boldsymbol{B},\quad H_1:\boldsymbol{C\Theta}\neq\boldsymbol{B} \tag{6.2.10}$$

的检验统计量, 这里 $\boldsymbol{B}$ 为某个给定的常数矩阵, $\boldsymbol{C\Theta}$ 为可估函数, 即 $\boldsymbol{C}$ 满足条件 (6.2.7) 的矩阵.

注意到若原假设 H_0 成立, 则

$$\boldsymbol{S}_C=(\boldsymbol{C}\widehat{\boldsymbol{\Theta}}-\boldsymbol{B})'(\boldsymbol{C}(\boldsymbol{A}'\boldsymbol{A})^-\boldsymbol{C}')^-(\boldsymbol{C}\widehat{\boldsymbol{\Theta}}-\boldsymbol{B})\sim W_p(r_0,\boldsymbol{\Sigma}).$$

这里 $r_0=\mathrm{rk}(\boldsymbol{C})$. 因此基于这两个在原假设 H_0 下独立的 Wishart 阵 $\boldsymbol{S}$ 和 $\boldsymbol{S}_C$, 可构造检验统计量, 如 Wilks 检验统计量

$$\Lambda=\frac{|\boldsymbol{S}_C|}{|\boldsymbol{S}_C+\boldsymbol{S}|};$$

Roy 最大特征根等检验统计量

$$\lambda_1(\boldsymbol{S}_C\boldsymbol{S}^{-1})$$

等.

例 6.2.1 在单向分类方差分析模型(6.1.3)中, 记

$$\boldsymbol{X}'=(\boldsymbol{x}_{11},\cdots,\boldsymbol{x}_{1,n_1},\cdots,\boldsymbol{x}_{k1},\cdots,\boldsymbol{x}_{k,n_k}),$$

$$\boldsymbol{E}' = (\boldsymbol{e}_{11}, \cdots, \boldsymbol{e}_{1,n_1}, \cdots, \boldsymbol{e}_{k1}, \cdots, \boldsymbol{e}_{k,n_k}),$$
$$\boldsymbol{\Theta}' = (\boldsymbol{\mu}, \boldsymbol{\tau}_1, \cdots, \boldsymbol{\tau}_k),$$
$$\boldsymbol{A} = \begin{pmatrix} \mathbf{1}_{n_1} & \mathbf{1}_{n_1} & \mathbf{0} & \cdots & \mathbf{0} \\ \mathbf{1}_{n_2} & \mathbf{0} & \mathbf{1}_{n_2} & \cdots & \mathbf{0} \\ \vdots & \vdots & \vdots & & \vdots \\ \mathbf{1}_{n_k} & \mathbf{0} & \mathbf{0} & \cdots & \mathbf{1}_{n_k} \end{pmatrix},$$

于是单向分类模型(6.1.3) 的矩阵形式为

$$\boldsymbol{X} = \boldsymbol{A\Theta} + \boldsymbol{E}, \tag{6.2.11}$$

这里, $\boldsymbol{A}$ 为设计阵, 误差矩阵 $\boldsymbol{E}$ 的期望为 $\mathbf{0}$, 协方差阵为

$$\mathrm{Cov}(\mathrm{Vec}(\boldsymbol{E})) = \boldsymbol{\Sigma} \otimes \boldsymbol{I}_n,$$

其中 $n = \sum_i n_i$. 因此模型(6.1.2)是一类简单的多元线性模型.

令

$$\boldsymbol{C} = \begin{pmatrix} 0 & 1 & -1 & & \\ \vdots & & \ddots & \ddots & \\ 0 & & & 1 & -1 \end{pmatrix},$$

于是, 假设问题(6.1.2)就等价于

$$\boldsymbol{C\Theta} = \begin{pmatrix} \boldsymbol{\tau}_1' - \boldsymbol{\tau}_2' \\ \vdots \\ \boldsymbol{\tau}_{k-1}' - \boldsymbol{\tau}_k' \end{pmatrix} = \mathbf{0}.$$

容易验证

$$\boldsymbol{S} = \boldsymbol{X}'(\boldsymbol{I}_n - \boldsymbol{A}(\boldsymbol{A}'\boldsymbol{A})^- \boldsymbol{A}')\boldsymbol{X} = \sum_{i=1}^{k}\sum_{j=1}^{n_i} (\boldsymbol{x}_{ij} - \overline{\boldsymbol{x}}_i)(\boldsymbol{x}_{ij} - \overline{\boldsymbol{x}}_i)',$$

$$\boldsymbol{S}_C = \sum_{i=1}^{k} n_i (\overline{\boldsymbol{x}}_i - \overline{\boldsymbol{x}})(\overline{\boldsymbol{x}}_i - \overline{\boldsymbol{x}})',$$

因此, 该例中基于 S 和 S_C 构造检验统计量与上节用方差分析得到的结果相同.

下面讨论多元线性模型 (6.2.3) 与一元线性模型的关系. 为简单起见, 假设 $\boldsymbol{A}$ 为列满秩的. 记

$$\boldsymbol{X} = (\boldsymbol{x}_{(1)}, \cdots, \boldsymbol{x}_{(p)}), \quad \widehat{\boldsymbol{\Theta}} = (\widehat{\boldsymbol{\theta}}_{(1)}, \cdots, \widehat{\boldsymbol{\theta}}_p),$$

其中 $\boldsymbol{x}_{(j)}$ 为因变量 X_j 的 n 次观测向量. 于是

$$\widehat{\boldsymbol{\theta}}_{(j)} = (\boldsymbol{A}'\boldsymbol{A})^{-1}\boldsymbol{A}'\boldsymbol{x}_{(j)}, \quad j = 1, \cdots, p, \tag{6.2.12}$$

即从一元线性模型

$$\boldsymbol{x}_{(j)} = \boldsymbol{A}\boldsymbol{\theta}_{(j)} + \boldsymbol{e}_{(j)}, \quad j = 1, \cdots, p \tag{6.2.13}$$

导出的最小二乘估计, 这里 $\boldsymbol{\theta}_{(j)}$ 和 $\boldsymbol{e}_{(j)}$ 分别为参数矩阵 $\boldsymbol{\Theta}$ 和误差矩阵的第 j 列. 这个结果表明: p 个因变量的多元线性模型的参数矩阵 $\boldsymbol{\Theta}$ 的最小二乘估计可以从 p 个一元线性模型 (6.2.12) 得到.

另外, 通过拉直运算 $\mathrm{Vec}(\cdot)$, 可将多元模型 (6.2.3) 转化为一元线性模型

$$\mathrm{Vec}(\boldsymbol{X}) = (\boldsymbol{I}_n \otimes \boldsymbol{A})\mathrm{Vec}(\boldsymbol{\Theta}) + \mathrm{Vec}(\boldsymbol{E}), \tag{6.2.14}$$

其中随机误差向量的协方差阵为

$$\mathrm{Cov}(\mathrm{Vec}(\boldsymbol{E})) = \boldsymbol{\Sigma} \otimes \boldsymbol{I}_n.$$

记 $\boldsymbol{\beta} = \mathrm{Vec}(\boldsymbol{\Theta})$. 于是 $\boldsymbol{\beta}$ 广义最小二乘估计为

$$\begin{aligned}
\boldsymbol{\beta}^* &= \mathrm{Vec}(\boldsymbol{\Theta}^*) \\
&= [(\boldsymbol{I}_p \otimes \boldsymbol{A})'(\boldsymbol{\Sigma} \otimes \boldsymbol{I}_n)^{-1}(\boldsymbol{I}_p \otimes \boldsymbol{A})]^{-1}(\boldsymbol{I}_p \otimes \boldsymbol{A})(\boldsymbol{\Sigma} \otimes \boldsymbol{I}_n)^{-1}\mathrm{Vec}(\boldsymbol{X}) \\
&= (\boldsymbol{\Sigma}^{-1} \otimes \boldsymbol{A}'\boldsymbol{A})^{-1}(\boldsymbol{\Sigma}^{-1} \otimes \boldsymbol{A}')\mathrm{Vec}(\boldsymbol{X}) \\
&= (\boldsymbol{I}_p \otimes (\boldsymbol{A}'\boldsymbol{A})^{-1}\boldsymbol{A}')\mathrm{Vec}(\boldsymbol{X}) \\
&= \mathrm{Vec}((\boldsymbol{A}'\boldsymbol{A})^{-1}\boldsymbol{A}'\boldsymbol{X}),
\end{aligned} \tag{6.2.15}$$

从而证得 $\boldsymbol{\Theta}$ 的广义最小二乘估计等于最小二乘估计 $\widehat{\boldsymbol{\Theta}}$, 关于多元线性模型的一元化研究的更多内容, 详见王松桂等 (2004).

6.3 多元生长曲线模型

由 (6.2.13) 可知: 多元线性模型 (6.2.3) 的第 j 个因变量仅依赖于参数矩阵 $\boldsymbol{\Theta}$ 的第 j 列参数, 但在生物医学中, 往往所研究的 p 个因变量可能共享参数, 表示为

$$\boldsymbol{\Theta} = \boldsymbol{\Upsilon}\boldsymbol{H},$$

其中 $\boldsymbol{\Upsilon}$ 为 $q \times k$ 的参数矩阵, $\boldsymbol{H}$ 为 $k \times p$ 的已知矩阵, 将其代入模型 (6.2.3), 便得生长曲线模型 (growth-crurve model)

$$\boldsymbol{X} = \boldsymbol{A}\boldsymbol{\Upsilon}\boldsymbol{H} + \boldsymbol{E}, \tag{6.3.1}$$

$$\mathrm{Cov}(\mathrm{Vec}(\boldsymbol{E})) = \boldsymbol{\Sigma} \otimes \boldsymbol{I}_n.$$

由于这类模型的不少例子来自生物生长问题, 故得生长曲线模型之名.

我们举两个例子以说明这类模型的实际背景 (王松桂等,2004).

例 6.3.1　生物学家欲研究白鼠的某个特征随时间变化情况, 随机选用 n 只小白鼠做试验. 在时刻 $t_1, \cdots, t_p$ 对每只小白鼠观测该特征的值. 设第 i 只小白鼠的 p 次观测值为

$$x_{i1}, \cdots, x_{ip}, \quad i = 1, \cdots, n.$$

假定不同白鼠的观测值是不相关的, 而同一只白鼠的 p 次观测却是相关的, 且协方差阵为 $\boldsymbol{\Sigma}$. 从理论分析认为, 这些观测值与观测时间 t 的关系为 $k-1$ 阶多项式:

$$X = f(t) = \beta_0 + \beta_1 t + \cdots + \beta_{k-1} t^{k-1}, \tag{6.3.2}$$

这就是所谓理论生长曲线.

生物学家的目的是估计 $\beta_0, \beta_1, \cdots, \beta_{k-1}$, 以得到经验生长曲线. 记 e_{ij} 为观测数据 x_{ij} 所含的误差, $\boldsymbol{\Upsilon} = (\beta_0, \beta_1, \cdots, \beta_{k-1})$,

$$\boldsymbol{X} = \begin{pmatrix} x_{11} & x_{12} & \cdots & x_{1p} \\ x_{21} & x_{22} & \cdots & x_{2p} \\ \vdots & \vdots & & \vdots \\ x_{n1} & x_{n2} & \cdots & x_{np} \end{pmatrix}, \quad \boldsymbol{H} = \begin{pmatrix} 1 & 1 & \cdots & 1 \\ t_1 & t_2 & \cdots & t_p \\ \vdots & \vdots & & \vdots \\ t_1^{k-1} & t_2^{k-1} & \cdots & t_p^{k-1} \end{pmatrix},$$

于是有模型 $\boldsymbol{X} = \boldsymbol{1}_n \boldsymbol{\Upsilon} \boldsymbol{H} + \boldsymbol{E}$, 且 $\boldsymbol{E}$ 也满足所做的假设.

例 6.3.2　研究的问题和上例相同. 但现在欲建立 m 个经验生长曲线. 假设对 n 只小白鼠依品种或其他指标分成 m 个小组, 第 i 组有 n_i 只, $n = \sum\limits_{i=1}^{m} n_i$. 和上例一样, 在时刻 $t_1, \cdots, t_p$ 对每只小白鼠的特征进行观测. 在理论上, 对每小组有一条生长曲线

$$X = f_i(t) = \beta_{i0} + \beta_{i1} t + \cdots + \beta_{ik-1} t^{k-1}, \quad i = 1, \cdots, m,$$

记 $x_{ij\,l}$ 为在时刻 t_i 对第 i 组的第 j 只小白鼠的观测值, $\boldsymbol{X}_i = (x_{ij\,l})_{n_i \times p}$, $i = 1, \cdots, m$. 因此观测矩阵

$$\boldsymbol{X}_{n\times p} = \begin{pmatrix} \boldsymbol{X}_1 \\ \vdots \\ \boldsymbol{X}_m \end{pmatrix}$$

就可用生长曲线模型(6.3.2)来表达, 其中

$$A = \begin{pmatrix} \mathbf{1}_{n_1} & 0 & \cdots & 0 \\ 0 & \mathbf{1}_{n_2} & \cdots & 0 \\ \vdots & \vdots & & \vdots \\ 0 & 0 & \cdots & \mathbf{1}_{n_m} \end{pmatrix},$$

$$\boldsymbol{\Upsilon}_{p\times q} = \begin{pmatrix} \beta_{10} & \beta_{11} & \cdots & \beta_{1k-1} \\ \beta_{20} & \beta_{21} & \cdots & \beta_{2k-1} \\ \vdots & \vdots & & \vdots \\ \beta_{m0} & \beta_{m1} & \cdots & \beta_{mk-1} \end{pmatrix},$$

$$\boldsymbol{H} = \begin{pmatrix} 1 & 1 & \cdots & 1 \\ t_1 & t_2 & \cdots & t_p \\ \vdots & \vdots & & \vdots \\ t_1^{k-1} & t_2^{k-1} & \cdots & t_p^{k-1} \end{pmatrix}.$$

应用矩阵向量化方法, (6.3.2) 变为

$$\begin{cases} \mathrm{Vec}(\boldsymbol{X}) = (\boldsymbol{H}' \otimes \boldsymbol{A})\mathrm{Vec}(\boldsymbol{\Upsilon}) + \mathrm{Vec}(\boldsymbol{E}), \\ \mathrm{Cov}(\mathrm{Vec}(\boldsymbol{E})) = \boldsymbol{\Sigma} \otimes \boldsymbol{I}. \end{cases} \tag{6.3.3}$$

利用 (6.3.3) 不难证明, 线性函数 $\varphi = \mathrm{tr}(\boldsymbol{C\Upsilon})$ 可估的充要条件是, 存在矩阵 $\boldsymbol{T}_{n\times q}$, 使得

$$\boldsymbol{C}' = \boldsymbol{A}'\boldsymbol{T}\boldsymbol{H}. \tag{6.3.4}$$

若 Σ 已知, 则 $\beta^* = \mathrm{Vec}(\boldsymbol{\Upsilon}^*)$ 的广义最小二乘解为

$$\boldsymbol{\beta^*} = \mathrm{Vec}((\boldsymbol{A}'\boldsymbol{A})^- \boldsymbol{A}'\boldsymbol{X}\boldsymbol{\Sigma}^{-1}\boldsymbol{H}'(\boldsymbol{H}\boldsymbol{\Sigma}^{-1}\boldsymbol{H}')^-),$$

等价地

$$\boldsymbol{\Upsilon}^* = (\boldsymbol{A}'\boldsymbol{A})^- \boldsymbol{A}'\boldsymbol{X}\boldsymbol{\Sigma}^{-1}\boldsymbol{H}'(\boldsymbol{H}\boldsymbol{\Sigma}^{-1}\boldsymbol{H}')^-. \tag{6.3.5}$$

当 $\boldsymbol{\Sigma}$ 未知时, 需要先对 $\boldsymbol{\Sigma}$ 作出估计, 然后在 (6.3.5) 式中用其估计代替 $\boldsymbol{\Sigma}$, 得到两步估计.

不难证明

$$\boldsymbol{S} = \frac{1}{n - \mathrm{rk}(\boldsymbol{A})}\boldsymbol{X}'(\boldsymbol{I} - \boldsymbol{A}(\boldsymbol{A}'\boldsymbol{A})^- \boldsymbol{A}')\boldsymbol{X} \tag{6.3.6}$$

是 $\boldsymbol{\Sigma}$ 的一个无偏估计, 当 $n - \mathrm{rk}(\boldsymbol{A}) > q$ 时, 它以概率为 1 正定. 将 $\boldsymbol{S}$ 代入 (6.3.5) 得到

$$\widetilde{\boldsymbol{\Upsilon}} = (\boldsymbol{A}'\boldsymbol{A})^- \boldsymbol{A}'\boldsymbol{X}\boldsymbol{S}^{-1}\boldsymbol{H}'(\boldsymbol{H}\boldsymbol{S}^{-1}\boldsymbol{H}')^-, \tag{6.3.7}$$

称为 $\boldsymbol{\Upsilon}$ 的两步广义最小二乘解. 对任一可估函数 $\varphi = \mathrm{tr}(\boldsymbol{C}\boldsymbol{\Upsilon})$, 其两步估计为

$$\widetilde{\varphi} = \mathrm{tr}(\boldsymbol{C}\widetilde{\boldsymbol{\Upsilon}}). \tag{6.3.8}$$

当随机误差阵 $\boldsymbol{E}$ 的行向量的分布关于原点对称时, 它是 φ 的无偏估计.

另外, 若随机误差阵 $\boldsymbol{E}$ 服从正态分布, 则当 $\boldsymbol{A}$ 和 $\boldsymbol{H}'$ 为列满秩时, 进一步可以证明两步广义最小二乘估计 $\widetilde{\boldsymbol{\Upsilon}}$ 就是 $\boldsymbol{\Upsilon}$ 的极大似然估计. 关于生长曲线模型的更深入讨论, 读者可参阅 Kshirsagar, Smith(1995); Ip, Wu, Wang, Wong(2007) 等.

第 7 章　主成分分析

主成分分析 (principal components analysis) 是由 Hotelling(1933) 根据 Karl Pearson(1901) 的思想提出的一种降维方法, 是将多个指标通过正交投影转化为少数几个互不相关的指标的一种统计方法. 由于多个变量之间往往是彼此相关的, 一个自然想法就是通过线性组合, 从这些变量中尽可能地提取信息, 即使得这个线性组合的方差达到最大. 当第一个线性组合不能提取更多的信息时, 再考虑用第二个线性组合, 直到所提取的原变量的绝大部分信息为止. 这就是主成分分析的思想.

7.1　总体主成分

设 $\boldsymbol{x}$ 为 $p\times 1$ 的随机向量, 其均值向量为 $\boldsymbol{\mu}$, 协方差阵为 $\boldsymbol{\Sigma}$. 则 $\boldsymbol{x}$ 的线性组合 $\boldsymbol{a}'\boldsymbol{x}$ 的方差为

$$\mathrm{Var}(\boldsymbol{a}'\boldsymbol{x})=\boldsymbol{a}'\boldsymbol{\Sigma}\boldsymbol{a}. \tag{7.1.1}$$

显然, 如果对 $\boldsymbol{a}$ 不加限制, 则 $\boldsymbol{a}'\boldsymbol{x}$ 的方差可以任意大. 于是下面考虑标准化的线性组合 $\boldsymbol{a}'\boldsymbol{x}$, 即 $\boldsymbol{a}$ 满足 $\boldsymbol{a}'\boldsymbol{a}=1$. 事实上, 主成分分析中的线性组合 $\boldsymbol{a}'\boldsymbol{x}$ 是 $\boldsymbol{x}$ 从 p 维空间到某个一维空间的正交投影, 因此也要求 $\boldsymbol{a}$ 是已标准化的向量, $\boldsymbol{a}'\boldsymbol{a}=1$. 注意到极大化线性组合 $\boldsymbol{a}'\boldsymbol{x}$ 的方差等价于

$$\max_{\boldsymbol{a}}\frac{\boldsymbol{a}'\boldsymbol{\Sigma}\boldsymbol{a}}{\boldsymbol{a}'\boldsymbol{a}}.$$

由 Raylaigh-Ritz 定理 (引理5.3.1) 知, 其最大值为 $\boldsymbol{\Sigma}$ 的最大特征根 λ_1, $\boldsymbol{a}$ 为 $\boldsymbol{\Sigma}$ 对应于 λ_1 的标准化的特向量, 称 $\boldsymbol{a}'(\boldsymbol{x}-\boldsymbol{\mu})$ 为 $\boldsymbol{x}$ 的第一主成分. 在多元正态假设下, $\boldsymbol{a}$ 的几何意义为超椭球的主轴. 显然, 第一主成分往往并不能提取 $\boldsymbol{x}$ 的大部分信息, 需要考虑 $\boldsymbol{x}$ 在 k 维的空间上的投影, 这里维数 k 需要根据信息量提取程度来决定.

7.1.1　主成分的定义和性质

定义 7.1.1　*设 $\boldsymbol{x}$ 为 $p\times 1$ 的随机向量, 其均值向量为 $\boldsymbol{\mu}$, 协方差阵为 $\boldsymbol{\Sigma}$. 记 $\boldsymbol{\Sigma}$ 的谱分解为*

$$\boldsymbol{\Sigma}=\boldsymbol{Q}\boldsymbol{\Lambda}\boldsymbol{Q}'=\sum_{i=1}^{p}\lambda_i\boldsymbol{q}_i\boldsymbol{q}_i', \tag{7.1.2}$$

这里 $\boldsymbol{Q}=(\boldsymbol{q}_1,\cdots,\boldsymbol{q}_p)$ 为正交矩阵, $\boldsymbol{\Lambda}=\mathrm{diag}(\lambda_1,\cdots,\lambda_r)$, 其中 $\lambda_1\geqslant\cdots\geqslant\lambda_p$ 为 $\boldsymbol{\Sigma}$ 的所有特征根, $\boldsymbol{q}_1,\cdots,\boldsymbol{q}_p$ 为相应的标准化正交化的特征向量. 则称 $\boldsymbol{q}_i'(\boldsymbol{x}-\boldsymbol{\mu})$ 为随机向量 $\boldsymbol{x}$ 的第 i 主成分, $i=1,\cdots,p$.

记主成分向量为

$$\boldsymbol{y}=(y_1,\cdots,y_p)'=\boldsymbol{Q}'(\boldsymbol{x}-\boldsymbol{\mu}),\tag{7.1.3}$$

这里, $y_i=\boldsymbol{q}_1'(\boldsymbol{x}-\boldsymbol{\mu})$ 为 $\boldsymbol{x}$ 的第 i 主成分. 容易验证

$$E(\boldsymbol{y})=\boldsymbol{0},\quad \mathrm{Cov}(\boldsymbol{y})=\boldsymbol{\Lambda}.$$

于是随机向量的主成分具有如下性质.

定理 7.1.1　设 $\boldsymbol{x}$ 为 $p\times 1$ 的随机向量, 其均值向量为 $\boldsymbol{\mu}$, 协方差阵为 $\boldsymbol{\Sigma}$. 定义 $\boldsymbol{y}$ 如(7.1.3), 则

(a) $E(y_i)=0$;

(b) $\mathrm{Var}(y_i)=\lambda_i$;

(c) $\mathrm{Cov}(y_i,y_j)=0\quad(i\neq j)$;

(d) $\mathrm{Var}(y_1)\geqslant\cdots\geqslant\mathrm{Var}(y_p)$;

(e) $\displaystyle\sum_{i=1}^{p}\mathrm{Var}(y_i)=\mathrm{tr}(\boldsymbol{\Sigma})$;

(f) $\displaystyle\prod_{i=1}^{p}\mathrm{Var}(y_i)=|\boldsymbol{\Sigma}|$.

因此 $\boldsymbol{x}$ 的各主成分 $y_i=\boldsymbol{q}_i'(\boldsymbol{x}-\boldsymbol{\mu})$, $i=1,\cdots,p$ 互不相关, 其方差分别为 $\lambda_1,\cdots,\lambda_p$, 所有主成分的方差总和等于 p 个变量 $x_1,\cdots,x_p$ 方差总和 $\mathrm{tr}(\boldsymbol{\Sigma})$.

然而, 随机向量的主成分不具有尺度不变性. 事实上, 对 $\boldsymbol{x}$ 的各分量发生尺度变化, 新尺度下随机向量可表示为 $\boldsymbol{z}=\boldsymbol{B}\boldsymbol{x}$, 这里 $\boldsymbol{B}=\mathrm{diag}(b_1,\cdots,b_p)$, $b_i>0$. 于是

$$\mathrm{Cov}(\boldsymbol{z})=\boldsymbol{B}\boldsymbol{\Sigma}\boldsymbol{B}',$$

假设 $\boldsymbol{a}$ 为 $\boldsymbol{\Sigma}$ 的特征向量, 但显然 $\boldsymbol{B}\boldsymbol{a}$ 不一定是 $\boldsymbol{B}\boldsymbol{\Sigma}\boldsymbol{B}'$ 的特征向量, 也就是特征向量不具有尺度不变性. 因此主成分分析对尺度的选择很敏感, 这是主成分分析的一大缺陷. 目前, 消除尺度影响的方法有两种:

(a) 寻找自然单元, 使考虑的 $\boldsymbol{p}$ 个变量是同一类型数据, 如全是身高, 或全是体重;

(b) 标准化各变量, 消除量纲, 即基于随机向量的相关系数矩阵 $\boldsymbol{R}$(而不是协方差阵 $\boldsymbol{\Sigma}$) 做主成分分析.

7.1.2　主成分的现实意义以及解释能力

主成分分析除了要给出各个主成分外, 还需提炼出各个主成分的现实意义. 注意到

$$\begin{cases} y_1 = y_{01} - a_{11}x_1 + \cdots + a_{1p}x_p, \\ \quad \vdots \\ y_p = y_{0p} - a_{p1}x_1 + \cdots + a_{pp}x_p, \end{cases} \tag{7.1.4}$$

其中 $y_{0i} = \boldsymbol{a}_i'\boldsymbol{\mu}$. 于是各个主成分的现实意义就可从系数绝对值较大的几个原变量的意义来适当地抽象.

每个主成分的方差解释随机向量 $\boldsymbol{x}$ 的差异能力是不一样的, 称

$$\frac{\lambda_i}{\mathrm{tr}(\boldsymbol{\Sigma})} = \frac{\lambda_i}{\sum_{j=1}^{p} \lambda_i j} \tag{7.1.5}$$

为第 i 主成分的贡献率. 于是这个比值越大, 表明第 i 主成分 $y_i = \boldsymbol{q}_i'(\boldsymbol{x} - \boldsymbol{\mu})$ 的差异解释随机向量 $\boldsymbol{x}$ 的差异的能力越强. 显然, 在 $\boldsymbol{x}$ 的 p 个主成分中, 第一主成分的贡献率最大.

由于主成分分析的目标是为了降维, 是用尽量少的 $\boldsymbol{x}$ 的线性组合来刻画 $\boldsymbol{x}$ 的绝大部分信息. 所以并不是所有的主成分都会被用到. 例如当 $\mathrm{rk}(\boldsymbol{\Sigma}) = r < p$ 时, 则只用 $\boldsymbol{x}$ 的前 r 个主成分的方差就可解释 $\boldsymbol{x}$ 变动的方差总和 $\mathrm{tr}(\boldsymbol{\Sigma})$, 因为后 $p-r$ 个主成分的方差皆为 0. 在应用中, 往往舍弃方差相对小的后几个主成分, 保留能解释大部分方差总和 $\mathrm{tr}(\boldsymbol{\Sigma})$ 的前 k 个主成分. 记前 k 个主成分的方差和与方差总和比值为

$$\psi = \frac{\sum_{i=1}^{k} \lambda_i}{\sum_{i=1}^{p} \lambda_i} = \frac{\sum_{i=1}^{k} \mathrm{Var}(y_i)}{\mathrm{tr}(\boldsymbol{\Sigma})}, \tag{7.1.6}$$

称该比值 ψ_k 为前 k 个主成分的累计贡献率. 一般说来, 只用累计贡献率 $\psi_k \geqslant 85\%$ 的前 k 个主成分就足够了, 因为这 k 个主成分的方差已占全部的总方差的 85% 以上.

7.2 样本主成分

由于总体 $\boldsymbol{x}$ 的均值向量 $\boldsymbol{\mu}$ 和协方差阵 $\boldsymbol{\Sigma}$ 往往是未知的, 需要由样本来估计. 本节主要考虑样本的主成分.

7.2.1 样本主成分的定义

设 $\boldsymbol{x}_1, \cdots, \boldsymbol{x}_n$ 是来自正态总体 $\boldsymbol{x}$ 的样本. 记 $\boldsymbol{X} = (\boldsymbol{x}_1, \cdots, \boldsymbol{x}_n)$ 为样本数据阵, 于是 $\boldsymbol{\mu}$ 和 $\boldsymbol{\Sigma}$ 的极大似然估计分别为

$$\hat{\boldsymbol{\mu}} = \bar{\boldsymbol{x}} = \frac{1}{n}\sum_{i=1}^{n}\boldsymbol{x}_i = \frac{1}{n}\boldsymbol{X}\boldsymbol{1}_n,$$

$$\boldsymbol{S}_x = \frac{1}{n}\sum_{i=1}^{n}(\boldsymbol{x}_i - \bar{\boldsymbol{x}})(\boldsymbol{x}_i - \bar{\boldsymbol{x}})' = \frac{1}{n}\boldsymbol{X}(\boldsymbol{I}_n - \boldsymbol{1}_n\boldsymbol{1}_n'/n)\boldsymbol{X}'.$$

对 $\boldsymbol{S}_x$ 进行谱分解, 得

$$\boldsymbol{S}_x = \boldsymbol{G}\boldsymbol{D}\boldsymbol{G}' = \sum_{i=1}^{p} d_i\boldsymbol{g}_i\boldsymbol{g}_i', \tag{7.2.1}$$

其中 $d_1 \geqslant \cdots \geqslant d_p$ 为 $\boldsymbol{S}_x$ 的特征根, $\boldsymbol{g}_i$ 为 $\boldsymbol{S}_x$ 对应于特征根 d_i 的标准化、正交化的特征向量. 用 $\boldsymbol{g}_i$ 和 $\bar{\boldsymbol{x}}$ 分别替代总体主成分中的 $\boldsymbol{a}_i$ 和 $\boldsymbol{\mu}$, 类似总体主成分, 称

$$\boldsymbol{y} = (y_1, \cdots, y_p)' = \boldsymbol{G}'(\boldsymbol{x} - \bar{\boldsymbol{x}}) \tag{7.2.2}$$

为 $\boldsymbol{x}$ 的主成分, 其中

$$y_i = \boldsymbol{g}_i'(\boldsymbol{x} - \bar{\boldsymbol{x}}) \tag{7.2.3}$$

为 $\boldsymbol{x}$ 的第 i 个样本主成分.

7.2.2 样本主成分的渐近结果

由极大似然估计在一一变换下的不变性, 得

定理 7.2.1 设 $\boldsymbol{x}_1, \cdots, \boldsymbol{x}_n$ 是来自正态总体 $N_p(\boldsymbol{\mu}, \boldsymbol{\Sigma})$. 若 $\boldsymbol{\Sigma}(> 0)$ 的 p 个特征根都不相等, 则样本主成分和特征向量是相应的总体主成分和特征根的极大似然估计.

当 $\boldsymbol{\Sigma}(> 0)$ 的特征根中有相等的情形时, 定理结论就不成立, 因为对于样本协方差阵 $\boldsymbol{S}$ 的特征根一般都是不相等的, 所以 $\boldsymbol{\Sigma}$ 的特征根和特征向量的估计不唯一, 样本主成分就不是相应的总体主成分的极大似然估计. 需做适当调整. 下面定理适用于此情形.

定理 7.2.2 对于正态总体 $N_p(\boldsymbol{\mu}, \boldsymbol{\Sigma})$, 设 $\boldsymbol{\Sigma}$ 的所不同特征根为 $\bar{\lambda}_1 > \cdots > \bar{\lambda}_r$, 其重数分别为 $f_1, \cdots, f_r$, 其中 $r > 1$. 记 $c_i = \sum_{j=1}^{i-1} f_j$, 则

(a) $\bar{\lambda}_i$ 的极大似然估计为相应的样本特征根的算术平均值, 即

$$\sum_{k=1}^{f_i} d_{c_i+k}/f_i,$$

(b) 尽管重数不为 1 的特征根所对应的特征向量不唯一, 但样本协方差阵的相应特征向量仍为总体相应特征向量的极大似然估计.

该定理的证明参见 Anderson(1963) 和 Kshirsagar(1972).

例 7.2.1 设 $\boldsymbol{\Sigma}=(1-\rho)\boldsymbol{I}_p+\rho\boldsymbol{1}_p\boldsymbol{1}_p'$, $\rho>0$, 即等相关对称结构. 易证 $\boldsymbol{\Sigma}$ 只有两个不相等的特征根, 其最大特征根为 $\lambda_1=1+(p-1)\rho$, 另外 $(p-1)$ 个特征根皆为 $\bar{\lambda}_2=\rho$.

如果我们只对协方差阵 $\boldsymbol{\Sigma}$ 假设其最小的 $(p-1)$ 个特征根相等, 则由定理7.2.2, 样本协方差阵 $\boldsymbol{S}$ 的最大特征根 d_1 为 λ_1 的极大似然估计, 协方差阵 $\boldsymbol{\Sigma}$ 的另一特征根 $\bar{\lambda}_2$ 的极大似然估计为

$$\bar{d}_2=(\mathrm{tr}(\boldsymbol{S})-d_1)/(p-1).$$

显然, 满足 $p-1$ 个特征根都相等的协方差阵有许多, 等相关对称结构仅是其一种特殊结构. 事实上, 假设 $\boldsymbol{Q}=(\boldsymbol{q},\boldsymbol{H})$ 是任一 $p\times p$ 的正交矩阵, $\boldsymbol{q}'\boldsymbol{H}=\boldsymbol{0}$, 则 $\boldsymbol{\Sigma}=\lambda_1\boldsymbol{q}\boldsymbol{q}'+\bar{\lambda}_2\boldsymbol{H}\boldsymbol{H}'$ 仅有两个不同的特征根 λ_1 和 $\bar{\lambda}_2$, 重数分别为 1 和 $p-1$.

定理 7.2.3 设 $\boldsymbol{\Sigma}$ 是一个正定阵, 且其 p 个特征根都不相等, $\boldsymbol{W}\sim W_p(m,\boldsymbol{\Sigma})$. 记 $\boldsymbol{M}=\boldsymbol{W}/m$, $\boldsymbol{\Sigma}$ 和 $\boldsymbol{M}$ 的谱分解分别为

$$\boldsymbol{\Sigma}=\boldsymbol{Q}\boldsymbol{\Lambda}\boldsymbol{Q}'=\sum_{i=1}^{p}\lambda_i\boldsymbol{q}_i\boldsymbol{q}_i',\quad \boldsymbol{M}=\boldsymbol{U}\boldsymbol{C}\boldsymbol{U}=\sum_{i=1}^{p}c_i\boldsymbol{u}_i\boldsymbol{u}_i',$$

其中 $\boldsymbol{Q}=(\boldsymbol{q}_1,\cdots,\boldsymbol{q}_p)$, $\boldsymbol{\Lambda}=\mathrm{diag}\,(\lambda_1,\cdots,\lambda_p)$, $\boldsymbol{U}=(\boldsymbol{u}_1,\cdots,\boldsymbol{u}_p)$, $\boldsymbol{C}=\mathrm{diag}\,(c_1,\cdots,c_p)$. 则

(a) $\sqrt{m}(\boldsymbol{c}-\boldsymbol{\lambda})\to N_p(\boldsymbol{0},2\boldsymbol{\Lambda}^2)$;

(b) $\sqrt{m}(\boldsymbol{u}_i-\boldsymbol{q}_i)\to N_p(\boldsymbol{0},\boldsymbol{V}_i/m)$;

(c) $\mathrm{Cov}(\boldsymbol{u}_i,\boldsymbol{u}_j)=\boldsymbol{V}_{ij}/m$,

这里 $\boldsymbol{c}=(c_1,\cdots,c_p)'$, $\boldsymbol{\lambda}=(\lambda_1,\cdots,\lambda_p)'$,

$$\boldsymbol{V}_i=\lambda_i\sum_{j\neq i}\frac{\lambda_j}{(\lambda_j-\lambda_i)^2}\boldsymbol{q}_j\boldsymbol{q}_j',$$

$\boldsymbol{V}_{ij}$ 为第 (r,s) 的元素为

$$-\frac{\lambda_i\lambda_j q_{ri}q_{sj}}{(\lambda_i-\lambda_j)^2}$$

的 $p\times p$ 矩阵, 其中 q_{ri} 为 $\boldsymbol{q}_i$ 第 r 个元素, q_{sj} 为 $\boldsymbol{q}_j$ 的第 s 个元素.

证明参见 Mardia 等 (1979). 设 $\boldsymbol{x}_1,\cdots,\boldsymbol{x}_n$ 是来自正态总体 $N_p(\boldsymbol{\mu},\boldsymbol{\Sigma})$. 注意到 $n\boldsymbol{S}\sim W_{n-1}(n-1,\boldsymbol{\Sigma})$, 因此由定理 7.2.3 得

推论 7.2.1 设 $\boldsymbol{x}_1,\cdots,\boldsymbol{x}_n$ 是来自正态总体 $N_p(\boldsymbol{\mu},\boldsymbol{\Sigma})$. 若 $\boldsymbol{\Sigma}>\boldsymbol{0}$ 的 p 个特征根都不相等, 则样本协方差的特征根的渐近分布为

$$\sqrt{n-1}(\boldsymbol{d}-\boldsymbol{\lambda})\to N(\boldsymbol{0},2\boldsymbol{\Lambda}^2),\tag{7.2.4}$$

这里 $\boldsymbol{d}=(d_1,\cdots,d_p)'$, $\boldsymbol{\lambda}=(\lambda_1,\cdots,\lambda_p)'$, $\boldsymbol{\Lambda}=\mathrm{diag}(\lambda_1,\cdots,\lambda_p)$, 其中 d_i 和 λ_i 分别为样本协方差阵 $\boldsymbol{S}$ 和 $\boldsymbol{\Sigma}$ 的第 i 特征根.

由于 (7.2.4) 中 d_i 的渐近方差依赖于期望 λ_i, 采用对数变换 $f(d_i)=\ln(d_i)$, 则由 Slutsky 定理, 得

$$\sqrt{n-1}(\log d_i - \log\lambda_i) \to N(0,2), \tag{7.2.5}$$

因此

$$\sqrt{\frac{n-1}{2}}(\log d_i - \log\lambda_i) \to N(0,1),$$

从而 $\log\lambda_i$ 的置信水平为 $1-\alpha$ 的渐近置信区间为

$$\left[\log d_i - Z_{\alpha/2}\sqrt{\frac{2}{n-1}},\ \log d_i + Z_{\alpha/2}\sqrt{\frac{2}{n-1}}\right].$$

此外, 当 $\boldsymbol{\Sigma}$ 未知时, 总体的前 k 个主成分的累计贡献率

$$\psi = \frac{\sum\limits_{i=1}^{k}\lambda_i}{\sum\limits_{i=1}^{p}\lambda_i}$$

就只能用由样本协方差阵的前 k 个特征根和与全部特征根的和的比值来估计, 即

$$\hat{\psi} = \frac{\sum\limits_{i=1}^{k}d_i}{\sum\limits_{i=1}^{p}d_i}.$$

$\hat{\psi}$ 为样本协方差阵的特征根函数, 应用 Slutsky 定理, 可得到 $\hat{\psi}$ 的渐近分布.

定理 7.2.4

$$\sqrt{n-1}(\hat{\psi}-\psi) \to N(0,\omega^2), \tag{7.2.6}$$

这里

$$\omega^2 = \frac{2}{\mathrm{tr}^2(\boldsymbol{\Sigma})}\left[(1-\psi)^2\sum_{i=1}^{k}\lambda_i^2 + \psi^2\sum_{i=k+1}^{p}\lambda_i^2\right].$$

依据定理 7.2.4, 一方面保证了估计 $\hat{\psi}$ 的相合性, 同时可给出总体的前 k 个主成分的真实累计贡献率 ψ 的置信区间以及相关检验.

7.2.3　实例分析

心肌梗死是一种急性及严重的心脏状态, 其成因是部分心肌的血液循环突然全部中断, 心肌因无法得到足够氧气而导致损伤. 在发展中国家心肌梗死是最大的死亡原因之一. 在过去 30 年中, 心肌梗死发生后直接的死亡率 (发生后 30 日内) 降

级到了 10%, 但一年内的死亡率依然约为 50% 不变. 为了更好地预防心肌梗死的发病率, 研究心肌梗死的 6 个危险因素: 总胆固醇、甘油三酯、高密度脂蛋白胆固醇、低密度脂蛋白胆固醇、载脂蛋白 A、载脂蛋白 B, 抽取主成分.

表 7.1 是 50 位心肌梗死患者各项指标数据 (摘自孙振球和徐勇勇编著的《医学统计学》第 2 版第 331 页). 计算得这六个危险因素的相关系数矩阵为

$$\boldsymbol{R}=\begin{pmatrix} 1 & & & & & \\ 0.462 & 1 & & & & \\ -0.146 & -0.193 & 1 & & & \\ 0.825 & 0.017 & -0.221 & 1 & & \\ 0.059 & 0.027 & 0.718 & -0.037 & 1 & \\ 0.587 & 0.366 & -0.082 & 0.358 & 0.153 & 1 \end{pmatrix}.$$

进一步计算其特征根, 以及其解释方差的能力, 汇总为表 7.2.

表 7.1 心肌梗死病人指标数据

总胆固醇 X_1	甘油三酯 X_2	高密度脂蛋白胆固醇 X_3	低密度脂蛋白胆固醇 X_4	载脂蛋白 A X_5	载脂蛋白 B X_6
245	157	38	168	1.10	1.01
236	275	40	125	1.22	1.12
238	354	38	126	0.90	1.06
233	250	31	150	1.02	0.98
240	149	35	170	1.26	1.13
235	166	40	164	1.30	1.15
204	365	38	90	1.33	0.95
200	95	43	100	1.24	0.98
297	240	38	207	1.14	1.51
177	97	49	108	1.49	1.02
200	172	43	116	1.25	1.03
195	211	47	106	1.22	0.94
166	217	33	86	1.10	0.74
144	111	28	46	0.71	0.65
233	107	42	156	0.95	0.77
143	91	24	108	0.67	0.65
228	223	34	136	1.05	0.84
264	186	41	183	1.22	0.92
178	131	49	98	1.18	1.27
240	127	33	174	0.78	0.90
180	211	27	106	0.85	0.69
161	91	39	88	0.94	0.52
236	95	38	171	1.01	0.83

续表

总胆固醇 X_1	甘油三酯 X_2	高密度脂蛋白胆固醇 X_3	低密度脂蛋白胆固醇 X_4	载脂蛋白 A X_5	载脂蛋白 B X_6
168	106	36	104	0.87	0.58
174	141	28	103	0.81	0.73
215	168	38	134	0.88	0.87
268	185	28	203	0.75	0.97
178	100	43	117	0.98	0.65
198	112	53	123	0.98	0.72
180	114	48	110	1.02	0.80
134	60	36	84	0.98	0.58
204	118	63	119	1.02	0.84
168	80	52	90	1.07	0.80
219	157	28	142	1.02	0.83
189	158	43	115	0.92	0.80
180	90	59	102	1.32	0.90
177	227	75	64	1.40	0.99
172	55	51	102	1.31	0.97
166	110	40	96	1.18	0.99
210	166	42	130	1.28	1.02
166	217	33	86	1.10	0.74
223	186	73	113	1.62	0.98
136	72	67	46	1.45	0.84
156	107	45	106	0.93	0.74
201	117	45	147	1.06	0.85
134	58	60	65	1.03	0.54
195	93	51	141	1.22	0.72
262	257	62	142	1.56	0.80
194	171	42	114	1.11	0.71
165	70	36	110	1.22	0.96
183	249	44	88	1.12	0.57

表 7.2　总的方差的解释能力

序号	特征值	贡献率/%	累计贡献率/%
1	2.449	40.820	40.820
2	1.715	28.577	69.397
3	1.019	16.983	86.380
4	0.532	8.863	95.243
5	0.244	4.070	99.314
6	0.041	0.686	100

第一主成分的特征根为 2.449, 贡献率为 40.82%; 第二主成分的特征根为 1.715,

贡献率为 28.58%; 第三主成分的特征根为 1.019, 贡献率为 16.983%, 其累计贡献度达到了 86.38%, 因此取前三个主成分.

由表 7.3 可将前三个主成分分别表示为

$$y_1 = 0.943zX_1 + 0.540zX_2 - 0.364zX_3 + 0.779zX_4 - 0.076zX_5 + 0.724zX_6,$$

$$y_2 = 0.165zX_1 + 0.046zX_2 + 0.859zX_3 + 0.012zX_4 + 0.935zX_5 + 0.268zX_6,$$

$$y_3 = -0.135zX_1 + 0.778zX_2 - 0.088zX_3 - 0.592zX_4 + 0.019zX_5 + 0.191zX_6,$$

其中 zX_i 表示标准化后的数据, $i = 1, \cdots, 6$. 第一主成分 y_1 主要包含了总胆固醇、低密度脂蛋白胆固醇、载脂蛋白 B 的信息, 即可以认为是反应"坏"胆固醇含量信息; 第二主成分 y_2 主要包含了载脂蛋白 A 和高密度脂蛋白胆固醇的信息, 即可以认为是反应"好"胆固醇含量信息; 第三主成分 y_3 主要包含了甘油三酯的信息, 即可以认为是新陈代谢能力信息.

表 7.3 主成分矩阵

变量	主成分		
	1	2	3
总胆固醇	0.943	0.165	−0.135
甘油三酯	0.540	0.046	0.778
高密度脂蛋白胆固醇	−0.364	0.859	−0.088
低密度脂蛋白胆固醇	0.779	0.012	−0.592
载脂蛋白 A	−0.076	0.935	0.019
载脂蛋白 B	0.724	0.268	0.191

第8章　因 子 分 析

因子分析 (factor analysis) 最早是从 Charles Spearman(1904) 开始的, 他提出这种方法用来解决智力测验得分的统计分析. 目前因子分析在心理学、社会学、经济学等学科中都取得了成功的应用. 因子分析是一种数据简化的技术, 它通过研究众多变量之间的内部依赖关系, 探求观测数据中的基本结构, 并用少数几个假想变量来表示其基本的数据结构. 这几个假想变量能够反映原来众多变量的主要信息. 由于原始的变量是可观测的显在变量, 而假想变量是不可观测的潜在变量, 故称其为因子.

8.1　因子分析模型

设 $\boldsymbol{x}$ 为一个 $p \times 1$ 的随机向量, 其均值为 $\boldsymbol{\mu}$, 协方差阵 $\boldsymbol{\Sigma}$. 若 $\boldsymbol{x}$ 满足

$$\boldsymbol{x} - \boldsymbol{\mu} = \boldsymbol{A}\boldsymbol{f} + \boldsymbol{u}, \tag{8.1.1}$$

其中 $\boldsymbol{A} = (a_{ij})$ 是一个 $p \times q$ 的常数矩阵, $\boldsymbol{f}$ 和 $\boldsymbol{u}$ 分别为 $k \times 1$ 和 $p \times 1$ 的随机向量, 且

$$E(\boldsymbol{f}) = \boldsymbol{0}, \quad \mathrm{Cov}(\boldsymbol{f}) = \boldsymbol{I}, \tag{8.1.2}$$

$$E(\boldsymbol{u}) = \boldsymbol{0}, \quad \mathrm{Var}(\boldsymbol{u}) = \boldsymbol{\Psi} = \mathrm{diag}(\psi_1, \cdots, \psi_p), \tag{8.1.3}$$

$$\mathrm{Cov}(\boldsymbol{f}, \boldsymbol{u}) = \boldsymbol{0}, \tag{8.1.4}$$

则称 (8.1.1) 为 $\boldsymbol{x}$ 的因子分析模型, 称 $\boldsymbol{A}$ 为因子载荷矩阵, 称 $\boldsymbol{f}$ 为 $\boldsymbol{x}$ 的公共因子, 称 $\boldsymbol{u}$ 为 $\boldsymbol{x}$ 的特殊因子. 这是因为 $\boldsymbol{f}$ 对 $\boldsymbol{x}$ 的每个分量都起作用, 而 $\boldsymbol{u}$ 的每个分量 u_i 只对 $\boldsymbol{x}$ 的相应分量 x_i 起作用.

此外, 因子分析模型 (8.1.1) 也可用 $\boldsymbol{x}$ 的协方差阵 $\boldsymbol{\Sigma}$ 表达, 即

$$\boldsymbol{\Sigma} = \boldsymbol{A}\boldsymbol{A}' + \boldsymbol{\Psi}. \tag{8.1.5}$$

为了更好地理解因子分析模型, 我们需要了解矩阵 $\boldsymbol{A}'$ 和 $\boldsymbol{\Psi}$ 元素的意义.

- **载荷矩阵元素 $\boldsymbol{a_{ij}}$ 的意义**

因子载荷矩阵 $\boldsymbol{A}$ 的每个元素 a_{ij} 就是 $\boldsymbol{x}$ 的第 i 个分量 x_i 与公共因子 f_j 的协方差, 即

$$\mathrm{Cov}(x_i, f_j) = a_{ij}.$$

事实上, 注意到

$$x_i - \mu_i = \sum_{j=1}^{k} a_{ij} f_j + u_i, \quad i = 1, \cdots, p, \tag{8.1.6}$$

用 f_j 右乘上等式的两边, 再求期望, 有

$$E(x_i - \mu_i) f_j = a_{i1} E(f_1 f_j) + \cdots + a_{ij} E(f_j f_j) + \cdots + a_{ik} E(f_k f_j) + E(u_i) = a_{ij}.$$

反映了第 i 个变量与第 j 个公共因子的相关重要性. 绝对值越大, 相关的密切程度越高.

• **变量共同度的统计意义**

结合 (8.1.6) 与假设 (8.1.2), 易证得

$$\mathrm{Var}(x_i) = \sigma_{ii} = \sum_{j=1}^{k} a_{ij}^2 + \psi_i.$$

因此, x_i 的方差可分为两部分, 其中第一部分 $h_i = \sum_{j=1}^{k} a_{ij}^2$ 称作共同度, 是由与其他变量共享的公共因子所引起的 x_i 的方差部分, 反映了 x_i 对公共因子的依赖程度. 另外, ψ_i 是只与 x_i 有关的特殊因子的方差. 所有的公共因子和特殊因子对变量 x_i 的贡献为 σ_{ii}. 如果 $\sum_{j=1}^{k} a_{ij}^2$ 非常靠近 σ_{ii}, ψ_i 非常小, 则表明因子分析的效果好, 从原变量空间到公共因子空间的转化性质好.

• **公共因子方差贡献的统计意义**

因子载荷矩阵 $\boldsymbol{A}$ 中各列元素的平方和

$$\sum_{i=1}^{p} a_{ij}^2$$

称为公共因子 f_j 对 $\boldsymbol{x}$ 的各个分量 $x_1, \cdots, x_p$ 的总的方差贡献, 是衡量公共因子 f_j 的相对重要性的依据.

8.1.1 因子载荷矩阵不唯一

如果因子分析模型 (8.1.1) 成立, 则将因子 $\boldsymbol{f}$ 正交旋转后, 即对任意 $k \times k$ 正交阵 $\boldsymbol{Q}$, 都有

$$\boldsymbol{x} = (\boldsymbol{AQ})(\boldsymbol{Q}'\boldsymbol{f}) + \boldsymbol{u}.$$

记 $\boldsymbol{A}^* = \boldsymbol{AQ}, \boldsymbol{f}^* = \boldsymbol{Q}'\boldsymbol{f}$. 易验证

$$\boldsymbol{\Sigma} = \boldsymbol{A}^*\boldsymbol{A}^{*\prime} + \boldsymbol{\Psi},$$

$$E(\boldsymbol{f}^*) = \mathbf{0}, \quad \mathrm{Cov}(\boldsymbol{f}^*) = \boldsymbol{Q}'\boldsymbol{Q} = \boldsymbol{I},$$

$$\mathrm{Cov}(\boldsymbol{f}^*, \boldsymbol{u}) = \boldsymbol{Q}'\mathrm{Cov}(\boldsymbol{f}, \boldsymbol{u}) = \mathbf{0}.$$

因此

$$\boldsymbol{x} = \boldsymbol{A}^*\boldsymbol{f}^* + \boldsymbol{u}$$

也是 $\boldsymbol{x}$ 的因子结构模型, 其中 $\boldsymbol{A}^*$ 为因子载荷矩阵, $\boldsymbol{f}^*$ 为公共因子. 这就表明因子载荷矩阵 $\boldsymbol{A}$ 并不是唯一的.

8.1.2　因子分析具有尺度不变性

当随机向量 $\boldsymbol{x}$ 的尺度发生变化时, 在新尺度下变量为 $\boldsymbol{y} = \boldsymbol{C}\boldsymbol{x}$, 其中, $\boldsymbol{C} = \mathrm{diag}(c_1, \cdots, c_p)$, c_i 为 $\boldsymbol{x}$ 第 i 个分量 x_i 发生尺度变换的比例. 如果因子分析模型 (8.1.1) 成立, 则在新尺度下向量 $\boldsymbol{y}$ 的因子分析模型为

$$\boldsymbol{C}\boldsymbol{x} - \boldsymbol{C}\boldsymbol{\mu} = \boldsymbol{C}\boldsymbol{A}\boldsymbol{f} + \boldsymbol{C}\boldsymbol{u}, \tag{8.1.7}$$

$$\mathrm{Cov}(\boldsymbol{y}) = \boldsymbol{C}\boldsymbol{\Sigma}\boldsymbol{C}' = \boldsymbol{C}\boldsymbol{A}\boldsymbol{A}'\boldsymbol{C} + \boldsymbol{C}\boldsymbol{\Psi}\boldsymbol{C},$$

其中 $\boldsymbol{C}\boldsymbol{A}$ 为因子载荷矩阵, $\boldsymbol{f}$ 为公共因子,

$$\boldsymbol{C}\boldsymbol{\Psi}\boldsymbol{C} = \mathrm{diag}(c_1^2\psi_1, \cdots, c_p^2\psi_p) \triangleq \boldsymbol{\Psi}_{\boldsymbol{y}}$$

为特殊因子 $\boldsymbol{C}\boldsymbol{u}$ 的协方差.

注意到新尺度下向量 $\boldsymbol{y}$ 的载荷矩阵可以通过对原向量 $\boldsymbol{x}$ 的因子载荷矩阵重新尺度化得到, 即将 $\boldsymbol{A}$ 的第 i 行乘以 c_i, 同样对于特殊因子的方差 $\boldsymbol{\Psi}_{\boldsymbol{y}}$ 也可通过对原向量 $\boldsymbol{x}$ 的特殊因子的方差 $\boldsymbol{\Psi}$ 重新尺度化得到, 即 $\boldsymbol{\Psi}$ 的第 i 个对角元乘以 c_i 的平方. 因此, 因子分析具有尺度不变性.

在实际应用中, 往往将变量标准化, 通过相关系数矩阵 $\boldsymbol{R}$ 求因子分析模型, 即令

$$\boldsymbol{C} = \mathrm{diag}(\sqrt{\sigma_{11}}, \cdots, \sqrt{\sigma_{pp}})^{-1}$$

于是, 标准化后的向量 $\boldsymbol{y}$ 的协方差阵为 $\boldsymbol{C}\boldsymbol{\Sigma}\boldsymbol{C}' = \boldsymbol{R}$, 这里, $\sigma_{11}, \cdots, \sigma_{pp}$ 为 $\boldsymbol{\Sigma}$ 的主对角元.

8.2　因子载荷矩阵的估计方法

因子分析就是来确定因子分析模型中未知的因子载荷矩阵 $\boldsymbol{A}$、公共因子 $\boldsymbol{f}$ 以及特殊因子的方差 $\boldsymbol{\Psi}$. 首先要确定因子载荷矩阵 $\boldsymbol{A}$. 目前关于求解因子载荷矩阵的方法有许多, 本节主要介绍主成分法、主因子法和极大似然法.

8.2.1 主成分法

设随机向量 $\boldsymbol{x}$ 的均值为 $\boldsymbol{\mu}$, 协方差为 $\boldsymbol{\Sigma}$, $\lambda_1 \geqslant \cdots \geqslant \lambda_p$ 为 $\boldsymbol{\Sigma}$ 的特征根, $\boldsymbol{u}_1, \cdots, \boldsymbol{u}_p$ 为对应的标准化特征向量, 则

$$\boldsymbol{\Sigma} = \boldsymbol{A}\boldsymbol{A}' + \boldsymbol{\Psi} = \boldsymbol{U}\boldsymbol{\Lambda}\boldsymbol{U}' = \sum_{i=1}^{p} \lambda_i \boldsymbol{u}_i \boldsymbol{u}_i', \tag{8.2.1}$$

这里 $\boldsymbol{U} = (\boldsymbol{u}_1, \cdots, \boldsymbol{u}_p)$, $\boldsymbol{\Lambda} = \mathrm{diag}(\lambda_1, \cdots, \lambda_p)$. 若前 k 个特征根 $\lambda_1, \cdots, \lambda_k$ 的累计贡献率很高, 则令

$$\boldsymbol{U}_1 = (\boldsymbol{u}_1, \cdots, \boldsymbol{u}_k), \quad \boldsymbol{U}_2 = (\boldsymbol{u}_{k+1}, \cdots, \boldsymbol{u}_p),$$

$$\boldsymbol{\Lambda}_1 = \mathrm{diag}(\lambda_1, \cdots, \lambda_k), \quad \boldsymbol{\Lambda}_2 = \mathrm{diag}(\lambda_{k+1}, \cdots, \lambda_p),$$

于是

$$\boldsymbol{\Sigma} = \boldsymbol{U}_1\boldsymbol{\Lambda}_1\boldsymbol{U}_1' + \boldsymbol{U}_2\boldsymbol{\Lambda}_2\boldsymbol{U}_2'.$$

由于 $\boldsymbol{U}_1\boldsymbol{\Lambda}_1\boldsymbol{U}_1'$ 解释了 $\boldsymbol{x}$ 的主要相关关系, 应用主成分分析法因子载荷矩阵 $\boldsymbol{A}$ 的估计为

$$\hat{\boldsymbol{A}} = \boldsymbol{U}_1\boldsymbol{\Lambda}_1^{1/2}, \tag{8.2.2}$$

特殊因子的方差 ψ_i 用 $(\boldsymbol{U}_2\boldsymbol{\Lambda}_2\boldsymbol{U}_2')_{ii}$ 的第 i 个对角元来估计, 等价于

$$\hat{\psi}_i = \sigma_{ii} - \hat{h}_i, \tag{8.2.3}$$

这里 $\hat{h}_i$ 为 x_i 的共同度 h_i 的估计, $\boldsymbol{U}_1\boldsymbol{\Lambda}_1\boldsymbol{U}_1'$ 的第 i 个对角元. 若 $\boldsymbol{\Sigma}$ 未知, 则可用样本的协方差阵 $\boldsymbol{S}/(n-1)$ 替代.

若因子分析是基于相关系数矩阵 $\boldsymbol{R}$, 只需就将上面的 $\boldsymbol{\Sigma}$ 换成 $\boldsymbol{R}$ 即可.

例 8.2.1 美国债券指数的因子分析模型 (Tsay 著, 王远林等译, 2012, P_{417})

考虑期限为 30 年、20 年、10 年、5 年和 1 年的美国债券指数的月对数收益率. 数据来自GRSP数据库, 样本期间为 1942 年 1 月至 1999 年 12 月的月数据, 共有 696 月的数据. 由于数据具有序列依赖性, 所以本例基于消除数据的序列依赖性后的相关矩阵

$$\boldsymbol{\Sigma} = \begin{pmatrix} 1.0 & & & & \\ 0.98 & 1.0 & & & \\ 0.92 & 0.92 & 1.0 & & \\ 0.85 & 0.86 & 0.90 & 1.0 & \\ 0.66 & 0.67 & 0.71 & 0.84 & 1.0 \end{pmatrix},$$

考虑美国债券指数的因子分析模型. 从经济学的知识可知, 这 5 个不同期限的美国债券指数的对数收益率 $R_1, \cdots, R_5$ 可以归结为“债券收益率”和“期限”效应, 因此, 下面考虑二因子分析模型

$$R_i - r_i = a_{i1}f_1 + a_{i2}f_2 + \varepsilon_i, \quad i = 1, 2, \cdots, 5, \tag{8.2.4}$$

这里 $r_1 = E(R_i)$. 采用主成分分析法求解因子模型, 结果见表 8.1. 由表 8.1 得因子载荷矩阵为

$$\boldsymbol{A}' = \begin{pmatrix} -0.952 & -0.956 & -0.960 & -0.056 & -0.825 \\ 0.258 & 0.242 & 0.129 & -0.156 & -0.547 \end{pmatrix},$$

公共方差都很高, 分别为 0.973, 0.973, 0.937, 0.938, 0.980, 说明以上二因子能很好的解释各响应变量. 二因子的累计贡献率达到了 96%, 反映了该因子模型合理. 此外, 因子载荷矩阵反映了响应变量与因子的相关度, 如美国 10 年债券指数的对数收益率与第一个因子的相关系数为 −0.96, 而与第二个因子相关性很小, 仅为 0.129. 所有 5 种债券收益对第一个因子的载荷都接近于 −1, 对第二个因子的载荷与期限长短是正相关的, 因此, 第一个因子体现了“一般的美国债券收益率”效应, 第二个因子体现了“期限”效应. 而且, 第二个因子载荷的和接近于 0, 所以这个公共因子也可解释为长期债券与短期债券的比较 (其 R 程序见附录).

表 8.1　主成分法求得因子载荷

变量	因子载荷		公共方差	特殊方差
	f_1	f_2		
30 年	−0.952	0.258	0.973	0.027
20 年	−0.956	0.242	0.973	0.027
10 年	−0.960	0.129	0.937	0.063
5 年	−0.956	−0.156	0.938	0.062
1 年	−0.825	−0.547	0.980	0.020
贡献	4.337	0.465		
贡献率	0.867	0.09		
累计贡献率	0.867	0.960		

8.2.2　主因子法

由于因子分析具有尺度不变性, 为了简单, 本节将基于相关系数矩阵 $\boldsymbol{R}$ 考虑标准化后的向量 $\boldsymbol{y}$ 的因子结构中 $\boldsymbol{A}$ 和 ψ_i 的估计.

如果已知 $\boldsymbol{x}$ 的相关矩阵 $\boldsymbol{R}$ 及 $\boldsymbol{\Psi}$, 于是由 (8.1.6) 得

$$\boldsymbol{R} - \boldsymbol{\Psi} = \boldsymbol{A}\boldsymbol{A}'.$$

称 $\boldsymbol{R}^*=\boldsymbol{R}-\boldsymbol{\psi_i}$ 为约相关矩阵, 其主对角元素是 h_i^2, 而不是 1, 非对角元素与 $\boldsymbol{R}$ 的完全一样. 显然 $\boldsymbol{R}^*$ 是半正定阵. 主因子法是对约相关矩阵 $\boldsymbol{R}^*$ 进行谱分解,

$$\boldsymbol{R}^*=\boldsymbol{HDH}'=\sum_{i=1}^{p}d_i\boldsymbol{h}_i\boldsymbol{h}_i',$$

这里 $\boldsymbol{D}=\mathrm{diag}(d_1,\cdots,d_p)$, 记 $d_1\geqslant\cdots\geqslant d_p$. 然后类似主成分法, 只用 $\boldsymbol{R}^*$ 的分解式中前 k 个较大的特征根对应项的和来估计 $\boldsymbol{A}$, 即

$$\boldsymbol{R}^*=\boldsymbol{AA}'\approx\sum_{i=1}^{k}d_i\boldsymbol{h}_i\boldsymbol{h}_i'=\boldsymbol{H}_1\boldsymbol{D}_1\boldsymbol{H}_1',$$

于是 $\boldsymbol{A}$ 的估计为

$$\hat{\boldsymbol{A}}=\boldsymbol{H}_1\boldsymbol{D}_1^{1/2},$$

这里 $\boldsymbol{H}_1=(\boldsymbol{h}_1,\cdots,\boldsymbol{h}_k)$, $\boldsymbol{D}_1=\mathrm{diag}(d_1,\cdots,d_k)$.

在实际的应用中, $\boldsymbol{y}$ 的相关矩阵 $\boldsymbol{R}$ 和特殊因子方差矩阵 $\boldsymbol{\psi_i}$ 一般都是未知的, 需要用样本来估计. 此时, $\boldsymbol{R}^*=\boldsymbol{R}-\boldsymbol{\psi_i}$ 的非对角元素就用样本相关系数阵对应的元素来估计, 其主对角元素 h_i^2, 由于涉及未知的特殊因子方差, 故估计比较复杂, 常常采用较为简单的值来替代. 以下是常用的几种替代:

- 取 $\hat{h}_i^2=1$, 这时主因子解与主成分解等价;
- 取 $\hat{h}_i^2=R_i^2$, 这里 R_i^2 为 x_i 与其他所有的原始变量 x_j 的复相关系数的平方, 即 x_i 对其余的 $p-1$ 个 x_j 的回归方程的判定系数, 这是因为 x_i 与公共因子的关系是通过其余的 $p-1$ 个 x_j 的线性组合联系起来的;
- 取 $\hat{h}_i^2=\max_{j\neq i}|r_{ij}|$, 这意味着取 x_i 与其余的 x_j 的简单相关系数的绝对值最大者;
- 取 $\hat{h}_i^2=\dfrac{1}{p-1}\sum\limits_{j\neq i}r_{ij}$, 但只适用于该值为正数的情形;
- 取 $\hat{h}_i^2=1/r^{ii}$, 其中 r^{ii} 是 $\boldsymbol{R}^{-1}$ 的对角元素.

得到 $\hat{\boldsymbol{A}}=(\hat{a}_{ij})$ 后, 则特殊因子方差的估计就可由下式给出, 即

$$\hat{\psi}_i=1-\sum_{j=1}^{k}\hat{a}_{ij}^2,\quad i=1,\cdots,p. \tag{8.2.5}$$

如果 $\hat{\psi}_i$ 全为非负的, 则主因子解是允许的. 另外, 也可以采用迭代方法: 先给特殊因子方差一个初值 $\boldsymbol{\psi_i}(0)$, 然后对 $\boldsymbol{R}^*(1)=\boldsymbol{R}-\boldsymbol{\psi_i}(0)$ 主成分分解, 获得 $\boldsymbol{A}\hat{(1)}$; 得到 $\boldsymbol{\psi_i}(1)=\mathrm{diag}(\boldsymbol{R}-\boldsymbol{A}\hat{(1)}\boldsymbol{A}\hat{(1)}')$, 循环迭代, 直到收敛为止.

例 8.2.2 采用主因子分析方法求解例 8.2.1 中因子分析模型(8.2.4)的载荷矩阵. 采用迭代办法, 令初始值为

$$\boldsymbol{\Psi}(0)=\mathrm{diag}(0.12,0.15,0.09,0.05,0.07).$$

用 R 软件程序解得因子载荷和公共方差见表 8.2, 与主成分法求得因子载荷大致差不多, 第一个因子体现了“一般的美国债券收益率”效应, 而第二个因子的载荷与期限呈现负相关, 随期限的减少而增大, 但仍体现出“期限”效应 (R 程序见附录).

表 8.2 主因子法求得因子载荷

变量	因子载荷		公共方差	特殊方差
	f_1	f_2		
30 年	−0.955	−0.250	0.976	0.024
20 年	−0.959	−0.231	0.973	0.027
10 年	−0.946	−0.076	0.900	0.100
5 年	−0.949	0.196	0.939	0.060
1 年	−0.798	0.434	0.826	0.173
贡献	4.265	0.349		
贡献率	0.853	0.070		
累计贡献率	0.853	0.922		

8.2.3 极大似然法

关于载荷矩阵的估计问题, 还有一种方法是极大似然估计法 (Lawley,1940, 1942, 1943). 假设 $\boldsymbol{x}$ 是服从多元正态分布 $N_p(\mu, \boldsymbol{\Sigma})$, 这里 $\boldsymbol{\Sigma} = \boldsymbol{A}\boldsymbol{A}' + \boldsymbol{\Psi} > 0$, 其中 $\boldsymbol{A}$ 为 $p \times k$ 的公共因子载荷矩阵, k 为预先指定的公共因子的个数. 设 $\boldsymbol{x}_1, \cdots, \boldsymbol{x}_n$ 为来自该总体的简单样本, 于是样本离差阵

$$\boldsymbol{S} = \sum_{i=1}^{n} (\boldsymbol{x}_i - \bar{\boldsymbol{x}})(\boldsymbol{x}_i - \bar{\boldsymbol{x}})' \sim W_p(n-1, \boldsymbol{\Sigma}).$$

注意到 $\boldsymbol{S}$ 是 $\boldsymbol{A}$ 和 $\boldsymbol{\Psi}$ 的充分统计量, 于是似然函数为

$$L(\boldsymbol{A}, \boldsymbol{\Psi}) = c|\boldsymbol{S}|^{(n-p-2)/2}|\boldsymbol{A}\boldsymbol{A}' + \boldsymbol{\Psi}|^{-(n-1)/2} \exp\left\{-\frac{1}{2}\mathrm{tr}\left(\boldsymbol{S}(\boldsymbol{A}\boldsymbol{A}' + \boldsymbol{\Psi})^{-1}\right)\right\}, \quad (8.2.6)$$

这里 c 为一个常数. 于是对数似然函数为

$$\begin{aligned} l(\boldsymbol{A}, \boldsymbol{\Psi}) = & \ln c + \frac{n-p-2}{2} \ln|\boldsymbol{S}| \\ & - \frac{n-1}{2} \ln|\boldsymbol{A}\boldsymbol{A}' + \boldsymbol{\Psi}| - \frac{1}{2}\mathrm{tr}\left(\boldsymbol{S}(\boldsymbol{A}\boldsymbol{A}' + \boldsymbol{\Psi})^{-1}\right), \end{aligned} \quad (8.2.7)$$

极大似然法就是关于 $\boldsymbol{A}$ 和 $\boldsymbol{\Psi}$ 极大化对数似然函数 $l(\boldsymbol{A}, \boldsymbol{\Psi})$. $\boldsymbol{A}$ 和 $\boldsymbol{\Psi}$ 的极大似然估计没有显式解, 需要用迭代完成. 关于其迭代方程组的求导, 这里不详细展开叙述, 感兴趣的读者可参阅 Morrison(2005) 和王静龙 (2008). 具体的求解载荷矩阵可借助于现有的统计软件 SAS, SPSS, R 等.

例 8.2.3 本例将采用极大似然方法求解例8.2.1中因子分析模型(8.2.4)的载荷矩阵. 特殊因子的方差, 不失一般性, Ψ 的初始值仍采用例8.2.2中的

$$\Psi(0) = \mathrm{diag}(0.12, 0.15, 0.09, 0.05, 0.07).$$

采用 R 软件, 分析结果如下 (表 8.3):

与主成分法和主因子法结果对比, 极大似然方法得到的第一因子的因子载荷与主因子法的很接近, 第二因子的因子载荷随期限的趋势与主成分法的一致, 都是随期限增大而增大, 而主因子法得到的第二因子载荷是随期限增大而减小. 不过都体现出期限效应. 总之, 三种估计方法得到的两个公共因子对数据总方差的解释都超过了 90%, 大体上第一个公共因子都体现了一般的美国债券收益效应, 第二个因子体现了"期限"效应, 而且, 第二个因子在长期债券与短期债券的载荷符号相反, 因此这个公共因子也可以解释为长期债券与短期债券的比较, 这里所说的长期债券指的是期限为 10 年或更长的债券 (R 程序见附录).

表 8.3 极大似然法求得因子载荷

变量	因子载荷		公共方差	特殊方差
	f_1	f_2		
30 年	−0.984	0.117	0.982	0.018
20 年	−0.985	0.095	0.979	0.021
10 年	−0.946	−0.098	0.904	0.100
5 年	−0.909	−0.368	0.961	0.039
1 年	−0.726	−0.480	0.757	0.243
贡献	4.184	0.400		
贡献率	0.837	0.080		
累计贡献率	0.837	0.916		

8.3 因子旋转

建立因子分析的数学目的不仅仅要找出公共因子, 更重要的是抽象出公共因子的实际意义. 因子载荷矩阵就是主要依据, 如果公共因子 f_i 仅对较少的变量有较大的载荷, 那么公共因子的实际意义就可根据这几个变量共性给出, 但如果有些公共因子对许多变量的载荷都不小, 说明它对多个变量都有较明显的影响作用, 那么就难以直接由因子载荷阵看出公共因子的含义. 由于因子载荷阵是不唯一的, 所以可对因子载荷阵进行旋转. 目的是使因子载荷阵的结构简化, 使载荷矩阵每列或行的元素平方值向 0 和 1 两极分化. 文献中有三种主要的正交旋转法: 四次方最大法、方差最大法和等量最大法, 本节主要介绍最常用的方差最大 (varimax) 法.

正交旋转方差最大法是由 Kaiser(1958) 提出的, 是通过最大化因子载荷的一个

二次函数实现的, 即从简化因子载荷矩阵的每一列出发, 寻找使得由共同度标准化后载荷矩阵的每一列元素的平方的方差的和达到最大的正交旋转. 方差最大的直观意义是希望通过因子旋转, 使得每个因子上的载荷尽量拉开距离, 一部分的载荷趋于 1, 另一部分趋于 0.

记 $\boldsymbol{A}$ 是未旋转的 $p\times k$ 的载荷矩阵, $\boldsymbol{G}$ 是 $k\times k$ 的正交矩阵. 于是旋转后的因子载荷矩阵为

$$\boldsymbol{B}=\boldsymbol{AG}=(b_{ij}),$$

其中 b_{ij} 为第 i 个变量 x_i 在第 j 个因子上的载荷. 则方差最大准则下要求最大化的函数为

$$\phi=\sum_{j=1}^{k}\sum_{i=1}^{p}(d_{ij}^2-\bar{d}_j)^2, \tag{8.3.1}$$

这里

$$d_{ij}=\frac{b_{ij}}{h_i},\quad \bar{d}_j=\frac{1}{p}\sum_{i=1}^{p}d_{ij}^2,$$

其中 h_i 为变量 x_i 共同度的平方根, 即

$$h_i=\sqrt{\sum_{j=1}^{k}b_{ij}^2}.$$

Kaiser(1958) 给出了寻找 $\boldsymbol{G}$ 的一个迭代算法. 当 $k=2$ 时, 则 $\boldsymbol{G}$ 定义为

$$\boldsymbol{G}=\begin{pmatrix}\cos(\theta) & \sin(\theta)\\ -\sin(\theta) & \cos(\theta)\end{pmatrix},$$

表示坐标轴逆时针旋转 θ 角度, 该旋转完全由 θ 决定, 将其代入 (8.3.1), 解出最大化 (8.3.1) 的 θ^*. 当 $k>2$ 时, 就先对其中两个因子用上方法做旋转, 然后将新的旋转因子和第三个原始因子做旋转, 循环迭代. 注意到每旋转一次, ϕ 的值就会增大一点, 而 ϕ 本身是有界的, 因此该迭代是收敛的. 关于这部分感兴趣的读者可参见 Kaiser(1958), 张尧庭, 方开泰 (2003). 关于它的计算, 可借助于现成的统计软件 SPSS, SAS, R 等实现.

例 8.3.1　对例8.2.1中的因子载荷进行方差最大的旋转.

采用R软件的varimax()函数, 得到方差最大旋转后的因子载荷矩阵, 见表8.4. 从表8.4知旋转角度大致为 $\theta=36.1^\circ$, 旋转矩阵为

$$\boldsymbol{G}=\begin{pmatrix}0.808 & 0.589\\ -0.589 & 0.808\end{pmatrix}.$$

注意到旋转后的第一个因子的负荷随期限递减，而第二个因子的负荷随期限递增，前者更多的体现长期债券收益率效应，后者更多的体现为短期债券收益率效应.

表 8.4 方差最大的因子载荷矩阵

变量	旋转后因子载荷	
	f_1	f_2
30 年	−0.921	−0.353
20 年	−0.915	−0.368
10 年	−0.851	−0.461
5 年	−0.681	−0.688
1 年	−0.345	−0.928
贡献	2.944	1.807
贡献率	0.599	0.361
累计贡献率	0.599	0.960
旋轴矩阵	0.808	0.589
旋轴矩阵	−0.589	0.808

8.4 因子分析模型的拟合度检验

在因子分析模型 (8.1.1) 中公共因子的个数 k 需要事先指定，自然一个疑问是公共因子的个数 k 是否能充分刻画响应变量的协方差阵或相关系数矩阵？这就需要检验

$$H_0: \ \boldsymbol{\Sigma} = \boldsymbol{A}\boldsymbol{A}' + \boldsymbol{\Psi},$$

这里假设 $\boldsymbol{A}$ 为 $p \times k$ 的矩阵，对立假设 H_1 为 $\boldsymbol{\Sigma}$: $p \times p$ 的正定阵. 本节以下内容节选自 Morrison(2005).

假设响应变量服从多元正态分布，则可基于似然比建立检验统计量

$$\chi^2 = \left(n - 1 - \frac{2p+5}{6} - \frac{2k}{3}\right) \ln \frac{|\hat{\boldsymbol{A}}\hat{\boldsymbol{A}}' + \hat{\boldsymbol{\Psi}}|}{|\boldsymbol{S}/(n-1)|}, \tag{8.4.1}$$

这里 $\hat{\boldsymbol{A}}$ 和 $\hat{\boldsymbol{\Psi}}$ 为极大似然估计，$\boldsymbol{S} = \sum_{i=1}^{n}(\boldsymbol{x}_i - \bar{\boldsymbol{x}})(\boldsymbol{x}_i - \bar{\boldsymbol{x}})'$ 为样本离差阵. Bartlett(1954) 证明了当 n 趋于无穷时，统计量 χ^2 的渐近分布如下：

$$\chi^2 \to \chi^2_f, \tag{8.4.2}$$

其中，自由度 f 为

$$f = \frac{1}{2}\left((p-k)^2 - p - k\right).$$

因此, 当 $\chi^2 > \chi_f^2(\alpha)$ 时, 拒绝原假设, 认为需要引入更多因子, 否则接受原假设, 认为因子模型 (8.1.1) 的公共因子的个数合适. 特别是当 $k=0$ 时, 假设 H_0 就是假设 $\boldsymbol{\Sigma}$ 为对角矩阵, 该检验就等价于本书 5.5 节介绍的独立性检验.

Lawley(1940) 发现上检验统计量中的对数部分可用

$$\sum\sum_{i<j}\frac{(s_{ij}/(n-1)-\hat{\sigma}_{ij})^2}{\hat{\psi}_i\hat{\psi}_j}$$

很好地近似, 这里

$$-\hat{\sigma}_{ij}=\sum_{h=1}^{k}\hat{a}_{ih}\hat{a}_{jh},\quad i\neq j,$$

其中 $\hat{a}_{ih}$ 为 $\hat{\boldsymbol{A}}$ 的第 (i,h) 的元素. 替换后得到检验统计量

$$\chi^2=\left(n-1-\frac{2p+5}{6}-\frac{2k}{3}\right)\sum\sum_{i<j}\frac{(s_{ij}/(n-1)-\hat{\sigma}_{ij})^2}{\hat{\psi}_i\hat{\psi}_j},\tag{8.4.3}$$

它与替换前的 χ^2 具有相同的渐近分布.

在许多实际应用中, 并不知道公共因子的个数 k. 因此就需要从小到大逐一来指定 k, 然后用以上方法检验, 直到检验 H_0 显著为止. 另外, 由于 χ^2 统计量的自由度一定是正的, 故该方法要求指定的公共因子的个数满足如下条件:

$$k<\frac{1}{2}(2p+1-\sqrt{8p+1}).\tag{8.4.4}$$

Amemiya 和 Anderson(1990) 证明了在线性的因子模型中只要假设公共因子和特殊因子是独立的, 那么在大样本情形下, 即使响应变量不服从正态分布, 拟合优度检验统计量 χ^2 的渐近分布也是自由度 f 的 χ^2 分布.

此外, 公共因子个数的选择也可用 AIC 信息量准则, 即

$$\mathrm{AIC}=-2\ln L(k)+2[p(k+1)-k(k-1)],$$

这里 $L(k)$ 表示含 k 个公共因子的因子模型下的最大似然函数. 在正态假设下,

$$-2\ln L(k)=np(2\pi)+n\ln|\hat{\boldsymbol{\Sigma}}_k|+\frac{1}{n}\mathrm{tr}\left(\hat{\boldsymbol{\Sigma}}_k^{-1}\boldsymbol{S}\right),$$

其中 $\hat{\boldsymbol{\Sigma}}_k$ 表示含 k 个公共因子的因子模型的协方差阵. 事实上, AIC 也可被看作是另一个 χ^2 拟合检验统计量, 详细讨论参见 Bozdogan(1987); Sclove(1987).

例 8.4.1　继例8.2.3, 计算

$$\hat{\boldsymbol{A}}\hat{\boldsymbol{A}}'+\hat{\boldsymbol{\Psi}}=\begin{pmatrix}1.00&0.98&0.92&0.85&0.66\\0.98&1.0&0.92&0.86&0.67\\0.92&0.92&1.00&0.90&0.73\\0.85&0.86&0.90&1.00&0.84\\0.66&0.67&0.73&0.84&1.00\end{pmatrix},$$

于是

$$\frac{|\hat{\boldsymbol{A}}\hat{\boldsymbol{A}}' + \hat{\boldsymbol{\Psi}}|}{|\boldsymbol{R}|} = \frac{0.00032}{0.00029} = 1.087.$$

计算得自由度

$$f = \frac{1}{2}((5-2)^2 - 5 - 2) = 1,$$

χ^2 统计量为

$$\left(696 - 1 - \frac{2\times 5+5}{6} - \frac{2\times 2}{3}\right)\ln(1.087) = 57.5 > \chi_1^2(0.05) = 3.84,$$

因此, 从统计上认为两因子分析模型来描述美国债券指数的协方差结构是不够充分的, 需要引入更多的公共因子.

值得注意的是, 例 8.4.1 中 $\hat{\boldsymbol{A}}\hat{\boldsymbol{A}}' + \hat{\boldsymbol{\Psi}}$ 对 $\boldsymbol{R}$ 的拟合已很好, 两者行列式的比值已达到 1.087. 在应用上, 这个两因子模型已经足够.

事实上, 本节提到的拟合度检验和 AIC 方法只适用于中等样本量 n, 而且公共因子数 k 相对于变量维数 p 而言比较小的情形 (要求满足条件 (8.4.4)). 在 n 很大的情形下, 该检验往往倾向于选择更多的公共因子, 从而容易将一些不重要的因子选进模型. Johnson(2005) 表示: 似然比方法和 AIC 方法选出的公共因子只是统计上显著, 但对实际应用而言可能是无关紧要的, 建议用 BIC 准则 (Schwarz, 1978), 认为使得

$$\text{BIC} = -2\ln L(k) + 2[p(k+1) - k(k-1)]\ln n$$

达到最小的 k 是最好的. 由于 BIC 中将样本量 n 也作为惩罚, 这样可大大减少不重要因子被选入模型的可能性. 关于以上 BIC 准则的算法, 可参见 Lee, Song (2002); Lopes, West (2004); Dunson (2006); Fokoue (2009) 等.

8.5 因 子 得 分

因子分析模型不但要给出因子载荷矩阵的估计, 了解用公共因子的线性组合来表示一组观测变量的相关问题, 同时也可了解公共因子又是如何依赖于观测变量的. 因此需要去 "估计" 公共因子 $\boldsymbol{f}$, 给出公共因子的值, 即因子得分. 关于因子得分, 目前文献中主要有两种方法: Bartlett 因子得分和 Thompson 因子得分.

8.5.1 Bartlett 因子得分

将公共因子 $\boldsymbol{f}$ 看作是待估的参数, 并假设因子分析模型 (8.1.1) 中 $\boldsymbol{\mu}$, $\boldsymbol{A}$ 和 $\boldsymbol{\Psi}$ 已知, $\boldsymbol{x}$ 来自多元正态分布, $\boldsymbol{x} - \boldsymbol{\mu} \sim N_p(\boldsymbol{A}\boldsymbol{f}, \boldsymbol{\Psi})$. 于是 $\boldsymbol{x}$ 的对数似然函数为

$$l(\boldsymbol{f}) = \frac{1}{2}((\boldsymbol{x}-\boldsymbol{\mu}) - \boldsymbol{A}\boldsymbol{f})'\boldsymbol{\Psi}^{-1}((\boldsymbol{x}-\boldsymbol{\mu}) - \boldsymbol{A}\boldsymbol{f}) - \frac{1}{2}\ln|2\pi\boldsymbol{\Psi}|. \tag{8.5.1}$$

对 $l(\boldsymbol{f})$ 关于 $\boldsymbol{f}$ 求偏导, 并令偏导等于零, 得

$$\frac{\partial l(\boldsymbol{f})}{\partial \boldsymbol{f}} = 2\boldsymbol{A}'\boldsymbol{\Psi}^{-1}((\boldsymbol{x}-\boldsymbol{\mu})-\boldsymbol{A}\boldsymbol{f}) = 0,$$

于是

$$\hat{\boldsymbol{f}} = (\boldsymbol{A}'\boldsymbol{\Psi}^{-1}\boldsymbol{A})^{-1}\boldsymbol{A}'\boldsymbol{\Psi}^{-1}(\boldsymbol{x}-\boldsymbol{\mu}), \tag{8.5.2}$$

这就是 $\boldsymbol{f}$ 的 Bartlett 因子得分.

注意到 Bartlett 因子得分可以看作是用特殊因子方差为权的加权最小二乘估计, 故文献中也称该方法为加权最小二乘法. 容易验证 Bartlett 因子得分具有无偏性, 即

$$E(\hat{\boldsymbol{f}}|\boldsymbol{f}) = \boldsymbol{f}.$$

由于 $\boldsymbol{\mu}$, $\boldsymbol{A}$ 和 ψ_i 在实际应用中是未知的, 故需将 (8.5.2) 中的 $\boldsymbol{A}$, $\boldsymbol{\Psi}$ 和 $\boldsymbol{\mu}$ 用它们的估计 $\hat{\boldsymbol{A}}$, $\hat{\boldsymbol{\Psi}}$ 和 $\hat{\boldsymbol{\mu}} = \bar{\boldsymbol{x}}$ 替代, 得

$$\hat{\boldsymbol{f}} = (\hat{\boldsymbol{A}}'\hat{\boldsymbol{\Psi}}^{-1}\hat{\boldsymbol{A}})^{-1}\hat{\boldsymbol{A}}'\hat{\boldsymbol{\Psi}}^{-1}(\boldsymbol{x}-\bar{\boldsymbol{x}}), \tag{8.5.3}$$

于是特殊因子的得分为

$$\hat{\boldsymbol{u}} = \boldsymbol{x} - \boldsymbol{A}\hat{\boldsymbol{f}}.$$

若 $\boldsymbol{A}$ 和 $\boldsymbol{\Psi}$ 的估计是基于相关系数矩阵, 则

$$\hat{\boldsymbol{f}} = (\hat{\boldsymbol{A}}_z'\hat{\boldsymbol{\Psi}}_z^{-1}\hat{\boldsymbol{A}}_z)^{-1}\hat{\boldsymbol{A}}_z'\hat{\boldsymbol{\Psi}}_z^{-1}\boldsymbol{z}, \tag{8.5.4}$$

这里 $\boldsymbol{z}$ 为标准化的数据.

注　当因子载荷和特殊因子方差的估计是采用主成分法得到时, 通常因子得分更倾向于非加权的最小二乘方法, 即假定特殊因子方差是相等或接近相等的, 此时因子得分为

$$\hat{\boldsymbol{f}} = (\tilde{\boldsymbol{A}}'\tilde{\boldsymbol{A}})^{-1}\tilde{\boldsymbol{A}}'(\boldsymbol{x}-\bar{\boldsymbol{x}}), \tag{8.5.5}$$

或

$$\hat{\boldsymbol{f}} = (\tilde{\boldsymbol{A}}_z'\tilde{\boldsymbol{A}}_z)^{-1}\tilde{\boldsymbol{A}}_z'\boldsymbol{z}. \tag{8.5.6}$$

由 (8.2.2) 知 $\tilde{\boldsymbol{A}} = (\sqrt{\lambda_1}\boldsymbol{u}_1, \cdots, \sqrt{\lambda_k}\boldsymbol{u}_1)$, 因此

$$\hat{\boldsymbol{f}} = \begin{pmatrix} \dfrac{1}{\sqrt{\lambda_1}}\boldsymbol{u}_1'(\boldsymbol{x}-\boldsymbol{\mu}) \\ \vdots \\ \dfrac{k}{\sqrt{\lambda_k}}\boldsymbol{u}_1'(\boldsymbol{x}-\boldsymbol{\mu}) \end{pmatrix}. \tag{8.5.7}$$

另外, 值得注意的是, Bartlett 因子得分要求特殊因子方差 $\boldsymbol{\Psi}$ 可逆, 但由于从训练样本得到的估计可能会出现部分元素为零的情形, 此时 Bartlett 因子得分的应用就会受到限制.

8.5.2 Thompson 因子得分

注意到 Bartlett 因子得分是由给定 $\boldsymbol{f}$ 下 $\boldsymbol{x}$ 的条件分布求得的, 然而因子分析模型 (8.1.1) 中 $\boldsymbol{f}$ 是均值向量为 $\boldsymbol{0}$, 协方差阵为 $\boldsymbol{I}_k$ 的随机向量. 因此, Thompson 采用贝叶斯方法, 用 $\boldsymbol{f}$ 的后验均值向量 (即 $\boldsymbol{f}$ 的贝叶斯估计) 作为 $\boldsymbol{f}$ 的因子得分. 具体步骤如下.

仍然假设因子分析模型 (8.1.1) 的变量 $\boldsymbol{x}$ 服从正态分布, 假设 $\boldsymbol{f}$ 的先验分布为 $N_k(\boldsymbol{0}, \boldsymbol{I}_k)$. 于是 $\boldsymbol{x}-\boldsymbol{\mu}$ 和 $\boldsymbol{f}$ 的联合分布为 $N_{p+k}(\boldsymbol{0}, \boldsymbol{\Sigma}^*)$, 其中

$$\boldsymbol{\Sigma}^* = \begin{pmatrix} \boldsymbol{A}\boldsymbol{A}' + \boldsymbol{\Psi} & \boldsymbol{A} \\ \boldsymbol{A} & \boldsymbol{I}_k \end{pmatrix}.$$

注意到 $\boldsymbol{f}$ 的后验分布就是给定 $\boldsymbol{x}$ 下 $\boldsymbol{f}$ 的条件分布. 因此, 应用定理 2.4.4 得, $\boldsymbol{f}$ 的后验分布为正态分布, 其均值向量 (即 $\boldsymbol{f}$ 的后验均值向量) 和协方差阵分别为

$$E(\boldsymbol{f}|\boldsymbol{x}) = \boldsymbol{A}'(\boldsymbol{A}\boldsymbol{A}' + \boldsymbol{\Psi})^{-1}(\boldsymbol{x}-\boldsymbol{\mu}) \triangleq \boldsymbol{f}^*, \tag{8.5.8}$$

$$\mathrm{Cov}(\boldsymbol{f}|\boldsymbol{x}) = \boldsymbol{I}_k - \boldsymbol{A}'(\boldsymbol{A}\boldsymbol{A}' + \boldsymbol{\Psi})^{-1}\boldsymbol{A}. \tag{8.5.9}$$

其中 $\boldsymbol{f}$ 的后验均值向量 $\boldsymbol{f}^*$ 就是 Thompson 因子得分.

注意到

$$(\boldsymbol{A}\boldsymbol{A}' + \boldsymbol{\Psi})^{-1} = \boldsymbol{\Psi}^{-1} - \boldsymbol{\Psi}^{-1}\boldsymbol{A}(\boldsymbol{I}_k + \boldsymbol{A}'\boldsymbol{\Psi}^{-1}\boldsymbol{A})^{-1}\boldsymbol{A}'\boldsymbol{\Psi}^{-1},$$

于是

$$\boldsymbol{A}'(\boldsymbol{A}\boldsymbol{A}' + \boldsymbol{\Psi})^{-1} = (\boldsymbol{I}_k + \boldsymbol{A}'\boldsymbol{\Psi}^{-1}\boldsymbol{A})^{-1}\boldsymbol{A}'\boldsymbol{\Psi}^{-1}.$$

从而 Thompson 因子得分 $\boldsymbol{f}^*$ 可改写为

$$\boldsymbol{f}^* = (\boldsymbol{I}_k + \boldsymbol{A}'\boldsymbol{\Psi}^{-1}\boldsymbol{A})^{-1}\boldsymbol{A}'\boldsymbol{\Psi}^{-1}(\boldsymbol{x}-\boldsymbol{\mu}). \tag{8.5.10}$$

与 Bartlett 因子得分 (8.5.2) 相比, 两者仅在它们的第一项中差一个单位阵 $\boldsymbol{I}_k$.

由于 (8.5.10) 中的 $\boldsymbol{\mu}$, $\boldsymbol{A}$ 和 $\boldsymbol{\Psi}$ 是未知的, 用其估计 $\hat{\boldsymbol{A}}$, $\hat{\boldsymbol{\Psi}}$ 和 $\hat{\boldsymbol{\mu}} = \bar{\boldsymbol{x}}$ 替代后得

$$\boldsymbol{f}^* = (\boldsymbol{I}_k + \hat{\boldsymbol{A}}'\hat{\boldsymbol{\Psi}}^{-1}\hat{\boldsymbol{A}})^{-1}\hat{\boldsymbol{A}}'\hat{\boldsymbol{\Psi}}^{-1}(\boldsymbol{x}-\bar{\boldsymbol{x}}). \tag{8.5.11}$$

同样, 当 $\boldsymbol{A}$ 和 ψ_i 的估计是基于相关系数矩阵, 则 Thompson 因子得分 $\boldsymbol{f}^*$ 为

$$\boldsymbol{f}^* = (\boldsymbol{I}_k + \hat{\boldsymbol{A}}'\hat{\boldsymbol{\Psi}}^{-1}\hat{\boldsymbol{A}})^{-1}\hat{\boldsymbol{A}}'\hat{\boldsymbol{\Psi}}^{-1}\boldsymbol{z}, \tag{8.5.12}$$

这里 $\boldsymbol{z}$ 为标准化的数据.

注意到 (8.5.11) 中的 $(\boldsymbol{I}_p+\boldsymbol{A}'\boldsymbol{\Psi}^{-1}\boldsymbol{A})^{-1}\boldsymbol{A}'\boldsymbol{\Psi}^{-1}$ 可看作是变量 $\boldsymbol{x}$ 对因子 $\boldsymbol{f}$ 的回归系数, 通过估计回归系数得到的因子得分 (8.5.11) 可看作是对条件期望 $E(\boldsymbol{f}|\boldsymbol{x})$ 的估计, 因此, 文献中也称 Thompson 因子得分的方法为回归方法. 此外, 由于 $\boldsymbol{\Sigma}=\boldsymbol{A}\boldsymbol{A}'+\boldsymbol{\Psi}$, 为了避免计算误差, 有时也直接将 (8.5.8) 中 $\boldsymbol{A}\boldsymbol{A}'+\boldsymbol{\Psi}$ 用样本协方差阵 $\hat{\boldsymbol{\Sigma}}=\boldsymbol{S}/(n-1)$ 来估计, 得到因子得分

$$\boldsymbol{f}^*=\boldsymbol{A}'\hat{\boldsymbol{\Sigma}}^{-1}(\boldsymbol{x}-\bar{\boldsymbol{x}}). \tag{8.5.13}$$

Thompson 因子得分与 Bartlett 因子得分各有优缺点. 例如在 $\boldsymbol{\mu}$, $\boldsymbol{A}$ 和 $\boldsymbol{\Psi}$ 已知情形下, Bartlett 因子得分是无偏的, 而 Thompson 因子得分是有偏的, 因为

$$E(\boldsymbol{f}^*|\boldsymbol{f})=(\boldsymbol{I}_p+\boldsymbol{A}'\boldsymbol{\Psi}^{-1}\boldsymbol{A})^{-1}\boldsymbol{A}'\boldsymbol{\Psi}^{-1}\boldsymbol{A}\boldsymbol{f}\neq\boldsymbol{f}.$$

然而, 在预测均方误差准则下, Thompson 因子得分更为精确, 优于 Bartlett 因子得分, 因为

$$E(\hat{\boldsymbol{f}}-\boldsymbol{f})(\hat{\boldsymbol{f}}-\boldsymbol{f})'=(\boldsymbol{A}'\boldsymbol{\Psi}^{-1}\boldsymbol{A})^{-1}, \tag{8.5.14}$$

$$E(\boldsymbol{f}^*-\boldsymbol{f})(\boldsymbol{f}^*-\boldsymbol{f})'=(\boldsymbol{I}_p+\boldsymbol{A}'\boldsymbol{\Psi}^{-1}\boldsymbol{A})^{-1}. \tag{8.5.15}$$

其中 (8.5.14) 和 (8.5.15) 的推导只需应用以下事实:

$$\begin{aligned}&E((\boldsymbol{D}(\boldsymbol{x}-\boldsymbol{\mu})-\boldsymbol{f})(\boldsymbol{D}(\boldsymbol{x}-\boldsymbol{\mu})-\boldsymbol{f})'\\=&E((\boldsymbol{D}\boldsymbol{A}-\boldsymbol{I}_k)\boldsymbol{f}+\boldsymbol{D}\boldsymbol{u})((\boldsymbol{D}\boldsymbol{A}-\boldsymbol{I}_k)\boldsymbol{f}+\boldsymbol{D}\boldsymbol{u})'\\=&(\boldsymbol{D}\boldsymbol{A}-\boldsymbol{I}_k)(\boldsymbol{D}\boldsymbol{A}-\boldsymbol{I}_k)'+\boldsymbol{D}\boldsymbol{\Psi}\boldsymbol{D}',\end{aligned}$$

然后分别令 $\boldsymbol{D}$ 等于 $(\boldsymbol{A}'\boldsymbol{\Psi}^{-1}\boldsymbol{A})^{-1}\boldsymbol{A}'\boldsymbol{\Psi}^{-1}$ 和 $(\boldsymbol{I}_p+\boldsymbol{A}'\boldsymbol{\Psi}^{-1}\boldsymbol{A})^{-1}\boldsymbol{A}'\boldsymbol{\Psi}^{-1}$, 便可得证.

另外, 无论是 Bartlett 因子得分还是 Thompson 因子得分, 两者都是在假设随机向量 $\boldsymbol{x}$ 为正态分布的前提下得出的. 然而当 $\boldsymbol{x}$ 的维数很高时, 检验这个正态假设就很困难了. 实际应用中常用的办法是先检验 $\boldsymbol{x}$ 中各变量的边缘分布是否为正态, 然后看看 $\boldsymbol{x}$ 中任意两变量的观测值的散点图是否大致呈现椭圆状. 如果满足这两条, 就接受 $\boldsymbol{x}$ 的正态假设. 然而该方法验证的仅是 $\boldsymbol{x}$ 服从正态分布的两个必要条件, 而非充分条件. 但由于实际应用中 $\boldsymbol{x}$ 的 1 维和 2 维边缘分布是正态的, 高维不服从正态分布的情况比较少, 所以以上方法常被应用领域认可. 此外, 当 $\boldsymbol{x}$ 的维数较高时, $\boldsymbol{x}$ 为正态性检验也可借助于因子得分的正态性检验, 若因子得分的正态性假设被拒绝, 则可揭示 $\boldsymbol{x}$ 不服从正态分布.

例 8.5.1　美国债券因子分析模型中的因子得分问题

由例8.2.3得极大似然方法求得的因子载荷 $\boldsymbol{A}_z$ 和特殊因子方差 $\boldsymbol{\Psi}_z$ 分别为

$$\hat{\boldsymbol{A}}_z = \begin{pmatrix} -0.984 & 0.117 \\ -0.985 & 0.095 \\ -0.946 & -0.098 \\ -0.0909 & -0.368 \\ -0.726 & -0.480 \end{pmatrix}, \quad \hat{\boldsymbol{\Psi}}_z = \begin{pmatrix} 0.018 & & & & \\ & 0.021 & & & \\ & & 0.1 & & \\ & & & 0.039 & \\ & & & & 0.243 \end{pmatrix},$$

于是对于标准化的观测值

$$\boldsymbol{z} = (1.4, -0.2, 0.5, -1.0, 0.8),$$

算得 Bartlett 因子得分为

$$\hat{\boldsymbol{f}} = (\hat{\boldsymbol{A}}_z'\hat{\boldsymbol{\Psi}}_z^{-1}\hat{\boldsymbol{A}}_z)^{-1}\hat{\boldsymbol{A}}_z'\hat{\boldsymbol{\Psi}}_z^{-1}\boldsymbol{z} = \begin{pmatrix} -0.387 \\ 2.733 \end{pmatrix},$$

Thompson 因子得分为

$$\boldsymbol{f}^* = (\boldsymbol{I}_2 + \hat{\boldsymbol{A}}_z'\hat{\boldsymbol{\Psi}}_z^{-1}\hat{\boldsymbol{A}}_z)^{-1}\hat{\boldsymbol{A}}_z'\hat{\boldsymbol{\Psi}}_z^{-1}\boldsymbol{z} = \begin{pmatrix} -0.384 \\ 2.325 \end{pmatrix}.$$

在该例中, 两方法得到的因子得分很接近.

8.6 因子分析与主成分分析的关系

因子分析和主成分分析的目标类似, 都是企图用较少的变量去解释原始变量间的关系. 但两者有以下两点主要的不同之处.

(i) 主成分分析仅仅是一种数据变换, 对数据来源的总体分布的协方差结构不做任何假设; 而因子分析假设数据来源于一个满足条件 (8.1.2)-(8.1.4) 的因子模型 (8.1.1), 即总体分布的协方差结构为

$$\boldsymbol{\Sigma} = \boldsymbol{A}\boldsymbol{A}' + \boldsymbol{\Psi}.$$

如果这些假设不成立, 因子分析就会出现错误的结论, 最典型的一种情况如

$$\boldsymbol{\Sigma} = \begin{pmatrix} \boldsymbol{\Sigma}_{11} & \boldsymbol{0} \\ \boldsymbol{0} & \boldsymbol{\Sigma}_{22} \end{pmatrix}. \tag{8.6.1}$$

对随机向量 $\boldsymbol{x}$ 作相应的分块,

$$\boldsymbol{x} = (\boldsymbol{x}_1', \boldsymbol{x}_2')'.$$

(8.6.1) 表明 $\boldsymbol{x}_1$ 和 $\boldsymbol{x}_2$ 不相关, 此时 $\boldsymbol{x}$ 就不存在公共因子, 故因子分析的结果无意义. 因此, 在因子分析前需从变量 $X_1, \cdots, X_p$ 中要剔除与其余变量都不相关的变量.

(ii) 主成分分析强调的是从原始变量到潜在的主成分变量的变化, 而因子分析强调的是从潜在因子到原始变量的变换.

当然, 当假设特殊因子的方差为零时, 主因子分析就等价于主成分分析. 因此, 当因子分析模型成立, 且特殊因子的方差特别小时, 因子分析与主成分分析的结论类似; 然而, 当特殊因子方差较大时, 两者的分析的结果差异较大.

另外, 因子分析技巧也被常常应用到模型协方差结构的探索研究和检验问题中.

第 9 章　典型相关分析

多元分析的一个重要内容就是研究随机向量之间的关系. 典型相关分析 (canonical correlation analysis) 是研究两随机向量相关程度的一个重要方法. 该方法是由 Hotelling(1935) 提出的, 其核心思想就是通过线性变换将向量间的相关结构转化成最简单的形式.

9.1　相关的定义

相关系数是用来度量两个随机变量 X 和 Y 的相关程度的, 相关的定义有很多, 本章主要考虑 Pearson 相关系数, 即

$$\rho(X,Y)=\frac{\mathrm{Cov}(X,Y)}{\sqrt{\mathrm{Var}(X)\mathrm{Var}(X)}}. \tag{9.1.1}$$

当 x 和 y 其中之一换成随机向量时, 以上相关系数的定义就不再适用. 如何刻画随机变量和随机向量、随机向量和随机向量之间的相关程度? 一个常用的办法就是采用线性投影, 将随机向量通过某个线性变化投影到一元随机变量, 然后采用两变量的相关系数来定义随机变量和随机向量、随机向量和随机向量之间的相关程度.

定义 9.1.1　随机变量 Y 与随机向量 $\boldsymbol{x}$ 的线性组合 $\boldsymbol{a}'\boldsymbol{x}$ 在 $\boldsymbol{a}\in\mathbb{R}^p$ 上的简单相关系数 $\rho_{y,\boldsymbol{a}'\boldsymbol{x}}$ 的最大值, 即

$$\rho_{Y,\boldsymbol{x}}=\max_{\boldsymbol{a}\in R^p}\rho_{Y,\boldsymbol{a}'\boldsymbol{x}}=\max_{\boldsymbol{a}\in R^p}\frac{\boldsymbol{\Sigma}_{Y\boldsymbol{x}}\boldsymbol{a}}{\sigma_Y\sqrt{\boldsymbol{a}'\boldsymbol{\Sigma}_{\boldsymbol{xx}}\boldsymbol{a}}},$$

称为 $\boldsymbol{x}$ 和 Y 的复相关系数 (multiple correlation coefficient).

应用引理 5.1.1(Cauchy-Schwarz 不等式), 有

$$\max_{\boldsymbol{a}\in R^p}\frac{(\boldsymbol{\Sigma}_{y,\boldsymbol{x}}\boldsymbol{a})^2}{\boldsymbol{a}'\boldsymbol{\Sigma}_{\boldsymbol{xx}}\boldsymbol{a}}=\boldsymbol{\Sigma}_{Y\boldsymbol{x}}\boldsymbol{\Sigma}_{\boldsymbol{xx}}^{-1}\boldsymbol{\Sigma}_{\boldsymbol{x}Y},$$

并在 $\boldsymbol{a}=\boldsymbol{\Sigma}_{\boldsymbol{xx}}^{-1}\boldsymbol{\Sigma}_{\boldsymbol{x}Y}$ 时取得最大值. 因此 Y 和 $\boldsymbol{x}$ 复相关系数为

$$\rho_{Y,\boldsymbol{x}}=\frac{1}{\sigma_Y}\sqrt{\boldsymbol{\Sigma}_{Y\boldsymbol{x}}\boldsymbol{\Sigma}_{\boldsymbol{xx}}^{-1}\boldsymbol{\Sigma}_{\boldsymbol{x}Y}}. \tag{9.1.2}$$

可以证明当 $\boldsymbol{a}=c\boldsymbol{\Sigma}_{\boldsymbol{xx}}^{-1}\boldsymbol{\Sigma}_{\boldsymbol{x}Y}$ 时, $Y-\boldsymbol{a}'\boldsymbol{x}$ 的方差取得最小值, 也就意味着 Y 与 $\boldsymbol{a}'\boldsymbol{x}+(E(Y)-\boldsymbol{a}'E(\boldsymbol{x}))$ 最为接近, Y 与 $\boldsymbol{a}'\boldsymbol{x}$ 最相关, 这里 c 可取任意非零的常数.

由于 c 并不影响 Y 和 $\boldsymbol{x}$ 复相关系数 $\rho_{Y,\boldsymbol{x}}$, 因此令 $\boldsymbol{a}=\boldsymbol{\Sigma}_{\boldsymbol{xx}}^{-1}\boldsymbol{\Sigma}_{\boldsymbol{x}Y}$. 复相关系数本质上刻画了 Y 与 $\boldsymbol{x}$ 的线性相关程度, $\boldsymbol{a}=\boldsymbol{\Sigma}_{\boldsymbol{xx}}^{-1}\boldsymbol{\Sigma}_{\boldsymbol{x}Y}$ 对应于线性模型中的回归系数, 即

$$Y=a_0+\boldsymbol{a}'\boldsymbol{x}+e,$$

这里, $E(Y|\boldsymbol{x})=a_0+\boldsymbol{a}'\boldsymbol{x}$, e 为随机误差, 其中 $a_0=E(Y)-\boldsymbol{a}'E(\boldsymbol{x})$.

用类似办法, 两随机向量 $\boldsymbol{x}$ 和 $\boldsymbol{y}$ 的相关程度的度量就可通过其线性组合的相关系数来刻画.

定义 9.1.2 设 $\boldsymbol{x}$ 和 $\boldsymbol{y}$ 分别为 $p\times 1$ 和 $q\times 1$ 随机向量, 则称

$$\max_{\boldsymbol{a},\boldsymbol{b}}\rho_{\boldsymbol{a}'\boldsymbol{x},\boldsymbol{b}'\boldsymbol{y}}=\max_{\boldsymbol{a},\boldsymbol{b}}\frac{\boldsymbol{a}'(\boldsymbol{\Sigma}_{\boldsymbol{xy}}\boldsymbol{b})}{\sqrt{\boldsymbol{a}'\boldsymbol{\Sigma}_{\boldsymbol{xx}}\boldsymbol{a}\boldsymbol{b}'\boldsymbol{\Sigma}_{\boldsymbol{yy}}\boldsymbol{b}}}$$

为 $\boldsymbol{x}$ 和 $\boldsymbol{y}$ 的第一典型相关系数.

容易证明

$$\begin{aligned}\max_{\boldsymbol{a},\boldsymbol{b}\in R^p}\rho_{\boldsymbol{a}'\boldsymbol{x},\boldsymbol{b}'\boldsymbol{y}}&=\max_{\boldsymbol{b}\in R^p}\left(\max_{\boldsymbol{a}\in R^p}\frac{\boldsymbol{a}'(\boldsymbol{\Sigma}_{\boldsymbol{xy}}\boldsymbol{b})}{\sqrt{\boldsymbol{a}'\boldsymbol{\Sigma}_{\boldsymbol{xx}}\boldsymbol{a}}}\right)\cdot\frac{1}{\sqrt{\boldsymbol{b}'\boldsymbol{\Sigma}_{\boldsymbol{yy}}\boldsymbol{b}}}\\&=\max_{\boldsymbol{b}\in R^p}\sqrt{\frac{\boldsymbol{b}'\left(\boldsymbol{\Sigma}_{\boldsymbol{yx}}\boldsymbol{\Sigma}_{\boldsymbol{xx}}^{-1}\boldsymbol{\Sigma}_{\boldsymbol{xy}}\right)\boldsymbol{b}}{\boldsymbol{b}'\boldsymbol{\Sigma}_{\boldsymbol{yy}}\boldsymbol{b}}}\qquad(9.1.3)\\&=\sqrt{\lambda_1(\boldsymbol{\Sigma}_{\boldsymbol{yx}}\boldsymbol{\Sigma}_{\boldsymbol{xx}}^{-1}\boldsymbol{\Sigma}_{\boldsymbol{xy}}\boldsymbol{\Sigma}_{\boldsymbol{yy}}^{-1})},\qquad(9.1.4)\end{aligned}$$

其中 $\lambda_1(\cdot)$ 为矩阵的最大特征根. 事实上, 应用 Cauchy-Schwarz 不等式, 对于固定的 $\boldsymbol{b}$, 等式 (9.1.3) 成立当且仅当

$$\boldsymbol{a}=c\boldsymbol{\Sigma}_{\boldsymbol{xx}}^{-1}\boldsymbol{\Sigma}_{\boldsymbol{xy}}\boldsymbol{b},\qquad(9.1.5)$$

这里 c 为任意非零常数. 应用 Raylaigh-Ritz 定理(参见引理 5.3.1), 等式 (9.1.4) 成立, 且在 $\boldsymbol{b}=\boldsymbol{\Sigma}_{\boldsymbol{yy}}^{-1/2}\boldsymbol{\beta}$ 处取到最大值, 这里, $\boldsymbol{\beta}$ 为

$$\boldsymbol{\Sigma}_{\boldsymbol{yy}}^{-1/2}\boldsymbol{\Sigma}_{\boldsymbol{yx}}\boldsymbol{\Sigma}_{\boldsymbol{xx}}^{-1}\boldsymbol{\Sigma}_{\boldsymbol{xy}}\boldsymbol{\Sigma}_{\boldsymbol{yy}}^{-1/2}$$

的最大特征根 λ_1 所对应的特征向量. 由于相关系数 $\rho_{\boldsymbol{a}'\boldsymbol{x},\boldsymbol{b}'\boldsymbol{y}}$ 不受 $\boldsymbol{a}$ 和 $\boldsymbol{b}$ 常数倍的影响, 为简单起见, 令

$$\boldsymbol{a}'\boldsymbol{\Sigma}_{\boldsymbol{xx}}\boldsymbol{a}=1,\quad \boldsymbol{b}'\boldsymbol{\Sigma}_{\boldsymbol{yy}}\boldsymbol{b}=1,\qquad(9.1.6)$$

即要求 $\boldsymbol{\alpha}$ 和 $\boldsymbol{\beta}$ 为标准化的向量, $\boldsymbol{\alpha}'\boldsymbol{\alpha}=1$, $\boldsymbol{\beta}'\boldsymbol{\beta}=1$, 这里 $\boldsymbol{\alpha}=\boldsymbol{\Sigma}_{\boldsymbol{xx}}^{1/2}\boldsymbol{a}$. 由 (9.1.5) 得

$$\boldsymbol{a}'\boldsymbol{\Sigma}_{\boldsymbol{xx}}\boldsymbol{a}=c^2\boldsymbol{\beta}'\boldsymbol{\Sigma}_{\boldsymbol{yy}}^{-1/2}\boldsymbol{\Sigma}_{\boldsymbol{yx}}\boldsymbol{\Sigma}_{\boldsymbol{xx}}^{-1}\boldsymbol{\Sigma}_{\boldsymbol{xy}}\boldsymbol{\Sigma}_{\boldsymbol{yy}}^{-1/2}\boldsymbol{\beta}=c^2\lambda_1,$$

因此为保证 $\boldsymbol{a}'\boldsymbol{\Sigma}_{\boldsymbol{xx}}\boldsymbol{a}=1$, 只需令 $c=1/\sqrt{\lambda_1}$. 于是借助 (9.1.5), 可由 $\boldsymbol{b}$ 得到 $\boldsymbol{a}$, 即

$$\boldsymbol{a}=\frac{1}{\rho_1}\boldsymbol{\Sigma}_{\boldsymbol{xx}}^{-1}\boldsymbol{\Sigma}_{\boldsymbol{xy}}\boldsymbol{b}. \tag{9.1.7}$$

由 $\boldsymbol{a}$ 和 $\boldsymbol{b}$ 的对称性, 同理可证得 $\boldsymbol{\alpha}$ 为 $\boldsymbol{\Sigma}_{\boldsymbol{xx}}^{-1/2}\boldsymbol{\Sigma}_{\boldsymbol{xy}}\boldsymbol{\Sigma}_{\boldsymbol{yy}}^{-1}\boldsymbol{\Sigma}_{\boldsymbol{yx}}\boldsymbol{\Sigma}_{\boldsymbol{xx}}^{-1/2}$ 的最大特征根 λ_1 所对应的标准化的特征向量,

$$\boldsymbol{b}=\frac{1}{\sqrt{\lambda_1}}\boldsymbol{\Sigma}_{\boldsymbol{yy}}^{-1}\boldsymbol{\Sigma}_{\boldsymbol{yx}}\boldsymbol{a}. \tag{9.1.8}$$

记 $\rho_1=\sqrt{\lambda_1}$. 当 ρ_1 越接近于 0 时, 说明 $\boldsymbol{x}$ 和 $\boldsymbol{y}$ 的相关关系越弱, 当 ρ_1 越接近于 1 时, 说明 $\boldsymbol{x}$ 和 $\boldsymbol{y}$ 的相关关系越强. 但以上得到的 $\boldsymbol{a}'\boldsymbol{x}$ 和 $\boldsymbol{b}'\boldsymbol{y}$ 的相关关系 ρ_1 往往并不能完全反映 $\boldsymbol{x}$ 和 $\boldsymbol{y}$ 的相关程度, 需要考虑 $\boldsymbol{x}$ 和 $\boldsymbol{y}$ 的更多组线性组合的相关系数.

9.2 总体的典型相关分析

9.2.1 总体的典型相关的定义

设 $\boldsymbol{x}$ 和 $\boldsymbol{y}$ 分别为 $p\times 1$ 和 $q\times 1$ 随机向量, 其协方差阵为

$$\mathrm{Cov}\begin{pmatrix}\boldsymbol{x}\\ \boldsymbol{y}\end{pmatrix}=\boldsymbol{\Sigma}=\begin{pmatrix}\boldsymbol{\Sigma}_{11} & \boldsymbol{\Sigma}_{12}\\ \boldsymbol{\Sigma}_{21} & \boldsymbol{\Sigma}_{22}\end{pmatrix},$$

这里 $\boldsymbol{\Sigma}_{11}=\mathrm{Cov}(\boldsymbol{x})>0$, $\boldsymbol{\Sigma}_{22}=\mathrm{Cov}(\boldsymbol{y})>0$, $\boldsymbol{\Sigma}_{21}'=\boldsymbol{\Sigma}_{12}=\mathrm{Cov}(\boldsymbol{x},\boldsymbol{y})$. 类似随机变量间相关系数的定义, 记

$$\boldsymbol{R}=\boldsymbol{\Sigma}_{11}^{-1/2}\boldsymbol{\Sigma}_{12}\boldsymbol{\Sigma}_{22}^{-1/2}, \tag{9.2.1}$$

典型相关分析的目的就是简化 $\boldsymbol{R}$ 的结构.

对 $\boldsymbol{R}$ 做奇异值分解

$$\boldsymbol{R}=\boldsymbol{Q}\boldsymbol{\Lambda}\boldsymbol{P}', \tag{9.2.2}$$

这里

$$\boldsymbol{Q}=(\boldsymbol{\alpha}_1,\cdots,\boldsymbol{\alpha}_k),$$

$$\boldsymbol{P}=(\boldsymbol{\beta}_1,\cdots,\boldsymbol{\beta}_k),$$

$$\boldsymbol{\Lambda}=\mathrm{diag}(\sqrt{\lambda_1},\cdots,\sqrt{\lambda_k}),$$

其中, $\lambda_1\geqslant\cdots\geqslant\lambda_k$ 为 $\boldsymbol{R}\boldsymbol{R}'$ 和 $\boldsymbol{R}'\boldsymbol{R}$ 的非零特征值, $\boldsymbol{\alpha}_i$ 和 $\boldsymbol{\beta}_i$ 分别为 $\boldsymbol{R}\boldsymbol{R}'$ 和 $\boldsymbol{R}'\boldsymbol{R}$ 对应于共同的特征值 λ_i 的标准化的特征向量, $k=\mathrm{rk}(\boldsymbol{R})=\mathrm{rk}(\boldsymbol{\Sigma}_{12})$.

令

$$\boldsymbol{a}_i = \boldsymbol{\Sigma}_{11}^{-1/2}\boldsymbol{\alpha}_i, \tag{9.2.3}$$

$$\boldsymbol{b}_i = \boldsymbol{\Sigma}_{22}^{-1/2}\boldsymbol{\beta}_i, \tag{9.2.4}$$

$i = 1, \cdots, k$, 于是, $\boldsymbol{a}_i'\boldsymbol{x}$ 和 $\boldsymbol{b}_i'\boldsymbol{y}$ 方差皆标准化为 1, 即

$$\boldsymbol{a}_i'\boldsymbol{\Sigma}_{11}\boldsymbol{a}_i = \boldsymbol{\alpha}_i'\boldsymbol{\alpha}_i = 1,$$

$$\boldsymbol{b}_i'\boldsymbol{\Sigma}_{22}\boldsymbol{b}_i = \boldsymbol{\beta}'\boldsymbol{\beta} = 1,$$

$\boldsymbol{a}_i'\boldsymbol{x}$ 和 $\boldsymbol{b}_i'\boldsymbol{y}$ 的相关系数为

$$\rho(\boldsymbol{a}_i'\boldsymbol{x}, \boldsymbol{b}_i'\boldsymbol{y}) = \frac{\boldsymbol{a}_i'\boldsymbol{\Sigma}_{12}\boldsymbol{b}_i}{\sqrt{\boldsymbol{a}_i'\boldsymbol{\Sigma}_{11}\boldsymbol{a}_i\boldsymbol{b}_i'\boldsymbol{\Sigma}_{22}\boldsymbol{b}_i}} = \boldsymbol{\alpha}_i'\boldsymbol{R}\boldsymbol{\beta}_i = \sqrt{\lambda_i} \triangleq \rho_i, \tag{9.2.5}$$

对任意 $1 \leqslant i \neq j \leqslant k$, 都有

$$\begin{aligned}
\mathrm{Cov}(\boldsymbol{a}_i'\boldsymbol{x}, \boldsymbol{a}_j'\boldsymbol{x}) &= \boldsymbol{a}_i'\boldsymbol{\Sigma}_{11}\boldsymbol{a}_i = \boldsymbol{\alpha}_i'\boldsymbol{\alpha}_j = 0, \\
\mathrm{Cov}(\boldsymbol{a}_i'\boldsymbol{x}, \boldsymbol{b}_j'\boldsymbol{y}) &= \boldsymbol{a}_i'\boldsymbol{\Sigma}_{11}\boldsymbol{b}_j = \boldsymbol{\alpha}_i'\boldsymbol{R}\boldsymbol{\beta}_j = 0, \\
\mathrm{Cov}(\boldsymbol{b}_i'\boldsymbol{y}, \boldsymbol{b}_j'\boldsymbol{y}) &= \boldsymbol{b}_i'\boldsymbol{\Sigma}_{22}\boldsymbol{b}_j = \boldsymbol{\beta}_i'\boldsymbol{\beta}_j = 0.
\end{aligned}$$

称向量 $\boldsymbol{a}_i$ 和 $\boldsymbol{b}_i$ 分别为 $\boldsymbol{x}$ 和 $\boldsymbol{y}$ 的**典型相关向量**, 称 $(\boldsymbol{a}_i'\boldsymbol{x}, \boldsymbol{b}_i'\boldsymbol{y})$ 为 $\boldsymbol{x}$ 和 $\boldsymbol{y}$ 的**第 i 组典型相关变量**, 称 ρ_i 为 $\boldsymbol{x}$ 和 $\boldsymbol{y}$ 的**第 i 个典型相关系数**. 因此, 典型相关变量 $\boldsymbol{a}_1'\boldsymbol{x}$ 和 $\boldsymbol{b}_i'\boldsymbol{y}$ 的方差都被标准化为 1, 且不同组的典型相关变量是不相关的.

注 9.2.1　$\boldsymbol{R}\boldsymbol{R}'$ 与 $\boldsymbol{\Sigma}_{11}^{-1}\boldsymbol{\Sigma}_{12}\boldsymbol{\Sigma}_{22}^{-1}\boldsymbol{\Sigma}_{21}$ 具有相同的非零特征值, 故 $\boldsymbol{x}$ 和 $\boldsymbol{y}$ 的典型相关系数也可通过后者得到.

注 9.2.2　典型相关向量 $\boldsymbol{a}_i$ 和 $\boldsymbol{b}_i$ 具有如下互换关系:

$$\boldsymbol{a}_i = \frac{1}{\rho_i}\boldsymbol{\Sigma}_{11}^{-1}\boldsymbol{\Sigma}_{12}\boldsymbol{b}_i, \quad \boldsymbol{b}_i = \frac{1}{\rho_i}\boldsymbol{\Sigma}_{22}^{-1}\boldsymbol{\Sigma}_{21}\boldsymbol{a}_i, \quad i = 1, \cdots, k.$$

为清晰起见, 下面用矩阵形式表达典型相关变量. 分别记 $\boldsymbol{x}$ 和 $\boldsymbol{y}$ 的 k 个典型相关变量为

$$\boldsymbol{\eta} = (\eta_1, \cdots, \eta_k)' = \boldsymbol{A}\boldsymbol{x}, \quad \boldsymbol{\zeta} = (\zeta_1, \cdots, \zeta_k)' = \boldsymbol{B}\boldsymbol{y},$$

这里, $\boldsymbol{A} = (\boldsymbol{a}_1, \cdots, \boldsymbol{a}_k)'$, $\boldsymbol{B} = (\boldsymbol{b}_1, \cdots, \boldsymbol{b}_k)'$, 其中 $\eta_i = \boldsymbol{a}_i'\boldsymbol{x}$, $\zeta_i = \boldsymbol{b}_j'\boldsymbol{y}$. 于是

$$\mathrm{Cov}\begin{pmatrix} \boldsymbol{\eta} \\ \boldsymbol{\zeta} \end{pmatrix} = \begin{pmatrix} \boldsymbol{I}_k & \boldsymbol{\Lambda} \\ \boldsymbol{\Lambda} & \boldsymbol{I}_k \end{pmatrix}, \tag{9.2.6}$$

这里 $\boldsymbol{\Lambda} = \mathrm{diag}(\rho_1, \cdots, \rho_k)$. 故典型相关分析就是将 $\boldsymbol{x}$ 和 $\boldsymbol{y}$ 通过线性变化 $\boldsymbol{A}\boldsymbol{x}$ 和 $\boldsymbol{B}\boldsymbol{y}$, 使得 $\boldsymbol{x}$ 和 $\boldsymbol{y}$ 的协方差阵 $\boldsymbol{\Sigma}$ 化为 (9.2.6) 简单形式.

9.2.2 典型相关系数的性质

以下定理将给出典型相关变量和典型相关系数的进一步的性质.

定理 9.2.1 对固定的 $r\ (1 \leqslant r \leqslant k)$, 记

$$f_r = \max_{\boldsymbol{a},\boldsymbol{b}} \boldsymbol{a}'\boldsymbol{\Sigma}_{12}\boldsymbol{b},$$

其中 $\boldsymbol{a}$ 和 $\boldsymbol{b}$ 满足约束条件:

$$\boldsymbol{a}'\boldsymbol{\Sigma}_{11}\boldsymbol{a} = 1, \quad \boldsymbol{b}'\boldsymbol{\Sigma}_{22}\boldsymbol{b} = 1, \quad \boldsymbol{a}_i'\boldsymbol{\Sigma}_{11}\boldsymbol{a} = 0, \quad i = 1, \cdots, r-1. \tag{9.2.7}$$

则 $f_r = \sqrt{\lambda_r}$, 且最大值在 $\boldsymbol{a} = \boldsymbol{a}_r$ 和 $\boldsymbol{b} = \boldsymbol{b}_r$ 处达到.

证明 由于 $\boldsymbol{a}'\boldsymbol{\Sigma}_{12}\boldsymbol{b}$ 与 $(\boldsymbol{a}'\boldsymbol{\Sigma}_{12}\boldsymbol{b})^2$ 在同处取得极大值, 故下面考虑 $(\boldsymbol{a}'\boldsymbol{\Sigma}_{12}\boldsymbol{b})^2$ 的极值问题. 类似 9.1 节第一典型相关系数的求解过程, 该定理证明分以下三步:

第一步: 对于固定 $\boldsymbol{a}$, 关于 $\boldsymbol{b}$ 求最大化:

$$\max_{\substack{\boldsymbol{b}\in R^p \\ \boldsymbol{b}'\boldsymbol{\Sigma}_{22}\boldsymbol{b}=1}} (\boldsymbol{a}'\boldsymbol{\Sigma}_{12}\boldsymbol{b}) = \max_{\boldsymbol{b}} \frac{(\boldsymbol{b}'\boldsymbol{\Sigma}_{21}\boldsymbol{a})^2}{\boldsymbol{b}'\boldsymbol{\Sigma}_{22}\boldsymbol{b}}.$$

令 $\boldsymbol{l} = \boldsymbol{\Sigma}_{21}\boldsymbol{a}$, 由 Cauchy-Schwarz 不等式, 其最大值为

$$\boldsymbol{l}'\boldsymbol{\Sigma}_{22}^{-1}\boldsymbol{l} = \boldsymbol{a}'\boldsymbol{\Sigma}_{12}\boldsymbol{\Sigma}_{22}^{-1}\boldsymbol{\Sigma}_{21}\boldsymbol{a}. \tag{9.2.8}$$

第二步: 关于 $\boldsymbol{a}$ 最大化 (9.2.8). 令 $\boldsymbol{\alpha} = \boldsymbol{\Sigma}_{11}^{1/2}\boldsymbol{a}$, 则在约束条件 (9.2.7) 下最大化 (9.2.8) 的问题等价于

$$\max_{\boldsymbol{\alpha}} \boldsymbol{\alpha}'\boldsymbol{R}\boldsymbol{R}'\boldsymbol{\alpha}, \tag{9.2.9}$$

其中 $\boldsymbol{\alpha}$ 满足约束条件:

$$\boldsymbol{\alpha}'\boldsymbol{\alpha} = 1, \quad \boldsymbol{\alpha}_i'\boldsymbol{\alpha} = 0, \quad i = 1, \cdots, r-1.$$

注意到

$$\boldsymbol{R}\boldsymbol{R}' = \sum_{i=1}^{p} \lambda_i \boldsymbol{\alpha}_i \boldsymbol{\alpha}_i',$$

记 $\boldsymbol{W}_r = \sum_{i=r}^{p} \lambda_i \boldsymbol{\alpha}_i \boldsymbol{\alpha}_i'$, 于是最大化 (9.2.9) 等价于

$$\max_{\substack{\boldsymbol{\alpha}\in R^p \\ \boldsymbol{\alpha}'\boldsymbol{\alpha}=1}} \boldsymbol{\alpha}'\boldsymbol{W}_r\boldsymbol{\alpha}. \tag{9.2.10}$$

应用 Raylaigh-Ritz 定理, 立得: (9.2.10) 在 $\boldsymbol{\alpha} = \boldsymbol{\alpha}_r$ 处取得最大值, 最大值为 $\boldsymbol{W}_r$ 的最大特征值 λ_r.

第三步: 证明最大值 $f_r = \sqrt{\lambda_r}$ 在 $\boldsymbol{a} = \boldsymbol{a}_r$ 和 $\boldsymbol{b} = \boldsymbol{b}_r$ 处取得. 结合分解式 (9.2.2) 和定理 2.1.6 得

$$\boldsymbol{R}\boldsymbol{\beta}_r = \rho_r \boldsymbol{\alpha}_r. \tag{9.2.11}$$

因此

$$\boldsymbol{a}_r' \boldsymbol{\Sigma}_{12} \boldsymbol{b}_r = \boldsymbol{\alpha}_r \boldsymbol{R} \boldsymbol{\beta}_r = \rho_r \boldsymbol{\alpha}_r' \boldsymbol{\alpha}_r = \rho_r.$$

定理证毕.

定理 9.2.2 记 $\boldsymbol{x}^* = \boldsymbol{U}'\boldsymbol{x} + \boldsymbol{u}$, $\boldsymbol{y}^* = \boldsymbol{V}'\boldsymbol{y} + \boldsymbol{v}$, 其中 $\boldsymbol{U}$ 和 $\boldsymbol{V}$ 分别为 $p \times p$ 和 $q \times q$ 任意可逆的常数矩阵, $\boldsymbol{u}$ 和 $\boldsymbol{v}$ 分别为 $p \times 1$ 和 $q \times 1$ 的常数向量. 则 $\boldsymbol{x}^*$ 和 $\boldsymbol{y}^*$ 典型相关系数就等于 $\boldsymbol{x}$ 和 $\boldsymbol{y}$ 典型相关系数; $\boldsymbol{x}^*$ 和 $\boldsymbol{y}^*$ 典型相关向量分别为 $\boldsymbol{a}_i^* = \boldsymbol{U}^{-1}\boldsymbol{a}_i$, $\boldsymbol{b}_i^* = \boldsymbol{V}^{-1}\boldsymbol{b}_i$, 这里 $\boldsymbol{a}_i$ $\boldsymbol{b}_i$ 分别为 $\boldsymbol{x}$ 和 $\boldsymbol{y}$ 典型相关向量.

证明 注意到

$$\mathrm{Cov}(\boldsymbol{x}^*) = \boldsymbol{\Sigma}_{11}^* = \boldsymbol{U}'\boldsymbol{\Sigma}_{11}\boldsymbol{U}, \quad \mathrm{Cov}(\boldsymbol{y}^*) = \boldsymbol{\Sigma}_{22}^* = \boldsymbol{V}'\boldsymbol{\Sigma}_{22}\boldsymbol{V},$$

$$\mathrm{Cov}(\boldsymbol{x}^*, \boldsymbol{y}^*) = \boldsymbol{\Sigma}_{12}* = \boldsymbol{U}'\boldsymbol{\Sigma}_{12}\boldsymbol{V},$$

$$(\boldsymbol{\Sigma}_{11}^*)^{-1}\boldsymbol{\Sigma}_{12}^*(\boldsymbol{\Sigma}_{22}^*)^{-1}\boldsymbol{\Sigma}_{21}^* = \boldsymbol{U}^{-1}(\boldsymbol{\Sigma}_{11}^{-1}\boldsymbol{\Sigma}_{12}\boldsymbol{\Sigma}_{22}^{-1}\boldsymbol{\Sigma}_{21})\boldsymbol{U}$$

与 $\boldsymbol{\Sigma}_{11}^{-1}\boldsymbol{\Sigma}_1 2\boldsymbol{\Sigma}_{22}^{-1}\boldsymbol{\Sigma}_{21}$ 具有相同的非零特征值, 故 $\boldsymbol{x}^*$ 和 $\boldsymbol{y}^*$ 的典型相关系数与 $\boldsymbol{x}$ 和 $\boldsymbol{y}$ 的典型相关系数完全相同. 另外, 记

$$\boldsymbol{A}^* = (\boldsymbol{a}_1^*, \cdots, \boldsymbol{a}_k^*)', \quad \boldsymbol{B}^* = (\boldsymbol{b}_1^*, \cdots, \boldsymbol{b}_k^*)'.$$

易证 $\boldsymbol{A}^* = \boldsymbol{A}(\boldsymbol{U}')^{-1}$, $\boldsymbol{B}^* = \boldsymbol{B}(\boldsymbol{V}')^{-1}$. 于是

$$\mathrm{Cov}(\boldsymbol{A}^*\boldsymbol{x}^*) = \mathrm{Cov}(\boldsymbol{A}\boldsymbol{x}) = \boldsymbol{I}_k, \quad \mathrm{Cov}(\boldsymbol{B}^*\boldsymbol{y}^*) = \mathrm{Cov}(\boldsymbol{B}\boldsymbol{y}) = \boldsymbol{I}_k,$$

$$\mathrm{Cov}(\boldsymbol{A}^*\boldsymbol{x}^*, \boldsymbol{B}^*\boldsymbol{y}^*) = \mathrm{Cov}(\boldsymbol{A}\boldsymbol{x}, \boldsymbol{B}\boldsymbol{y}) = \boldsymbol{\Lambda}.$$

定理证毕.

该定理表明 $\boldsymbol{x}$ 和 $\boldsymbol{y}$ 的典则相关系数具有尺度不变性. 因此, 将以上协方差阵 $\boldsymbol{\Sigma}$ 换成相关系数矩阵, 也可求得 $\boldsymbol{x}$ 和 $\boldsymbol{y}$ 的典型相关系数.

9.3 样本典型相关分析

9.3.1 样本典型相关的定义

在大多数实际应用中 $\boldsymbol{\Sigma}$ 是未知的, 因此, 典型相关系数和典型相关变量都是未知的, 都需要由样本来估计.

设 $\boldsymbol{z}_i=(\boldsymbol{x}_i',\boldsymbol{y}_i')'$, $i=1,\cdots,n$, 是来自正态总体 $(\boldsymbol{x}',\boldsymbol{y}')'$ 的一个样本, 其总体分布为 $N_{p+q}(\boldsymbol{\mu},\boldsymbol{\Sigma})$, 这里 $n>p+q$. 则 $\boldsymbol{S}/n$ 就是 $\boldsymbol{\Sigma}$ 的极大似然估计, 其中

$$\boldsymbol{S}=\sum_{i=1}^{n}(\boldsymbol{z}_i-\bar{\boldsymbol{z}})(\boldsymbol{z}_i-\bar{\boldsymbol{z}})'.$$

将 $\boldsymbol{S}$ 作相应的分块,

$$\boldsymbol{S}=\begin{pmatrix}\boldsymbol{S}_{11} & \boldsymbol{S}_{12}\\ \boldsymbol{S}_{21} & \boldsymbol{S}_{22}\end{pmatrix}. \tag{9.3.1}$$

不妨假设 $p\leqslant q$. 注意到无论 $\boldsymbol{\Sigma}_{12}$ 的秩 k 是否等于 p, 矩阵 $\boldsymbol{S}_{11}^{-1}\boldsymbol{S}_{12}\boldsymbol{S}_{22}^{-1}\boldsymbol{S}_{21}$ 总以概率为 1 的有 p 个不同的正特征值, 记为 $r_1^2>\cdots>r_p^2$. 称 $r_1,\cdots,r_p$ 为样本典型相关系数, 将 (9.2.5) 中涉及的 $\boldsymbol{\Sigma}_{ij}$ 换成相应 $\boldsymbol{S}_{ij}$, 可类似地求得 $\hat{\boldsymbol{a}}_i$, $\hat{\boldsymbol{b}}_i$. 称 $(\hat{\boldsymbol{a}}_i\boldsymbol{x},\hat{\boldsymbol{b}}_i\boldsymbol{y})$ 为第 i 组样本典型相关变量.

应用定理 7.2.1, 有

定理 9.3.1 当 $\mathrm{rk}(\boldsymbol{\Sigma}_{12})=p$ 且 $\boldsymbol{\Sigma}_{11}^{-1}\boldsymbol{\Sigma}_{12}\boldsymbol{\Sigma}_{22}^{-1}\boldsymbol{\Sigma}_{21}$ 具有不同的特征根时, 样本典则相关变量 $(\hat{\boldsymbol{a}}_i\boldsymbol{x},\hat{\boldsymbol{b}}_i\boldsymbol{y})$ 和样本典型相关系数 r_i 分别为总体典则相关变量 $(\boldsymbol{a}_i\boldsymbol{x},\boldsymbol{b}_i\boldsymbol{y})$ 和典型相关系数 ρ_i 的极大似然估计.

由于从样本中总是可得到 p 个不同样本典型相关系数 $r_1,\cdots,r_p$, 其反应不出 $\boldsymbol{\Sigma}_{12}$ 的秩, 即总体典型相关系数的真实个数 k. 因此, 一个重要问题是如何确定 k.

9.3.2 典型相关系数个数的检验

首先检验 $H_0:k=0$, 即 $\boldsymbol{x}$ 和 $\boldsymbol{y}$ 不相关, $\boldsymbol{\Sigma}_{12}=\boldsymbol{0}$. 在正态假设下, 该检验就是 $\boldsymbol{x}$ 和 $\boldsymbol{y}$ 的独立性检验. 由 5.5 节知似然比检验统计量为

$$\lambda_0^{2/n}=|I_p-\boldsymbol{S}_{11}^{-1}\boldsymbol{S}_{12}\boldsymbol{S}_{22}^{-1}\boldsymbol{S}_{21}|=\prod_{i=1}^{p}(1-r_i^2).$$

由于其精确分布非常复杂, Bartlett(1939) 提出了一个渐近分布:

$$W_0=-\left(n-\frac{p+q+3}{2}\right)\ln\prod_{i=1}^{p}(1-r_i^2)\to\chi_{pq}^2. \tag{9.3.2}$$

若检验 $\boldsymbol{x}$ 和 $\boldsymbol{y}$ 独立, 则不必要对 $\boldsymbol{x}$ 和 $\boldsymbol{y}$ 进行典型相关分析. 否则, 需要进一步确定典型相关系数的个数, 这是一个逐步检验的过程.

下面检验仅有 s 个总体的非零典型相关系数. 类似 (9.3.2), 应用后 $p-s$ 个样本典型相关系数得到该检验的一个近似的检验统计量:

$$W_s=-\left(n-\frac{p+q+3}{2}\right)\ln\prod_{i=s+1}^{p}(1-r_i^2)\to\chi_{(p-s)(q-s)}^2. \tag{9.3.3}$$

当 $W_s > \chi^2_{(p-s)(q-s)}(\alpha)$ 时, 则认为典则相关系数的个数大于 s, 需要进一步检验 (非零) 典型相关系数的个数是否等于 $s+1, \cdots$, 直到原假设被接受为止, 最终确定 (非零) 典型相关系数的个数.

对 (9.3.3) 的证明感兴趣的读者, 可参阅王静龙 (2008). Glynn 和 Muirhead(1978) 通过拟合给定前 s 个样本典型相关系数 $r_1, \cdots, r_s$ 条件下 W_s 数据期望, 给出了 W_k 的一个改进, 并建议采用检验统计量

$$L_s = -\left(n - s - \frac{p+q+3}{2} + \sum_{i=1}^{s} r_i^2\right) \ln \prod_{i=s+1}^{p} (1 - r_i^2) \to \chi^2_{(p-s)(q-s)}. \tag{9.3.4}$$

9.3.3 实例分析

在 7.2.3 节考虑了 50 位心肌梗死患者的 6 个危险因素 (总胆固醇 (X_1)、甘油三酯 (X_2)、高密度脂蛋白胆固醇 (X_3)、低密度脂蛋白胆固醇 (X_4)、载脂蛋白 A(X_5)、载脂蛋白 B(X_5)) 的主成分, 得到第一主成分反映的 “好” 胆固醇 (总胆固醇、高密度脂蛋白胆固醇、载脂蛋白 A) 的信息, 第二、第三主成分主要反映了 “坏” 胆固醇 (甘油三酯、低密度脂蛋白胆固醇和载脂蛋白 B) 的信息. 本节考虑 “好” 胆固醇和 “坏” 胆固醇间的相关性.

首先, 计算这 6 个危险因素两两间的样本相关系数 r_{ij}, 并用 t 检验统计量

$$t_{ij} = \sqrt{n-2}\frac{r_{ij}}{\sqrt{1 - r_{ij}^2}} \tag{9.3.5}$$

做危险因素 X_i 和 X_j 的相关系数显著性检验, 当 X_i 和 X_j 不相关时, 检验统计量 t_{ij} 服从自由度为 $n-2$ 的 t- 分布, 因此当

$$|t_{ij}| > t_{n-2}(\alpha/2), \quad \text{或} \quad p = P(t_{n-2} > |t_{ij}|) > \alpha,$$

就认为 X_i 和 X_j 相关显著, 否则认为两者不显著, 通常选显著性水平 $\alpha = 0.05$, 将结果汇总到表 9.1. 从表 9.1 可以看出:

- “好” 胆固醇中的高密度脂蛋白胆固醇 (X_3) 与载脂蛋白 A (X_5) 显著相关;
- “坏” 胆固醇中的低密度脂蛋白胆固醇 (X_4) 与载脂蛋白 B (X_6) 显著相关, 甘油三酯 (X_2) 与载脂蛋白 B(X_6) 显著相关;
- “好” 胆固醇中的总胆固醇 (X_1) 与 “坏” 胆固醇中的甘油三酯 (X_2), 低密度脂蛋白胆固醇 (X_4) 和载脂蛋白 B (X_6) 都显著相关.

下面, 研究 “好” 胆固醇 $\boldsymbol{y}_1 = (X_1, X_3, X_5)$ 和 “坏” 胆固醇 $\boldsymbol{y}_2 = (X_2, X_4, X_6)$ 之间的典型相关性. 由表 9.1 立得

$$R_{11} = \mathrm{Corr}(\boldsymbol{y}_1) = \begin{pmatrix} 1.000 & -0.146 & 0.059 \\ -0.146 & 1.000 & 0.718 \\ 0.059 & 0.718 & 1.000 \end{pmatrix},$$

$$R_{22} = \mathrm{Corr}(\boldsymbol{y}_2) = \begin{pmatrix} 1.000 & 0.017 & 0.366 \\ 0.017 & 1.000 & 0.358 \\ 0.366 & 0.358 & 1.000 \end{pmatrix},$$

$$R_{12} = \mathrm{Corr}(\boldsymbol{y}_1, \boldsymbol{y}_2) = \begin{pmatrix} 0.462 & 0.825 & 0.587 \\ -0.193 & -0.221 & -0.082 \\ 0.027 & -0.037 & 0.153 \end{pmatrix}.$$

表 9.1 6 个危险因素的相关性

		X_1	X_2	X_3	X_4	X_5	X_6
X_1	Pearson 相关性	1	0.462	−0.146	0.825	0.059	0.587
	显著性 (双侧)		0.000	0.291	0.000	0.673	0.000
X_2	Pearson 相关性	0.462	1	−0.193	0.017	0.027	0.366
	显著性 (双侧)	0.000		0.161	0.902	0.948	0.006
X_3	Pearson 相关性	−0.146	−0.193	1	−0.221	0.718	−0.082
	显著性 (双侧)	0.291	0.161		0.109	0.000	0.557
X_4	Pearson 相关性	0.825	0.017	−0.221	1	−0.037	0.358
	显著性 (双侧)	0.000	0.902	0.109		0.792	0.008
X_5	Pearson 相关性	0.059	0.027	0.718	−0.037	1	0.153
	显著性 (双侧)	0.673	0.848	0.000	0.792		0.269
X_6	Pearson 相关性	0.587	0.366	−0.082	0.358	0.153	1
	显著性 (双侧)	0.000	0.006	0.557	0.008	0.269	

由此可对 “好” 胆固醇 $\boldsymbol{y}_1 = (X_1, X_3, X_5)$ 和 “坏” 胆固醇 $\boldsymbol{y}_2 = (X_2, X_4, X_6)$ 进行典型相关分析. 调用 SPSS 软件的程序 “Canonical correlation.sps”, 分析结果如下:

结果一

```
Canonical Correlations
     1        .963
     2        .198
     3        .121
Test that remaining correlations are zero:
        Wilk's   Chi-SQ        DF     Sig.
   1      .069  132.347     9.000     .000
   2      .947    2.703     4.000     .609
   3      .985     .728     1.000     .393
```

结果一是第一、第二、第三典型相关变量的相关系数与相关系数显著性的检验, 该结果表明第一、第二、第三典型相关变量的相关系数分别为 0.963, 0.198 和 0.121; 只有第一个典型相关系数是显著的, 其余两个典型相关系数都不显著.

各组典型相关变量与标准化的危险因素变量的相关系数和原始的危险因素变量的相关系数如下：

结果二

Standardized Canonical Coefficients for Set-1

	1	2	3
X_1	-.947	-.186	-.389
X_3	.226	-.605	-1.346
X_5	-.117	1.357	.578

Raw Canonical Coefficients for Set-1

	1	2	3
X_1	-.026	-.005	-.011
X_3	.019	-.050	-.110
X_5	-.478	5.569	2.373

Standardized Canonical Coefficients for Set-2

	1	2	3
X_2	-.424	-.017	.997
X_4	-.788	-.713	-.193
X_6	-.178	1.010	-.545

Raw Canonical Coefficients for Set-2

	1	2	3
X_2	-.005	.000	.013
X_4	-.021	-.019	-.005
X_6	-.879	4.990	-2.692

结果二分别反映了第一组变量 $\boldsymbol{y}_1$ (标准化后和准化前数据) 的三个典型变量 V_1, V_2 和 V_3 的表达式, 以及第二组变量 $\boldsymbol{y}_2$ (标准化后和准化前数据) 的三个典型变量 W_1、W_2 和 W_3 的表达式. 由于只有第一典型相关变量是显著的, 所以只考虑第一组典型相关变量：

$$V_1 = -0.947X_1^* + 0.226X_3^* - 0.117X_5^* = -0.026X_1 + 0.019X_3 - 0.478X_5,$$

$$W_2 = -(0.424X_2^* + 0.788X_4^* + 0.178X_6^*) = -(0.005X_2 + 0.021X_5 + 0.879X_6),$$

这里 X_i^* 表示变量 X_i 的标准化后的数据. 从标准化数据的表达式中不难看出第一组变量的第一典型变量 V_1 主要代表了总胆固醇 X_1, 它与总胆固醇 X_1 的相关系数最高, 且呈现负相关相关, 第二组变量的第一典型变量 W_1 主要代表了低密度脂蛋白胆固醇 X_4, 同时与甘油三酯 X_2 也有较高的负相关.

此外, 利用 R 语言的 "cancor( )" 函数也可完成典型相关分析, 对此感兴趣的读者可参见薛毅, 陈立萍 (2007) 或汤银才 (2008).

第10章 判别分析

设有 k 个 p 元总体 $G_1,\cdots,G_k$, 分布函数分别为 $F_1(x),\cdots,F_k(x)$. 对给定的一个新的样品 $\boldsymbol{x}=(x_1,\cdots,x_p)'$, 要判断它来自哪个总体. 首先要制定一个法则, 有了新个体之后, 则可依据此法将个体判入某个总体. 由于判别法则会产生误判, 故一个好的法则的误判概率应该比较小. 判别分析 (discriminant analysis) 就是研究各种判别法则的统计性质, 集中反映在其误判概率或者误判损失. 最常用的判别准则有距离判别、费希尔 (Fisher) 判别、贝叶斯 (Bayes) 判别.

10.1 距离判别

距离判别的基本思想: 计算新样本 $\boldsymbol{x}$ 到各个总体的距离, 距哪个总体距离最近就认为它来自该总体. 通常采用的距离为马氏距离.

定义 10.1.1 设 G 为一个 p 维总体, 其均值向量为 $\boldsymbol{\mu}$, 协方差阵为 $\boldsymbol{\Sigma}>0$, $\boldsymbol{x}=(x_1,\cdots,x_p)'$ 为一样品, 则称

$$d^2(\boldsymbol{x},G)=(\boldsymbol{x}-\boldsymbol{\mu})'\boldsymbol{\Sigma}^{-1}(\boldsymbol{x}-\boldsymbol{\mu}) \tag{10.1.1}$$

为 $\boldsymbol{x}$ 与总体 G 的马哈拉诺比斯(Mahalanobis)距离, 简称马氏距离.

10.1.1 两总体的距离判别

设两总体 G_1 和 G_2 的均值向量分别为 $\boldsymbol{\mu}_1$ 和 $\boldsymbol{\mu}_2$, 协方差阵分别为 $\boldsymbol{\Sigma}_1$ 和 $\boldsymbol{\Sigma}_2$, $\boldsymbol{x}=(x_1,\cdots,x_p)'$ 为样品. 依据 $\boldsymbol{x}$ 到 G_1,G_2 的马氏距离 $d^2(\boldsymbol{x},G_1)$ 和 $d^2(\boldsymbol{x},G_2)$, 可用如下规则进行判别:

$$\begin{cases} \text{判 } \boldsymbol{x}\in G_1, & \text{若 } d^2(\boldsymbol{x},G_1)<d^2(\boldsymbol{x},G_2), \\ \text{判 } \boldsymbol{x}\in G_2, & \text{若 } d^2(\boldsymbol{x},G_1)>d^2(\boldsymbol{x},G_2), \\ \text{待判}, & \text{若 } d^2(\boldsymbol{x},G_1)=d^2(\boldsymbol{x},G_2). \end{cases} \tag{10.1.2}$$

当两总体的协方差阵相等时, 即 $\boldsymbol{\Sigma_1}=\boldsymbol{\Sigma_2}=\boldsymbol{\Sigma}$, 则 $\boldsymbol{x}$ 到两总体 G_1 和 G_2 距离的差为

$$\begin{aligned} & d^2(\boldsymbol{x},G_2)-d^2(\boldsymbol{x},G_1) \\ =& (\boldsymbol{x}-\boldsymbol{\mu}_2)'\boldsymbol{\Sigma}^{-1}(\boldsymbol{x}-\boldsymbol{\mu}_2)-(\boldsymbol{x}-\boldsymbol{\mu}_1)'\boldsymbol{\Sigma}^{-1}(\boldsymbol{x}-\boldsymbol{\mu}_1) \\ =& 2\boldsymbol{a}'(\boldsymbol{x}-\overline{\boldsymbol{\mu}}), \end{aligned} \tag{10.1.3}$$

其中

$$\boldsymbol{a}=\boldsymbol{\Sigma}^{-1}(\boldsymbol{\mu}_1-\boldsymbol{\mu}_2),\quad \overline{\boldsymbol{\mu}}=\frac{\boldsymbol{\mu}_1+\boldsymbol{\mu}_2}{2}.$$

记

$$W(\boldsymbol{x})=\boldsymbol{a}'(\boldsymbol{x}-\overline{\boldsymbol{\mu}})=(\boldsymbol{\mu}_1-\boldsymbol{\mu}_2)'\boldsymbol{\Sigma}^{-1}(\boldsymbol{x}-\overline{\boldsymbol{\mu}}),\tag{10.1.4}$$

则判别法则 (10.1.2) 等价于

$$\begin{cases}判\ \boldsymbol{x}\in G_1, & 若\ W(\boldsymbol{x})>0,\\ 判\ \boldsymbol{x}\in G_2, & 若\ W(\boldsymbol{x})<0,\\ 待判, & 若\ W(\boldsymbol{x})=0.\end{cases}\tag{10.1.5}$$

该判别法则取决于 $W(\boldsymbol{x})$ 的取值, 通常称 $W(\boldsymbol{x})$ 为判别函数. 由于它是 $\boldsymbol{x}$ 的线性函数, 所以又称其为**线性判别函数**, 称 $\boldsymbol{a}$ 为**判别系数**.

当 $\boldsymbol{\mu}_1,\boldsymbol{\mu}_2$ 与 $\boldsymbol{\Sigma}$ 未知时, 则可用其相应的估计替代. 设 $\boldsymbol{x}_1^{(1)},\boldsymbol{x}_2^{(1)},\cdots,\boldsymbol{x}_{n_1}^{(1)}$ 是来自总体 G_1 的随机样本, $\boldsymbol{x}_1^{(2)},\boldsymbol{x}_2^{(2)},\cdots,\boldsymbol{x}_{n_2}^{(2)}$ 是来自总体 G_2 的随机样本, 则 $\boldsymbol{\mu}_1,\boldsymbol{\mu}_2$ 与 $\boldsymbol{\Sigma}$ 的无偏估计分别为

$$\widehat{\boldsymbol{\mu}}_1=\overline{\boldsymbol{x}}^{(1)}=\frac{1}{n_1}\sum_{j=1}^{n_1}\boldsymbol{x}_{(j)}^{(1)},\quad \widehat{\boldsymbol{\mu}}_2=\overline{\boldsymbol{x}}^{(2)}=\frac{1}{n_2}\sum_{j=1}^{n_2}\boldsymbol{x}_{(j)}^{(2)},$$

$$\widehat{\boldsymbol{\Sigma}}=\frac{1}{n_1+n_2-2}(\boldsymbol{S}_1+\boldsymbol{S}_2),$$

其中

$$\boldsymbol{S}_i=\sum_{j=1}^{n_i}\left(x_{(j)}^{(i)}-\overline{\boldsymbol{x}}^{(i)}\right)\left(\boldsymbol{x}_{(j)}^{(i)}-\overline{\boldsymbol{x}}^{(i)}\right)',\quad i=1,2.$$

此时线性判别函数 $W(\boldsymbol{x})$ 为

$$W(\boldsymbol{x})=\hat{\boldsymbol{a}}'\left(\boldsymbol{x}-\widehat{\boldsymbol{\mu}}\right)\tag{10.1.6}$$

这里

$$\hat{\boldsymbol{a}}=\widehat{\boldsymbol{\Sigma}}^{-1}\left(\overline{\boldsymbol{x}}^{(1)}-\overline{\boldsymbol{x}}^{(2)}\right),\quad \widehat{\boldsymbol{\mu}}=\frac{\overline{\boldsymbol{x}}^{(1)}+\overline{\boldsymbol{x}}^{(2)}}{2}.$$

当两总体的协方差阵 $\boldsymbol{\Sigma}_1$ 和 $\boldsymbol{\Sigma}_2$ 不相等时, 判别函数

$$\begin{aligned}W(\boldsymbol{x})&=d^2(\boldsymbol{x},G_2)-d^2(\boldsymbol{x},G_1)\\&=(\boldsymbol{x}-\boldsymbol{\mu}_2)'\boldsymbol{\Sigma}_2^{-1}(\boldsymbol{x}-\boldsymbol{\mu}_2)-(\boldsymbol{x}-\boldsymbol{\mu}_1)'\boldsymbol{\Sigma}_1^{-1}(\boldsymbol{x}-\boldsymbol{\mu}_1)\end{aligned}\tag{10.1.7}$$

是 $\boldsymbol{x}$ 的二次函数, 故称其为**二次函数判别函数**. 当 $\boldsymbol{\mu}_1$, $\boldsymbol{\mu}_2$, $\boldsymbol{\Sigma}_1$, $\boldsymbol{\Sigma}_2$ 未知时, 则可用其相应的估计替代, 即

$$\widehat{\boldsymbol{\mu}}_1=\overline{\boldsymbol{x}}^{(1)},\quad \widehat{\boldsymbol{\mu}}_2=\overline{\boldsymbol{x}}^{(2)},\quad \widehat{\boldsymbol{\Sigma}}_1=\frac{1}{n_1-1}\boldsymbol{S}_1,\quad \widehat{\boldsymbol{\Sigma}}_2=\frac{1}{n_2-1}\boldsymbol{S}_2,$$

$\overline{\boldsymbol{x}}^{(1)}, \overline{\boldsymbol{x}}^{(2)}, \boldsymbol{S}_1, \boldsymbol{S}_2$ 定义同前.

例 10.1.1　II 型糖尿病数据研究

近年来, 糖尿病的发病率有逐渐增加的趋势, 且已成为中老年常见病之一. 尽管糖尿病本身并不危及生命, 但由于患者的血糖升高、蛋白质分解增加和机体的抵抗力降低, 很容易引起病菌感染, 严重者可由于感染或其他并发症而诱发急性代谢紊乱, 引起酮症酸中毒或非酮症性高渗性昏迷. 尽管目前治疗技术有很大发展, 使糖尿病患者寿命大大延长, 但心血管和神经系统的一些慢性并发症仍很难避免, 这可给患者带来严重后果. 所以早发现早治疗就显得尤为重要. 这就要求我们对一个人是否为糖尿病患者快速做出判断.

表 10.1 的数据来源于苏涛等(2013), 分别记录了从控制组和II型糖尿病组抽取 28 个个体的年龄 X_1、空腹血糖(FBG)指标 X_2、D 核糖(Rib)指标 X_3 和 D 葡萄糖(Glc)指标 X_4 的值. 记 $y=1$ 表示控制对照组, $y=2$ 表示II型糖尿病组. 计算两组的样本均值向量和样本协方差阵, 得

$$\bar{\boldsymbol{x}}^{(1)} = (70.929, 145.72, 34.800, 310.476)',$$

$$\bar{\boldsymbol{x}}^{(2)} = (60.107, 9.125, 118.470, 6465.384)',$$

$$\frac{1}{27}\boldsymbol{S}_1 = \begin{pmatrix} 59.698 & & & \\ 0.281 & 0.235 & & \\ -66.913 & -1.224 & 534.518 & \\ -150.629 & -15.138 & 1893.592 & 27561.611 \end{pmatrix},$$

$$\frac{1}{27}\boldsymbol{S}_2 = \begin{pmatrix} 69.507 & & & \\ -1.929114 & 9.529 & & \\ 170.170410 & 126.761 & 15234.599 & \\ 25778.185926 & 13636.774 & 616759.738 & 94330412.16 \end{pmatrix}.$$

若假设两总体的协方差阵相等 (严格上需要通过协方差阵的检验来检验相等的假设), 则令 $\boldsymbol{A}=(\boldsymbol{S}_1+\boldsymbol{S}_2)/54$, 此时距离判别为线性判别. 计算得线性判别函数

$$\begin{aligned} f(\boldsymbol{x}) &= \left(\bar{\boldsymbol{x}}^{(1)} - \bar{\boldsymbol{x}}^{(2)}\right)' \boldsymbol{A}^{-1}(\boldsymbol{x} - \widehat{\boldsymbol{\mu}}) \\ &= -6.246 + 0.174x_1 - 0.641x_2 - 0.004x_3. \end{aligned}$$

对于新个体, 先计算判别函数 f 的值, 若 $f>0$, 则判给第一组, 否则判给第二组. 针对新个体 $\boldsymbol{x}_0=(73, 4.5, 37.38, 194.98)'$, 计算得

$$f(\boldsymbol{x}_0) = 4.372 > 0,$$

因此, 将这个新个体判给对照组, 认为该个体未患II型糖尿病.

若假设两总体的协方差阵不相等, 此时计算

$$d_1^2 = 27\left(\boldsymbol{x}_0 - \bar{\boldsymbol{x}}^{(1)}\right)\boldsymbol{S}_1^{-1}\left(\boldsymbol{x}_0 - \bar{\boldsymbol{x}}^{(1)}\right) = 3.570,$$

$$d_2^2 = 27\left(\boldsymbol{x}_0 - \bar{\boldsymbol{x}}^{(2)}\right)\boldsymbol{S}_2^{-1}\left(\boldsymbol{x}_0 - \bar{\boldsymbol{x}}^{(2)}\right) = 4.706,$$

因此, 二次判别函数

$$W(\boldsymbol{x}_0) = d_2^2 - d_1^2 = 4.706 - 3.570 = 1.136 > 0,$$

故新个体 $\boldsymbol{x}_0$ 被判给对照组, 认为该个体未患II型糖尿病.

表 10.1 控制组和II型糖尿病组样本

序号	控制对照组				II型糖尿病组			
	AGE	FBG	Rib	Glc	AGE	FBG	Rib	Glc
1	73	4.81	52.21	744.63	56	15.2	144.91	2007.19
2	77	4.82	18.37	276.54	50	9.02	40.51	346.76
3	76	4.9	55.36	506.4	59	7.76	29.74	225.38
4	76	4.95	16.4	476.44	64	6.68	227.17	3784.28
5	64	5	43.1	620.74	50	8.51	6.96	2256.12
6	72	5.06	22.67	368.35	51	9.62	19.67	309.8
7	70	5.07	10.94	278.52	64	19.68	498.21	34556.11
8	73	5.07	30.65	232.45	79	6.4	95.87	1743.03
9	74	5.33	84.9	426.04	79	7.9	40.33	16326.77
10	58	5.4	68.16	248.26	56	6.58	192.06	30247.77
11	81	5.57	6.94	143.28	62	7.43	302.98	1696.24
12	62	6.17	38.85	248.07	53	9.79	28.32	210.27
13	78	6.42	29.74	305.26	63	5.12	7.25	129.14
14	73	6.5	24.1	203.83	52	10.1	4.29	101.82
15	59	4.69	13.05	223.87	67	7.82	91.58	1514.29
16	63	4.69	88.6	676.27	62	12.98	28.18	8387.59
17	71	4.8	5.51	114.5	81	10.02	141.91	22291.75
18	67	4.84	30.23	238.5	58	9.6	87.43	1323.1
19	62	4.89	76.06	249.32	61	7.42	9.27	141.28
20	72	4.9	24.4	190.46	58	6.82	73.96	778.43
21	93	4.91	23.68	128.04	58	8.64	294.52	17623.54
22	75	4.99	21.14	138.7	61	10.28	55.44	451
23	76	5.02	38.06	190.87	52	6.1	50.05	396.6
24	58	5.09	58.17	232.28	53	11	241.68	5960.42
25	68	5.29	22.13	212.13	58	13	26.82	18125.28
26	70	5.45	32.47	284.31	53	7.74	87.4	681.44
27	68	5.5	10.13	272.11	63	7.1	340.69	1424.4
28	77	5.59	28.39	463.18	60	7.2	149.95	5309.84

10.1.2　多总体的距离判别

设有 k 个 p 维总体 $G_1,\cdots,G_k$, 它们的均值向量分别为 $\boldsymbol{\mu}_1,\cdots,\boldsymbol{\mu}_k$, 协方差阵分别为 $\boldsymbol{\Sigma}_1,\cdots,\boldsymbol{\Sigma}_k$. 对任意 p 元样品 $\boldsymbol{x}=(x_1,\cdots,x_p)'$, 依据距离判别, 就是将 $\boldsymbol{x}$ 判给离 $\boldsymbol{x}$ 距离最近的那个总体, 即若

$$d^2(\boldsymbol{x},G_i)\leqslant \min_{j\neq i} d^2(\boldsymbol{x},G_j), \tag{10.1.8}$$

则判样品 $\boldsymbol{x}$ 来自总体 G_i, 记 $\boldsymbol{x}\in G_i$.

类似两总体的情形, 当 k 个 p 维总体的协方差阵都相等, 且都等于 $\boldsymbol{\Sigma}$ 时, 以上判别 (10.1.8) 可简化为线性判别. 判别函数为

$$\begin{aligned}W_{ij}(\boldsymbol{x})&=d^2(\boldsymbol{x},G_j)-d^2(\boldsymbol{x},G_i)\\&=(\boldsymbol{x}-(\boldsymbol{\mu}_i+\boldsymbol{\mu}_j)/2)'\boldsymbol{\Sigma}^{-1}(\boldsymbol{\mu}_i-\boldsymbol{\mu}_j),\quad i,j=1,\cdots,k,\end{aligned} \tag{10.1.9}$$

则相应的判别规则为

$$\begin{cases}判\ \boldsymbol{x}\in G_i, & 若\ W_{ij}(\boldsymbol{x})>0,\forall j\neq i,\\ 待判, & 若某个\ W_{ij}(\boldsymbol{x})=0.\end{cases} \tag{10.1.10}$$

当 $\boldsymbol{\mu}_1,\cdots,\boldsymbol{\mu}_k$ 和 $\boldsymbol{\Sigma}$ 未知, 则用相应的估计替代. 设 $\boldsymbol{x}_1^{(i)},\cdots,\boldsymbol{x}_{n_i}^{(i)}$ 为来自第 a 个总体的一组样本, $i=1,\cdots,k$, 则 $\boldsymbol{\mu}_1,\cdots,\boldsymbol{\mu}_k$ 和 $\boldsymbol{\Sigma}$ 的估计分别为

$$\widehat{\boldsymbol{\mu}}_i=\bar{\boldsymbol{x}}^{(i)}=\frac{1}{n_i}\sum_{j=1}^{n_i}\boldsymbol{x}_j^{(i)},\quad i=1,\cdots,k, \tag{10.1.11}$$

$$\widehat{\boldsymbol{\Sigma}}=\frac{1}{n-k}\sum_{i=1}^{k}\boldsymbol{S}_i,$$

这里 $n=\sum\limits_{j=1}^{k}n_i$,

$$\boldsymbol{S}_i=\sum_{j=1}^{n_i}\left(\boldsymbol{x}_j^{(i)}-\bar{\boldsymbol{x}}^{(i)}\right)\left(\boldsymbol{x}_j^{(i)}-\bar{\boldsymbol{x}}^{(i)}\right)',\quad i=1,\cdots,k. \tag{10.1.12}$$

当 k 个 p 维总体的协方差阵不相等时, 判别(10.1.8)就不可化为线性判别, 因为此时判别函数

$$\begin{aligned}W_{ij}(\boldsymbol{x})&=d^2(\boldsymbol{x},G_j)-d^2(\boldsymbol{x},G_i)\\&=(\boldsymbol{x}-\boldsymbol{\mu}_j)'\boldsymbol{\Sigma}_j^{-1}(\boldsymbol{x}-\boldsymbol{\mu}_j)-(\boldsymbol{x}-\boldsymbol{\mu}_i)'\boldsymbol{\Sigma}_i^{-1}(\boldsymbol{x}-\boldsymbol{\mu}_i)\end{aligned} \tag{10.1.13}$$

为 $\boldsymbol{x}$ 的二次型函数. 当 $\boldsymbol{\mu}_i, \boldsymbol{\Sigma}_i, i=1,\cdots,k$ 未知时, 用其相应的估计代替,

$$\widehat{\boldsymbol{\mu}}_i = \bar{\boldsymbol{x}}_i, \quad \widehat{\boldsymbol{\Sigma}}_i = \frac{1}{n_i}\boldsymbol{S}_i, \quad i=1,\cdots,k.$$

定理 10.1.1 当假设各总体都是正态总体时, 马氏距离判别就等价于极大似然判别, 即判别法则(10.1.8)等价于若

$$L(x, G_i) = \max_{j\neq i} L(\boldsymbol{x}, G_j), \tag{10.1.14}$$

则判样品 $\boldsymbol{x}$ 来自总体 G_i, 这里, $L(\boldsymbol{x}, G_i)$ 为样品 $\boldsymbol{x}$ 在第 i 个总体下的似然函数.

事实上, 由于假设各总体都是正态的, 故

$$L(\boldsymbol{x}, G_i) = \frac{1}{(2\pi)^{\frac{p}{2}}|\boldsymbol{\Sigma}_i|^{\frac{1}{2}}}\exp\left\{-\frac{1}{2}(\boldsymbol{x}-\boldsymbol{\mu}_i)'\boldsymbol{\Sigma}_i^{-1}(\boldsymbol{x}-\boldsymbol{\mu}_i)\right\}.$$

注意到似然函数 $L(\boldsymbol{x}, G_i)$ 为马氏距离

$$d^2(\boldsymbol{x}, G_i) = (\boldsymbol{x}-\boldsymbol{\mu}_i)'\boldsymbol{\Sigma}_i^{-1}(\boldsymbol{x}-\boldsymbol{\mu}_i)$$

的减函数, 因此, 证得 (10.1.14) 等价于(10.1.8).

由于距离判别不但简单直观, 符合习惯, 而且只要求总体的二阶矩存在, 未涉及分布的类型, 因此, 距离判别往往比极大似然判别更为普遍.

10.2 费希尔线性判别

费希尔线性判别是由 Fisher R. A. 提出的, 其思想是将 k 组 p 维数据分别投影到某个固定方向 $\boldsymbol{a}$ 上, 使得各组数据的投影尽可能地分离, 然后基于线性投影 $\boldsymbol{a}'\boldsymbol{x}$ 给出判别函数. 如何衡量各组数据的投影是否尽可能分离? 它借助了一元方差分析的思想.

设有 k 个 p 维总体 $G_1,\cdots,G_k$, 它们的均值向量分别为 $\boldsymbol{\mu}_1,\cdots,\boldsymbol{\mu}_k$, 协方差阵皆为 $\boldsymbol{\Sigma}$. 设 $\boldsymbol{x}_1^{(i)},\cdots,\boldsymbol{x}_{n_1}^{(i)}$ 为来自第 i 个总体 G_1 的一个随机样本, $i=1,\cdots,k$, 记 $\boldsymbol{a}$ 为 $\mathbb{R}^p$ 中某固定非零向量, 则 $\boldsymbol{a}'\boldsymbol{x}$ 为 $\boldsymbol{x}$ 在 $\boldsymbol{a}$ 方向上的投影. 于是上述 k 个总体的样本的投影分别为

$$\begin{array}{ccc}\boldsymbol{a}'\boldsymbol{x}_1^{(1)}, & \cdots, & \boldsymbol{a}'\boldsymbol{x}_{(n_1)}^{(1)}\\ \vdots & \ddots & \vdots \\ \boldsymbol{a}'\boldsymbol{x}_1^{(k)}, & \cdots, & \boldsymbol{a}'\boldsymbol{x}_{n_k}^{(k)},\end{array}$$

投影后数据的组内差平方和为

$$
\begin{aligned}
S_w &= \sum_{i=1}^{k}\sum_{j=1}^{n_i}\left(\boldsymbol{a}'\boldsymbol{x}_j^{(i)} - \boldsymbol{a}'\overline{\boldsymbol{x}}^{(i)}\right)^2 \\
&= \boldsymbol{a}'\left(\sum_{i=1}^{k}\sum_{j=1}^{n_i}\left(\boldsymbol{x}_j^{(i)} - \overline{\boldsymbol{x}}^{(i)}\right)\left(\boldsymbol{x}_j^{(i)} - \overline{\boldsymbol{x}}^{(i)}\right)'\right)\boldsymbol{a} \\
&= \boldsymbol{a}'\left(\sum_{i=1}^{k}\boldsymbol{S}_i\right)\boldsymbol{a} \\
&= \boldsymbol{a}'\boldsymbol{A}\boldsymbol{a},
\end{aligned}
\tag{10.2.1}
$$

组间差平方和为

$$
\begin{aligned}
S_b &= \sum_{i=1}^{k} n_i(\boldsymbol{a}'\overline{\boldsymbol{x}}^{(i)} - \boldsymbol{a}'\overline{\boldsymbol{x}})^2 \\
&= \boldsymbol{a}'\left[\sum_{i=1}^{k} n_i(\overline{\boldsymbol{x}}^{(i)} - \overline{\boldsymbol{x}})(\overline{\boldsymbol{x}}^{(i)} - \overline{\boldsymbol{x}})'\right]\boldsymbol{a} \\
&= \boldsymbol{a}'\boldsymbol{B}\boldsymbol{a},
\end{aligned}
\tag{10.2.2}
$$

其中 $\overline{\boldsymbol{x}}^{(i)}$, $\boldsymbol{S}_i$ $(i = 1, \cdots, k)$ 定义同 (10.1.11) 和 (10.1.12),

$$
\overline{\boldsymbol{x}} = \frac{1}{n}\sum_{i=1}^{k}\sum_{j=1}^{n_i}\boldsymbol{x}_j^{(i)} = \frac{1}{n}\sum_{i=1}^{k} n_i\overline{\boldsymbol{x}}^{(i)}.
$$

费希尔判别的思想就是寻找投影向量 $\boldsymbol{a}$, 使得比值

$$
\frac{\boldsymbol{a}'\boldsymbol{B}\boldsymbol{a}}{\boldsymbol{a}'\boldsymbol{A}\boldsymbol{a}}
\tag{10.2.3}
$$

最大化. 由 Raylaigh-Ritz 定理可知

定理 10.2.1　最大化(10.2.3)的向量是 $\boldsymbol{A}^{-1}\boldsymbol{B}$ 的最大特征值 λ_1 所对应的特征向量 $\boldsymbol{l}_1$.

因此, 令投影向量 $\boldsymbol{a} = \boldsymbol{l}_1$, 然后在 $\boldsymbol{l}_1$ 方向上, 寻找与 $\boldsymbol{l}_1'\bar{\boldsymbol{x}}$ 距离最近的 $\boldsymbol{l}_1'\bar{\boldsymbol{x}}_i$.

定义 10.2.1　费希尔 线性判别的判别准则: 若

$$
|\boldsymbol{l}_1'\boldsymbol{x} - \boldsymbol{l}_1'\bar{\boldsymbol{x}}_i| = \min_{j\neq i}|\boldsymbol{l}_1'\boldsymbol{x} - \boldsymbol{l}_1'\bar{\boldsymbol{x}}_j|,
\tag{10.2.4}
$$

则将 $\boldsymbol{x}$ 判给第 i 个总体 G_i.

注意到当 $k = 2$ 时, 有

$$
\boldsymbol{A} = \boldsymbol{S}_1 + \boldsymbol{S}_2,
$$

$$
\boldsymbol{B} = \frac{n_1 n_2}{n_1 + n_2}\left(\overline{\boldsymbol{x}}^{(1)} - \overline{\boldsymbol{x}}_2\right)\left(\overline{\boldsymbol{x}}^{(1)} - \overline{\boldsymbol{x}}^{(2)}\right)'.
$$

此时 $\boldsymbol{A}^{-1}\boldsymbol{B}$ 仅有一个特征值, 其特征值为

$$\mathrm{tr}(\boldsymbol{A}^{-1}\boldsymbol{B})=\frac{n_1n_2}{n_1+n_2}\left(\overline{\boldsymbol{x}}^{(1)}-\overline{\boldsymbol{x}}^{(2)}\right)'\boldsymbol{A}^{-1}\left(\overline{\boldsymbol{x}}^{(1)}-\overline{\boldsymbol{x}}^{(2)}\right),$$

相应的特征向量为

$$\boldsymbol{a}=\boldsymbol{l}_1=\boldsymbol{A}^{-1}\left(\overline{\boldsymbol{x}}^{(1)}-\overline{\boldsymbol{x}}^{(2)}\right).$$

于是费希尔线性判别函数为

$$W(\boldsymbol{x})=\boldsymbol{a}'\left(\boldsymbol{x}-\frac{1}{2}\left(\overline{\boldsymbol{x}}^{(1)}+\overline{\boldsymbol{x}}^{(2)}\right)\right)=\left(\overline{\boldsymbol{x}}^{(1)}-\overline{\boldsymbol{x}}^{(2)}\right)'\boldsymbol{A}^{-1}\boldsymbol{x}, \tag{10.2.5}$$

费希尔判别法则 (10.2.4) 就等价于

$$\begin{cases}\text{判 } \boldsymbol{x}\in G_1, & \text{若 } W(\boldsymbol{x})>0,\\ \text{判 } \boldsymbol{x}\in G_2, & \text{若 } W(\boldsymbol{x})<0,\\ \text{待判}, & \text{若 } W(\boldsymbol{x})=0.\end{cases} \tag{10.2.6}$$

这表明: 两总体的费希尔线性判别与距离判别完全相同.

当 $k>2$ 时, 则矩阵 $\mathrm{rk}(\boldsymbol{A}^{-1}\boldsymbol{B})$ 有 $r=\min\{k-1,p\}(>1)$ 个非零特征值 $\lambda_1\geqslant\cdots\geqslant\lambda_r$, 记相应的正交特征向量为 $\boldsymbol{l}_1,\boldsymbol{l}_2,\cdots,\boldsymbol{l}_r$. 则定义

$$u_i(\boldsymbol{x})=\boldsymbol{l}_i'\boldsymbol{x},\quad i=1,\cdots,r$$

为第 i 个线性判别函数. 若存在多个 i 满足 (10.2.4) 时, 就需要利用第二线性判别函数. 如果第二个线性判别函数仍不能判别出样品 $\boldsymbol{x}$ 所属的总体, 可再取第三个线性判别函数 $u_3(\boldsymbol{x})=\boldsymbol{l}_3'\boldsymbol{x}$ 来判断, 依次类推. 这就是序贯判别的思想.

定义 10.2.2 设 $\boldsymbol{A}^{-1}\boldsymbol{B}$ 有 r 个非零特值 $\lambda_1\geqslant\lambda_2\geqslant\cdots\geqslant\lambda_r>0$, 相应的正交特征向量为 $\boldsymbol{l}_1,\boldsymbol{l}_2,\cdots,\boldsymbol{l}_r$, 称 $P_1=\lambda_1/(\lambda_1+\lambda_2+\cdots+\lambda_r)$ 为线性判别函数 $u_1(\boldsymbol{x})=\boldsymbol{l}_1'\boldsymbol{x}$ 的判别能力; $P_m=(\lambda_1+\cdots+\lambda_m)/(\lambda_1+\lambda_2+\cdots+\lambda_r)$ 为前 m 线性判别函数 $\boldsymbol{l}_1'\boldsymbol{x},\cdots,\boldsymbol{l}_m'\boldsymbol{x}$ 的累计判别能力.

注 10.2.1 费希尔线性判别也不要求假设 k 个总体的分布.

注 10.2.2 费希尔线性判别不仅可用于 k 个总体的协方差阵全相等的情形, 也适用于当 k 个总体的协方差阵不全相等, 但各总体的样本量 n_i 都相等 (或差别不大) 或者协方差阵差别不是特别大的情形, 参见文献 Gilbert(1969); Marks, Dunn(1974); 张尧庭, 方开泰 (2003).

10.3 贝叶斯判别

以上两种方法都不考虑误判带来的损失, 而在许多实际问题中误判的损失不得不考虑, 如医生将某严重病误判为普通感冒与普通感冒误判为某严重病给患者带来

的损失是不相等的. 因此往往需要结合各总体的先验概率分布、误判概率和密度函数来制定判别规则, 这种规则下的判别就是贝叶斯判别. 下面主要介绍贝叶斯判别的基本思想和方法.

设有 k 个总体 $G_1, \cdots, G_k$ 分别具有 p 维概率密度为 $f_1(\boldsymbol{x}), \cdots, f_k(\boldsymbol{x})$, 这 k 个总体出现的先验概率为 $q_1, \cdots, q_k$. 记 $D = \{D_1, \cdots, D_k\}$ 为 $\mathbb{R}^p$ 的一个划分, 判别法则采用

$$\text{判 } \boldsymbol{x} \in G_i, \quad \text{若 } \boldsymbol{x} \text{ 落入 } D_i, \quad i = 1, \cdots, k. \tag{10.3.1}$$

用 $L(j|i)$ 表示来自 G_i 的样品错判到 G_j 后所造成的损失, 这一误判的概率为

$$p(j|i; D) = \int_{D_j} f_i(\boldsymbol{x}) d\boldsymbol{x}. \tag{10.3.2}$$

令 $L(i|i) = 0$. 于是, 判别法则 (10.3.1) 所带来的平均损失 (expected cost of misclassification, ECM) 为

$$\mathrm{ECM}(D) = \sum_{i=1}^{k} q_i \sum_{j=1}^{k} L(j|i) \cdot p(j|i; D). \tag{10.3.3}$$

贝叶斯判别法则就是求 $\mathbb{R}^p$ 的一个划分 D, 使得平均损失 $\mathrm{ECM}(D)$ 达到最小.

定义 10.3.1　*若存在 $\mathbb{R}^p$ 的一个固定划分 $D^* = \{D_1^*, \cdots, D_k^*\}$, 使得*

$$\mathrm{ECM}(D^*) = \min_{D} \mathrm{ECM}(D), \tag{10.3.4}$$

则称 D^* 为贝叶斯判别的解.

注意到当 $\boldsymbol{x}$ 落在某两个 D_i 和 D_j 的边界时, 判别往往不唯一. 但所考虑的变量往往是连续性变量, 故 $\boldsymbol{x}$ 落到 $D_1, \cdots, D_k$ 之间的边界上的测度为零. 为了方便, 所求的 $D_1, \cdots, D_k$ 往往不包含边界, 这时 D 并不是 $\mathbb{R}^p$ 的一个划分, 但在几乎处处意义下组成 $\mathbb{R}^p$ 的一个划分, 这时也称 D 为贝叶斯判别的解. 以下均在这个意义下来理解.

定理 10.3.1　*设有 k 个总体 $G_1, \cdots, G_k$ 分别具有 p 维概率密度为 $f_1(\boldsymbol{x}), \cdots, f_k(\boldsymbol{x})$. 当先验概率 $q_1, \cdots, q_k$ 和损失函数 $L(j|i)$ $(1 \leqslant i \neq j \leqslant k)$ 给定时, 贝叶斯判别的解 $D^* = \{D_1^*, \cdots, D_k^*\}$ 为*

$$D_i^* = \{\boldsymbol{x} \mid h_i(\boldsymbol{x}) < h_j(\boldsymbol{x}),\ j \neq i,\ j = 1, \cdots, k\}, \quad i = 1, \cdots, k, \tag{10.3.5}$$

其中

$$h_j(\boldsymbol{x}) = \sum_{i=1}^{k} q_i L(j|i) f_i(\boldsymbol{x}), \quad j = 1, \cdots, k \tag{10.3.6}$$

表示把样品 $\boldsymbol{x}$ 判归给 G_j 的平均损失.

证明 由 (10.3.2), (10.3.3) 和 (10.3.6), 平均损失为

$$\begin{aligned}\mathrm{ECM}(D^*) &= \sum_{i=1}^{k} q_i \sum_{j=1}^{k} L(j|i) \int_{D_j^*} f_i(\boldsymbol{x}) d\boldsymbol{x} \\ &= \sum_{j=1}^{k} \int_{D_j^*} \sum_{i=1}^{k} q_i L(j|i) f_i(\boldsymbol{x}) d\boldsymbol{x} \\ &= \sum_{j=1}^{k} \int_{D_j^*} h_j(\boldsymbol{x}) d\boldsymbol{x}.\end{aligned}$$

同理, 对任意的划分 $D = \{D_1, \cdots, D_k\}$, 它的平均损失为

$$\mathrm{ECM}(D) = \sum_{j=1}^{k} \int_{D_j} h_j(\boldsymbol{x}) d\boldsymbol{x}.$$

于是

$$\begin{aligned}\mathrm{ECM}(D^*) - \mathrm{ECM}(D) &= \sum_{j=1}^{k} \int_{D_j^*} h_j(\boldsymbol{x}) d\boldsymbol{x} - \sum_{j=1}^{k} \int_{D_j} h_j(\boldsymbol{x}) d\boldsymbol{x} \\ &= \sum_{i=1}^{k} \int_{D_i^*} h_i(\boldsymbol{x}) d\boldsymbol{x} - \sum_{j=1}^{k} \int_{D_j} h_j(\boldsymbol{x}) d\boldsymbol{x} \\ &= \sum_{j=1}^{k} \sum_{i=1}^{k} \int_{D_i^* \cap D_j} [h_i(\boldsymbol{x}) - h_j(\boldsymbol{x})] d\boldsymbol{x}.\end{aligned}$$

由 D^* 的定义知: 在 $D_i^* \cap D_j$ 上恒有

$$h_i(\boldsymbol{x}) < h_j(\boldsymbol{x}), \quad j \neq i, 1 \leqslant i, j \leqslant k,$$

所以, 有 $\mathrm{ECM}(D^*) - \mathrm{ECM}(D) \leqslant 0$. 故证得

$$\mathrm{ECM}(D^*) = \min_{D} \mathrm{ECM}(D),$$

即 D^* 是贝叶斯判别的解. 定理证毕.

定理 10.3.1 为贝叶斯判别法的基本定理. 由定理 10.3.1 有

定义 10.3.2 设有 k 个总体 $G_1, \cdots, G_k$ 分别具有 p 维概率密度为 $f_1(\boldsymbol{x}), \cdots, f_k(\boldsymbol{x})$. 当先验概率 $q_1, \cdots, q_k$ 和损失函数 $L(j|i)$ $(j \neq i, 1 \leqslant i, j \leqslant k)$ 给定时, 贝叶斯判别法则为

$$判\ \boldsymbol{x} \in G_i, \quad 若\ h_i(\boldsymbol{x}) = \min_{1 \leqslant j \leqslant k} h_j(\boldsymbol{x}), \tag{10.3.7}$$

这里 $h_j(\boldsymbol{x})$ 的定义见(10.3.6).

进一步, 若假设所有错判损失都相等时, 即

$$L(j|i)=c,\quad j\neq i,\quad 1\leqslant i,j\leqslant k,$$

则把样品 $\boldsymbol{x}$ 判给 G_i 和判给 G_j 所带来的平均损失的差为

$$\begin{aligned}h_i(\boldsymbol{x})-h_i(\boldsymbol{x})&=\sum_{l=1}^{k}q_l(L(i|l)f_l(\boldsymbol{x})-\sum_{l=1}^{k}q_l(L(j|l)f_l(\boldsymbol{x})\\&=c\left(\sum_{l\neq i}q_lf_l(\boldsymbol{x})-\sum_{l\neq j}q_lf_l(\boldsymbol{x})\right)\\&=c(q_jf_j(\boldsymbol{x})-q_if_i(\boldsymbol{x})).\end{aligned}$$

因此, 找 $\{h_i(\boldsymbol{x})\}$ 中最小的就等价于找 $\{q_if_i(\boldsymbol{x})\}$ 中最大的. 于是有如下推论.

推论 10.3.1 若所有错判损失函数都相等, 则贝叶斯判别法则为

$$判\ \boldsymbol{x}\in G_i,\quad 若\ q_if_i(\boldsymbol{x})=\max_{1\leqslant j\leqslant k}q_jf_j(\boldsymbol{x}).\tag{10.3.8}$$

推论 10.3.2 若所有错判损失都相等, 所有错判损失也都相等, 则贝叶斯判别就等价于极大似然判别, 判别法则为

$$判\ \boldsymbol{x}\in G_i,\quad 若\ f_i(\boldsymbol{x})=\max_{1\leqslant j\leqslant k}f_j(\boldsymbol{x}).\tag{10.3.9}$$

在总体分布为正态假设, 判别法则 (10.3.9) 等价于

$$判\ \boldsymbol{x}\in G_i,\quad 若\ V_i(\boldsymbol{x})=\min_{1\leqslant j\leqslant k}V_j(\boldsymbol{x}),\tag{10.3.10}$$

这里

$$V_j(\boldsymbol{x})=-\log f_j(\boldsymbol{x})=(\boldsymbol{x}-\boldsymbol{\mu}_j)'\boldsymbol{\Sigma}_j^{-1}(\boldsymbol{x}-\boldsymbol{\mu}_j)+\log|\boldsymbol{\Sigma}_j|,\tag{10.3.11}$$

其中 $\boldsymbol{\mu}_j$ 和 $\boldsymbol{\Sigma}_j$ 往往未知, 分别用第 j 总体的样本均值向量 $\bar{\boldsymbol{x}}^{(j)}$ 和样本协方差阵 $\hat{\boldsymbol{\Sigma}}_j$ 替换. 显然, (10.3.10) 比距离判别中的距离函数 (10.1.8) 多了一项 $\log|\boldsymbol{\Sigma}_j|$, 当 k 个正态总体的协方差阵都相等时, 贝叶斯判别准则 (10.3.10) 就等价于距离判别.

例 10.3.1 考虑两总体的贝叶斯判别. 当 $k=2$ 时, 由(10.3.6)得

$$h_1(\boldsymbol{x})=q_2L(1|2)f_2(\boldsymbol{x}),\quad h_2(\boldsymbol{x})=q_1L(2|1)f_1(\boldsymbol{x}).$$

于是, 贝叶斯判别的解 $D^*=\{D_1^*,D_2^*\}$ 为

$$\begin{aligned}D_1^*&=\{\boldsymbol{x}\mid q_2L(1|2)f_2(\boldsymbol{x})<q_1L(2|1)f_1(\boldsymbol{x})\},\\D_2^*&=\{\boldsymbol{x}\mid q_2L(1|2)f_2(\boldsymbol{x})>q_1L(2|1)f_1(\boldsymbol{x})\}.\end{aligned}$$

令判别函数

$$V(\boldsymbol{x}) = \log\left[\frac{f_1(\boldsymbol{x})}{f_2(\boldsymbol{x})}\right] - \log\left[\frac{q_2L(1|2)}{q_1L(2|1)}\right], \tag{10.3.12}$$

则贝叶斯判别法则为

$$\begin{cases} \text{判 } \boldsymbol{x}\in G_1, & \text{若 } V(\boldsymbol{x})>0, \\ \text{判 } \boldsymbol{x}\in G_2, & \text{若 } V(\boldsymbol{x})<0, \\ \text{待判}, & \text{若 } V(\boldsymbol{x})=0. \end{cases} \tag{10.3.13}$$

当 $p_1 = p_2$, $L(1|2) = L(2|1)$ 时, 判别函数 $V(\boldsymbol{x}) = \log[f_1(\boldsymbol{x})/f_2(\boldsymbol{x})]$, 贝叶斯判别等价于极大似然判别.

若假设两总体 G_1 和 G_2 皆为正态总体, 分布函数分别为 $N_p(\boldsymbol{\mu}_1, \boldsymbol{\Sigma})$ 和 $N_p(\boldsymbol{\mu}_2, \boldsymbol{\Sigma})$, 则

$$\begin{aligned}\ln\left[\frac{f_1(\boldsymbol{x})}{f_2(\boldsymbol{x})}\right] &= \frac{1}{2}\left(d^2(\boldsymbol{x}, G_2) - d^2(\boldsymbol{x}, G_1)\right) \\ &= \hat{\boldsymbol{a}}'(\boldsymbol{x} - \widehat{\boldsymbol{\mu}}) \\ &= W(\boldsymbol{x}),\end{aligned}$$

这里 $W(\boldsymbol{x})$ 为距离判别函数(10.1.6). 因此, 若再假设 $p_1 = p_2$, $L(1|2) = L(2|1)$, 此时, 贝叶斯判别就等价于距离判别.

10.4 错判概率

无论哪种判别, 都可能发生错判. 因此, 一个很自然的想法是用错判概率的大小来衡量判别的效果. (10.3.2) 给出了错判概率的计算公式, 若总体的密度函数含有未知参数, 则需先估计参数. 下面以两个正态总体为例进行讨论.

设有两个总体 G_1, G_2, 其分布分别为 $N_p(\boldsymbol{\mu}_1, \boldsymbol{\Sigma})$ 和 $N_p(\boldsymbol{\mu}_2, \boldsymbol{\Sigma})$. 这时距离判别和费希尔判别具有相同的判别函数:

$$W(\boldsymbol{x}) = (\boldsymbol{\mu}_1 - \boldsymbol{\mu}_2)'\boldsymbol{\Sigma}^{-1}\left(\boldsymbol{x} - \frac{\boldsymbol{\mu}_1 + \boldsymbol{\mu}_2}{2}\right),$$

而贝叶斯判别的判别函数也可由 $W(\boldsymbol{x})$ 表达为

$$V(\boldsymbol{x}) = W(\boldsymbol{x}) - d, \tag{10.4.1}$$

其中

$$d = \ln\frac{q_2L(1|2)}{q_1L(2|1)}.$$

若令 (10.4.1) 中的 $d = 0$, 便得到在距离判别和费希尔判别的判别函数的等价形式, 因此, 距离判别、费希尔判别和贝叶斯判别的判别函数可统一表达为 (10.4.1) 式.

用 $P(2|1)$ 表示来自总体 G_1 的样品被错判给 G_2 的概率, 用 $P(1|2)$ 表示来自总体 G_2 的样品被错判给 G_1 的概率.

定理 10.4.1　设总体 $G_i \sim N_p(\boldsymbol{\mu}_i, \boldsymbol{\Sigma})$, $i=1,2$, 当 $\boldsymbol{\mu}_1, \boldsymbol{\mu}_2, \boldsymbol{\Sigma}$ 已知时, 有

$$P(2|1) = \Phi(-\Delta/2 + d/\Delta), \tag{10.4.2}$$

$$P(1|2) = \Phi(-\Delta/2 - d/\Delta), \tag{10.4.3}$$

其中 $\Phi(\cdot)$ 为标准正态分布的分布函数,

$$\Delta = \sqrt{(\boldsymbol{\mu}_1 - \boldsymbol{\mu}_2)'\boldsymbol{\Sigma}^{-1}(\boldsymbol{\mu}_1 - \boldsymbol{\mu}_2)},$$

d 为某个常数, 在距离判别和费希尔判别中 $d=0$, 在贝叶斯判别中

$$d = \ln \frac{q_2 L(1|2)}{q_1 L(2/1)}.$$

证明　假设 $\boldsymbol{x}$ 来自总体 G_1, 即 $\boldsymbol{x} \sim N_p(\boldsymbol{\mu}_1, \boldsymbol{\Sigma})$. 则

$$W(\boldsymbol{x}) = (\boldsymbol{\mu}_1 - \boldsymbol{\mu}_2)'\boldsymbol{\Sigma}^{-1}[\boldsymbol{x} - (\boldsymbol{\mu}_1 + \boldsymbol{\mu}_2)/2]$$

也服从 p 元正态分布, 且

$$\begin{aligned} E[W(\boldsymbol{x})|(\boldsymbol{x} \in G_1)] &= \frac{1}{2}(\boldsymbol{\mu}_1 - \boldsymbol{\mu}_2)'\boldsymbol{\Sigma}^{-1}(\boldsymbol{\mu}_1 - \boldsymbol{\mu}_2) = \frac{\Delta^2}{2}, \\ \mathrm{Var}[W(\boldsymbol{x})|(\boldsymbol{x} \in G_1)] &= (\boldsymbol{\mu}_1 - \boldsymbol{\mu}_2)'\boldsymbol{\Sigma}^{-1}\boldsymbol{\Sigma}\boldsymbol{\Sigma}^{-1}(\boldsymbol{\mu}_1 - \boldsymbol{\mu}_2) = \Delta^2. \end{aligned}$$

于是, $W(\boldsymbol{x})|_{(\boldsymbol{x} \in G_1)} \sim N_p(\Delta^2/2, \Delta^2)$, 故

$$\begin{aligned} P(2|1) &= P\{W(\boldsymbol{x}) < d \mid \boldsymbol{x} \in G_1\} \\ &= \Phi\left(\frac{d - \Delta^2/2}{\Delta}\right) \\ &= \Phi(-\Delta/2 + d/\Delta), \end{aligned}$$

同理可证:

$$W(\boldsymbol{x})|_{(\boldsymbol{x} \in G_2)} \sim N_p\left(-\frac{\Delta^2}{2},\ \Delta^2\right),$$

$$\begin{aligned} P(1|2) &= P\{W(\boldsymbol{x}) > d \mid \boldsymbol{x} \in G_2\} \\ &= 1 - \Phi\left(\frac{d + \Delta^2/2}{\Delta}\right) \\ &= 1 - \Phi\left(\frac{\Delta}{2} + \frac{d}{\Delta}\right). \end{aligned}$$

定理证毕.

从定理 10.4.1 易知: 如果两个母体靠得很近, 则无论用哪种办法, 误判概率都很大, 这时勉强用判别分析意义不大. 因此只有当两个母体的均值有显著性差异时, 做判别分析才有意义.

由于在实际应用中 $\boldsymbol{\mu}_1, \boldsymbol{\mu}_2, \boldsymbol{\Sigma}$ 往往是未知的, 此时无法获得精确的错判概率. 需要先根据样本来估计这些参数, 得到判别函数

$$W(\boldsymbol{x}) = \hat{\boldsymbol{a}}'(\boldsymbol{x} - \widehat{\boldsymbol{\mu}}),$$

其中

$$\hat{\boldsymbol{a}} = \widehat{\boldsymbol{\Sigma}}^{-1}(\bar{\boldsymbol{x}}^{(1)} - \bar{\boldsymbol{x}}^{(2)}),$$
$$\widehat{\boldsymbol{\mu}} = \frac{1}{2}\left(\bar{\boldsymbol{x}}^{(1)} - \bar{\boldsymbol{x}}^{(2)}\right).$$

然后根据 $W(\boldsymbol{x})$ 的近似分布或渐近分布得到两个错判概率的近似值或估计值.

此外, 当总体分布非正态或未知时, 往往很难获得精确的错判概率的计算公式, 需要用通过训练样本求训练样本的拟合率或拟合错判率, 即训练样本被正确分类或错误分类的百分比. 一种方法是用全部训练样本得到的判别函数来逐一对训练样本中的个体进行判别, 计算错判比例. 另一种是采交叉验证(cross-validation)法, 即每次将训练样本“留一个在外”, 用其余的 $n-1$ 个个体数据计算的判别函数来对该个体进行判别, 计算错判比例. 一般而言, 后者计算的错判比例比前者更接近真实的错判概率. 以上计算可由 SPSS 软件实现的, 其命令为

$$\textbf{SPSS} \rightarrow \textbf{Analyse} \rightarrow \textbf{Classify} \rightarrow \textbf{Discriminant}$$

例 10.4.1(接例 10.1.1) 为了估计距离判别 (线性) 的错判概率, 我们用训练样本进行验证, 采用SPSS软件以上命令, 即可得到训练样本的判别结果, 见表 10.2.

表 10.2 判别结果

		1 = 控制组	预测组个体数		总数
		2 = 糖尿病组	1	2	
全样本	计数	1	28	0	28
		2	3	25	28
	%	1	100.0	0.0	100.0
		2	10.7	89.3	100.0
交叉验证	计数	1	27	1	28
		2	4	24	28
	%	1	96.4	3.6	100.0
		2	14.3	85.7	100.0

从距离判别函数分类结果可以看出, 采用全样本得到的判别函数进行判别, 有 53 个个体的分类正确, 3 个个体被错判, 判断正确率为 $53/56 = 94.6\%$; 采用交叉验证法, 验证线性判别的结果是, 有 51 个个体的分类正确, 5 个个体被错判, 判断正确率为 $51/56 = 91.1\%$.

注 10.4.1 一般而言, 如果训练样本的拟合错判率很高, 则该判别法则一定不好, 但训练样本的拟合错判率低并不能说明该判别法则的错判率一定很小. 因为无论从理论, 还是实践结果上都表明了训练样本的拟合错判率往往都低于或大大低于实际错判概率.

注 10.4.2 如果两个母体靠得很近, 则无论用哪种办法, 误判概率都很大, 这时勉强用判别分析意义不大. 因此只有当两个母体的均值有显著性差异时, 做判别分析才有意义.

注 10.4.3 另当样品落在两个总体的中间位置 $\bar{\mu}$ 附近时, 尽管按上述判别规则可进行判别, 但误判的可能性较大, 有时可在 $\bar{\mu}$ 附近的划定一个待判区域.

10.5 实 例 分 析

费希尔于 1936 年发表的鸢尾花 (iris) 数据被广泛地作为判别分析的经典例子. 数据是对 3 种鸢尾花: 刚毛鸢尾花 (setosa)、变色鸢尾花 (versicolor)、弗吉尼亚鸢尾花 (virginica) 各抽取一个容量为 50 的样本, 测量其花萼长 (sepal.length)X_1、花萼宽 (sepal.width)X_2、花瓣长 (petal.length)X_3、花瓣宽 (petal.width)X_4, 单位为 mm. 数据来源于 R 软件的数据集鸢尾花, 见表 10.3, 其中类型 Ⅰ、Ⅱ、Ⅲ分别表示刚毛鸢尾花、变色鸢尾花、弗吉尼亚鸢尾花.

本节将对 iris 中的 150 组数据分别进行距离判别、费希尔线性判别、贝叶斯判别, 计算各自的错判率.

首先考虑距离判别. 分别在各总体方差相等的假设和不等假设下, 给出距离判别的判别函数, 并计算其误判率.

计算得 3 种鸢尾花的各自的样本均值向量分别为

$$\bar{\boldsymbol{x}}^{(1)} = \begin{pmatrix} 5.006 \\ 3.428 \\ 1.462 \\ 0.246 \end{pmatrix}, \quad \bar{\boldsymbol{x}}^{(2)} = \begin{pmatrix} 5.936 \\ 2.770 \\ 4.260 \\ 1.326 \end{pmatrix}, \quad \bar{\boldsymbol{x}}^{(3)} = \begin{pmatrix} 6.588 \\ 2.974 \\ 5.552 \\ 2.026 \end{pmatrix},$$

3 种鸢尾花的 150 个个体的总均值向量和差离差阵分别为

$$\bar{\boldsymbol{x}} = \begin{pmatrix} 5.843 \\ 3.057 \\ 3.758 \\ 1.199 \end{pmatrix}, \quad \boldsymbol{S} = \begin{pmatrix} 38.956 & & & \\ 13.63 & 16.962 & & \\ 24.625 & 8.121 & 27.223 & \\ 5.645 & 4.808 & 6.272 & 6.157 \end{pmatrix}.$$

表 10.3 鸢尾花数据

编号	X_1	X_2	X_3	X_4	类型	编号	X_1	X_2	X_3	X_4	类型
1	5.1	3.5	1.4	0.2	Ⅰ	42	4.5	2.3	1.3	0.3	Ⅰ
2	4.9	3	1.4	0.2	Ⅰ	43	4.4	3.2	1.3	0.2	Ⅰ
3	4.7	3.2	1.3	0.2	Ⅰ	44	5	3.5	1.6	0.6	Ⅰ
4	4.6	3.1	1.5	0.2	Ⅰ	45	5.1	3.8	1.9	0.4	Ⅰ
5	5	3.6	1.4	0.2	Ⅰ	46	4.8	3	1.4	0.3	Ⅰ
6	5.4	3.9	1.7	0.4	Ⅰ	47	5.1	3.8	1.6	0.2	Ⅰ
7	4.6	3.4	1.4	0.3	Ⅰ	48	4.6	3.2	1.4	0.2	Ⅰ
8	5	3.4	1.5	0.2	Ⅰ	49	5.3	3.7	1.5	0.2	Ⅰ
9	4.4	2.9	1.4	0.2	Ⅰ	50	5	3.3	1.4	0.2	Ⅰ
10	4.9	3.1	1.5	0.1	Ⅰ	51	7	3.2	4.7	1.4	Ⅱ
11	5.4	3.7	1.5	0.2	Ⅰ	52	6.4	3.2	4.5	1.5	Ⅱ
12	4.8	3.4	1.6	0.2	Ⅰ	53	6.9	3.1	4.9	1.5	Ⅱ
13	4.8	3	1.4	0.1	Ⅰ	54	5.5	2.3	4	1.3	Ⅱ
14	4.3	3	1.1	0.1	Ⅰ	55	6.5	2.8	4.6	1.5	Ⅱ
15	5.8	4	1.2	0.2	Ⅰ	56	5.7	2.8	4.5	1.3	Ⅱ
16	5.7	4.4	1.5	0.4	Ⅰ	57	6.3	3.3	4.7	1.6	Ⅱ
17	5.4	3.9	1.3	0.4	Ⅰ	58	4.9	2.4	3.3	1	Ⅱ
18	5.1	3.5	1.4	0.3	Ⅰ	59	6.6	2.9	4.6	1.3	Ⅱ
19	5.7	3.8	1.7	0.3	Ⅰ	60	5.2	2.7	3.9	1.4	Ⅱ
20	5.1	3.8	1.5	0.3	Ⅰ	61	5	2	3.5	1	Ⅱ
21	5.4	3.4	1.7	0.2	Ⅰ	62	5.9	3	4.2	1.5	Ⅱ
22	5.1	3.7	1.5	0.4	Ⅰ	63	6	2.2	4	1	Ⅱ
23	4.6	3.6	1	0.2	Ⅰ	64	6.1	2.9	4.7	1.4	Ⅱ
24	5.1	3.3	1.7	0.5	Ⅰ	65	5.6	2.9	3.6	1.3	Ⅱ
25	4.8	3.4	1.9	0.2	Ⅰ	66	6.7	3.1	4.4	1.4	Ⅱ
26	5	3	1.6	0.2	Ⅰ	67	5.6	3	4.5	1.5	Ⅱ
27	5	3.4	1.6	0.4	Ⅰ	68	5.8	2.7	4.1	1	Ⅱ
28	5.2	3.5	1.5	0.2	Ⅰ	69	6.2	2.2	4.5	1.5	Ⅱ
29	5.2	3.4	1.4	0.2	Ⅰ	70	5.6	2.5	3.9	1.1	Ⅱ
30	4.7	3.2	1.6	0.2	Ⅰ	71	5.9	3.2	4.8	1.8	Ⅱ
31	4.8	3.1	1.6	0.2	Ⅰ	72	6.1	2.8	4	1.3	Ⅱ
32	5.4	3.4	1.5	0.4	Ⅰ	73	6.3	2.5	4.9	1.5	Ⅱ
33	5.2	4.1	1.5	0.1	Ⅰ	74	6.1	2.8	4.7	1.2	Ⅱ
34	5.5	4.2	1.4	0.2	Ⅰ	75	6.4	2.9	4.3	1.3	Ⅱ
35	4.9	3.1	1.5	0.2	Ⅰ	76	6.6	3	4.4	1.4	Ⅱ
36	5	3.2	1.2	0.2	Ⅰ	77	6.8	2.8	4.8	1.4	Ⅱ
37	5.5	3.5	1.3	0.2	Ⅰ	78	6.7	3	5	1.7	Ⅱ
38	4.9	3.6	1.4	0.1	Ⅰ	79	6	2.9	4.5	1.5	Ⅱ
39	4.4	3	1.3	0.2	Ⅰ	80	5.7	2.6	3.5	1	Ⅱ
40	5.1	3.4	1.5	0.2	Ⅰ	81	5.5	2.4	3.8	1.1	Ⅱ
41	5	3.5	1.3	0.3	Ⅰ	82	5.5	2.4	3.7	1	Ⅱ

续表

编号	X_1	X_2	X_3	X_4	类型	编号	X_1	X_2	X_3	X_4	类型
83	5.8	2.7	3.9	1.2	II	117	6.5	3	5.5	1.8	III
84	6	2.7	5.1	1.6	II	118	7.7	3.8	6.7	2.2	III
85	5.4	3	4.5	1.5	II	119	7.7	2.6	6.9	2.3	III
86	6	3.4	4.5	1.6	II	120	6	2.2	5	1.5	III
87	6.7	3.1	4.7	1.5	II	121	6.9	3.2	5.7	2.3	III
88	6.3	2.3	4.4	1.3	II	122	5.6	2.8	4.9	2	III
89	5.6	3	4.1	1.3	II	123	7.7	2.8	6.7	2	III
90	5.5	2.5	4	1.3	II	124	6.3	2.7	4.9	1.8	III
91	5.5	2.6	4.4	1.2	II	125	6.7	3.3	5.7	2.1	III
92	6.1	3	4.6	1.4	II	126	7.2	3.2	6	1.8	III
93	5.8	2.6	4	1.2	II	127	6.2	2.8	4.8	1.8	III
94	5	2.3	3.3	1	II	128	6.1	3	4.9	1.8	III
95	5.6	2.7	4.2	1.3	II	129	6.4	2.8	5.6	2.1	III
96	5.7	3	4.2	1.2	II	130	7.2	3	5.8	1.6	III
97	5.7	2.9	4.2	1.3	II	131	7.4	2.8	6.1	1.9	III
98	6.2	2.9	4.3	1.3	II	132	7.9	3.8	6.4	2	III
99	5.1	2.5	3	1.1	II	133	6.4	2.8	5.6	2.2	III
100	5.7	2.8	4.1	1.3	II	134	6.3	2.8	5.1	1.5	III
101	6.3	3.3	6	2.5	III	135	6.1	2.6	5.6	1.4	III
102	5.8	2.7	5.1	1.9	III	136	7.7	3	6.1	2.3	III
103	7.1	3	5.9	2.1	III	137	6.3	3.4	5.6	2.4	III
104	6.3	2.9	5.6	1.8	III	138	6.4	3.1	5.5	1.8	III
105	6.5	3	5.8	2.2	III	139	6	3	4.8	1.8	III
106	7.6	3	6.6	2.1	III	140	6.9	3.1	5.4	2.1	II
107	4.9	2.5	4.5	1.7	III	141	6.7	3.1	5.6	2.4	III
108	7.3	2.9	6.3	1.8	III	142	6.9	3.1	5.1	2.3	III
109	6.7	2.5	5.8	1.8	III	143	5.8	2.7	5.1	1.9	III
110	7.2	3.6	6.1	2.5	III	144	6.8	3.2	5.9	2.3	III
111	6.5	3.2	5.1	2	III	145	6.7	3.3	5.7	2.5	III
112	6.4	2.7	5.3	1.9	III	146	6.7	3	5.2	2.3	III
113	6.8	3	5.5	2.1	III	147	6.3	2.5	5	1.9	III
114	5.7	2.5	5	2	III	148	6.5	3	5.2	2	III
115	5.8	2.8	5.1	2.4	III	149	6.2	3.4	5.4	2.3	III
116	6.4	3.2	5.3	2.3	III	150	5.9	3	5.1	1.8	III

在假设各个总体的协方差阵相等时, 此时判别函数为

$$W_{ij}(\boldsymbol{x}) = (\bar{\boldsymbol{x}}^{(i)} - \bar{\boldsymbol{x}}^{(j)})'\boldsymbol{S}^{-1}\left(\boldsymbol{x} - \frac{\bar{\boldsymbol{x}}^{(i)} + \bar{\boldsymbol{x}}^{(j)}}{2}\right), \quad i, j = 1, 2, 3.$$

依据判别规则 (10.1.10) 逐一对已知分类的 150 个个体进行判别, 将其结果汇总为表 10.4.

表 10.4 距离判别的结果

	I= 刚毛鸢尾花 II = 变色鸢尾花 III= 弗吉尼亚鸢尾花 组	预测组个体数 I	II	III	总数
协方差阵相等	1	49	1	0	50
	2	0	42	8	50
	3	0	11	39	50
协方差阵不等	1	50	0	0	50
	2	0	47	3	50
	3	0	0	50	50

由表 10.4 可知：在假设各个总体的协方差阵相等时, 采用距离判别有 20 例被误判, 其中 1 例是本属于类型 I 而被误判为类型 II, 8 例是本属于类型 II 而被误判为类型III, 11 例是本属于类型III而被误判为类型 II, 正确率为 87%, 误判率为 13%, 误判率较高, 这可能是由于假设 3 个总体的协方差阵相等不正确引起的. 为此, 我们对 3 个总体的协方差阵进行 Box-M 检验.

应用定理 5.4.7, 计算

$$\begin{aligned}M &= (150-3)\log\left|\frac{1}{150-3}\boldsymbol{A}\right| - (50-1)\left(\sum_{i=1}^{3}\log\left|\frac{1}{50-1}\boldsymbol{A}_i\right|\right)\\ &= 146.663,\end{aligned}$$

$$f_1 = \frac{3\times(3+1)\times(3-1)}{2} = 20, \quad d_1 = \frac{43}{60}\left(\frac{3}{49}-\frac{1}{147}\right) = 0.039,$$

$$d_2 = \frac{3}{2}\left(\frac{3}{49^2}-\frac{1}{147^2}\right) = 0.0018, \quad f_2 = \frac{f_1+2}{d_2-d_1^2} = 77566.67 \approx 77567,$$

其中 $\boldsymbol{A} = \sum_{i=1}^{3}\boldsymbol{A}_i$, $\boldsymbol{A}_i = \sum_{j=1}^{n_i}(\boldsymbol{x}_j^{(i)} - \bar{\boldsymbol{x}}^{(i)})(\boldsymbol{x}_j^{(i)} - \bar{\boldsymbol{x}}^{(i)})'$ 为第 i 种鸢尾花的 50 个个体的离差阵. 于是

$$F = \left(\frac{1-d_1}{f_1} - \frac{1}{f_2}\right)M = 7.045 > F_{20,77567}(0.05) = 1.57,$$

故拒绝 3 种鸢尾花的协方差阵全相等的假设.

因此, 考虑协方差阵不全相等情形的距离判别. 计算各种鸢尾花的样本协方差阵 $\hat{\boldsymbol{\Sigma}}_i$, 然后应用的二次判别函数 (10.1.14), 对这 150 个个体进行判别, 判别结果见表 10.4. 表 10.4 显示仅有 3 例被误判, 其中 2 例是本属于类型 II 而被误判为类型III, 1 例是本属于类型III而被误判为类型 II, 其误判概率仅为 2%, 正确率达到 98%.

下面考虑费希尔线性判别. 计算得 3 种鸢尾花的组间残差离差阵和组内残差离差阵分别为

$$B=\sum_{i=1}^{3}n_i(\bar{\boldsymbol{x}}_i-\bar{\boldsymbol{x}})(\bar{\boldsymbol{x}}_i-\bar{\boldsymbol{x}})'=\begin{pmatrix}63.212 & & & \\ -19.953 & 11.345 & & \\ 165.248 & -57.240 & 437.103 & \\ 71.279 & -22.933 & 186.774 & 80.413\end{pmatrix}$$

和

$$\boldsymbol{A}=\sum_{i=1}^{3}\sum_{j=1}^{n_i}(\boldsymbol{x}_{ij}-\bar{\boldsymbol{x}}_i)(\boldsymbol{x}_{ij}-\bar{\boldsymbol{x}}_i)'=\boldsymbol{S}.$$

注意到 $\boldsymbol{B}$ 的秩为 $3-1=2$, 因此, $\boldsymbol{A}^{-1}\boldsymbol{B}$ 仅有 2 个正特征值. 计算得其正特征值为

$$\lambda_1=32.192,\quad \lambda_2=0.285,$$

相应的特征向量分别为

$$\boldsymbol{l}_1=(0.829,1.534,-2.201,-2.810)',$$

$$\boldsymbol{l}_2=(0.024,2.165,-0.932,2.839)'.$$

从而得到相应的两个线性判别函数:

$$y_1=\boldsymbol{l}_1'\boldsymbol{x}=0.829X_1+1.534X_2-2.201X_3-2.201X_4, \tag{10.5.1}$$

$$y_2=\boldsymbol{l}_2'\boldsymbol{x}=0.024X_1+2.165X_2-0.932X_3+2.839X_4. \tag{10.5.2}$$

由于第 1 个线性判别函数的判别能力为 $32.192/(32.192+0.285)=99.12\%$, 第 2 个线性判别函数的判别能力为 100%−99.12%=0.88%, 因此, 仅考虑第 1 个线性判别函数即可. 对于待判个体 $\boldsymbol{x}$, 计算

$$|\boldsymbol{l}_1'\boldsymbol{x}-\boldsymbol{l}_1'\bar{\boldsymbol{x}}_j|,\quad j=1,2,3, \tag{10.5.3}$$

将其判给使 $|\boldsymbol{l}_1'\boldsymbol{x}-\boldsymbol{l}_1'\bar{\boldsymbol{x}}_j|$ 达到最小的第 j 个总体. 表 10.5 为训练样本中 150 组数据进行费希尔线性判别的结果, 其中仅有 3 个被误判: 2 个本属于类型 II 的被误判为类型III, 1 个本属于类型III的被误判为类型 II, 正确率达到 98%, 误判概率为 2%, 与假设各总体方差不等的距离判别的误判率相等.

最后, 考虑贝叶斯判别. 假设这 3 个总体都服从正态分布, 其协方差阵不全相等. 已知 3 种鸢尾花在训练样本中各有 50 个, 因此不妨假设先验概率为

$$(p_1,p_2,p_3)=(1/3,1/3,1/3).$$

对于一个待判个体 $\boldsymbol{x}$, 计算判别函数

$$V_i(\boldsymbol{x}) = (\boldsymbol{x} - \bar{\boldsymbol{x}}^{(i)})'\hat{\boldsymbol{\Sigma}}_i^{-1}(\boldsymbol{x} - \bar{\boldsymbol{x}}^{(i)}) + \log|\hat{\boldsymbol{\Sigma}}_i|, \quad i = 1, 2, 3,$$

将 $\boldsymbol{x}$ 判给使得 $V_i(\boldsymbol{x})$ 最小的那个总体. 对这 150 个个体进行判别, 判别结果见表 10.6. 有 5 例被误判: 5 例属于类型 II 的被误判为类型III, 误判率为 3.33%, 正确率为 5/150 = 96.67%, 效果较好.

表 10.5 费希尔线性判别的结果

I= 刚毛鸢尾花 II= 变色鸢尾花 III= 弗吉尼亚鸢尾花组	预测组个体数			总数
	I	II	III	
I	50	0	0	50
II	0	48	2	50
III	0	1	49	50

表 10.6 贝叶斯判别的结果

I= 刚毛鸢尾花 II= 变色鸢尾花 III= 弗吉尼亚鸢尾花组	预测组个体数			总数
	I	II	III	
I	50	0	0	50
II	0	45	5	50
III	0	0	50	50

本节计算是通过 R 程序实现的, 相应的程序参见薛毅, 陈立萍 (2007).

第 11 章 聚类分析

俗语说，物以类聚，聚类分析 (cluster analysis) 就是通过观测数据将对象进行分类的统计方法. 该方法最早是由考古学家在对考古分类中研究中发展起来的，如今已被广泛地应用在天气、地质、生物、金融、保险、图像处理等许多领域. 如保险公司在推出一种新产品前，就需要根据市场调研的个人资料将潜在的对象分类，来计算产品的价格. 由于分类的对象可能是个体 (样品)，也有可能是变量 (指标)，为了区分两者，文献中称对样品的聚类为 Q 型聚类，而称对变量的聚类为 R 型聚类. 但在数学上，这两种聚类是对称的，在聚类方法上是一致的.

11.1 距离和相似系数

聚类分析的主要思想就是相近 (或相似) 的样品 (或指标) 归为一类. 如何衡量样品 (或指标) 间的相近 (或相似) 程度? 文献中普遍采用距离来刻画样品间的相近程度，采用相似系数来刻画指标间的相似程度. 本节将主要介绍几种常用的距离和相似系数.

11.1.1 距离

如果是对样品进行分类，需要确定样品间距离的定义.

定义 11.1.1 设 $\boldsymbol{x}_i$ 为样品 i 各指标的测量值，d_{ij} 为一个实值函数. 称 d_{ij} 为样品 i 和样品 j 间的距离，若 d_{ij} 满足以下四个条件:

(i) 非负性: $d_{ij} \geqslant 0$;

(ii) 对称性: $d_{ij} = d_{ji}$;

(iii) 可识别性: $d_{ij} = 0 \Leftrightarrow$ 样品 i 和样品 j 的各指标相等;

(iv) 三角不等式性: $d_{ij} \leqslant d_{ik} + d_{jk}$.

这四个条件是定义距离的充分条件，而非必要条件，如在社会学中若将人对人的评价作为人际关系亲疏的度量 (距离) 时，以上条件 (ii) 就不成立，因为个体 G 对个体 K 的评价往往并不等于个体 K 对个体 G 的评价. 另外，在聚类分析中，有些距离并不满足条件 (iv)，不过在广义角度也称其为距离.

最常见、最直观的距离有

绝对距离

$$d_{ij}(1)=\sum_{k=1}^{p}|x_{ik}-x_{jk}|, \tag{11.1.1}$$

欧氏 (Euclidean) 距离

$$d_{ij}(2)=\left[\sum_{k=1}^{p}(x_{ik}-x_{jk})^2\right]^{1/2}, \tag{11.1.2}$$

这两个距离可统一成为

$$d_{ij}(q)=\left[\sum_{k=1}^{p}|x_{ik}-x_{jk}|^q\right]^{1/q},\quad q\geqslant 1. \tag{11.1.3}$$

文献中称其为**明氏 (Minkowski) 距离**. 显然, 当 $q=1$ 和 2 时, $d_{ij}(q)$ 就是绝对距离和欧氏距离; 当 $q\to\infty$ 时, 便由此得到**切比雪夫距离**

$$d_{ij}(\infty)=\max_{1\leqslant k\leqslant p}|x_{ik}-x_{jk}|. \tag{11.1.4}$$

容易验证明氏距离满足条件 (i)-(iv).

明氏距离在实际应用中被用得很多, 但它有一些缺点, 如明氏距离的大小与各指标的量纲有关, 具有一定的人为性; 此外, 明氏距离也没考虑指标之间的相关性. 因此需要对此做改进.

当各指标的测量单位不一致时, 一种改进办法是先对数据标准化, 然后用标准化后的数据计算距离, 如

Kail Pearson 距离

$$d_{ij}=\left[\sum_{k=1}^{p}\frac{(x_{ik}-x_{jk})^2}{s_k^2}\right]^{1/2}, \tag{11.1.5}$$

即标准化后数据的欧氏距离, 这里 s_k^2 为数据第 k 个指标的样本方差. 当 $x_{ij}>0(i=1,\cdots,n;j=1,\cdots,p)$, 有时也采用

兰氏距离

$$d_{ij}=\sum_{k=1}^{p}\frac{|x_{ik}-x_{jk}|}{(x_{ik}+x_{jk})}, \tag{11.1.6}$$

它是由 Lance 和 Williams 最早提出的. 这两个距离都消除了量纲的影响, 但没有考虑指标间的相关性. 另一种改进就是采用

马氏 (Mahalanobis) 距离

$$d_{ij}=\left[(\boldsymbol{x}_i-\boldsymbol{x}_j)'\hat{\boldsymbol{\Sigma}}(\boldsymbol{x}_i-\boldsymbol{x}_j)\right]^{1/2}, \tag{11.1.7}$$

这里 $\hat{\boldsymbol{\Sigma}}$ 为数据矩阵的协方差阵. 由于马氏距离对一切线性变换是不变的, 故它不受指标量纲的影响.

以上几种距离均使用于间隔尺度的变量 (即连续变量), 当变量是有序尺度或名义尺度时, 也有一些定义距离的方法. 下例是对名义尺度的指标定义的距离, 节选自张尧庭和方开泰 (2003).

例 11.1.1　设有 5 个变量均为二分类 (名义尺度) 变量, x_1 取值为 V 和 I, x_2 取值为 M 和 Q, x_3 取值为 S 和 A, x_4 取值为 T 和 F, x_5 取值为 D 和 K, 今有两个样品

$$\boldsymbol{x}_1 = (V, Q, S, T, K)',$$

$$\boldsymbol{x}_2 = (V, M, S, F, K)',$$

求它们之间的距离.

它们的第一变量都是 V, 称为配合的, 第二个变量一个取 Q, 另一个取 M, 称为不配合的. 记 m_1 为配合的变量数, m_2 为不配合的变量数, 定义它们间的距离为它们配合的变量数的比例, 即

$$d_{12} = \frac{m_1}{m_1 + m_2}.$$

按照某种距离定义计算所出有样品的两两间距离, 并将其用矩阵表示, 即

$$\boldsymbol{D} = \begin{pmatrix} d_{11} & \cdots & d_{1n} \\ \vdots & & \vdots \\ d_{n1} & \cdots & d_{nn} \end{pmatrix},$$

称 $\boldsymbol{D}$ 为样品的距离矩阵. 它可以直观反映出 n 个样品间的亲疏关系.

11.1.2　相似系数

在聚类分析中, 不仅需要对样品进行分类, 也需要对变量进行分类. 此时需要对指标间的关系进行度量.

定义 11.1.2　若 $C(A, B)$ 满足如下性质:

(i) $C(A, B) = C(B, A)$,

(ii) $C(A, B) > 0$,

(iii) $C(A, B)$ 随着点 A 和点 B 的相似性增强而增大,

则称 $C(A, B)$ 为点 A 和点 B 的相似系数.

对无间隔尺度的变量 (即连续型变量), 常用的相似系数有

- **夹角余弦**

$$C_{ij}(1)=\frac{\sum\limits_{i=1}^{n}x_{ik}x_{jk}}{\left[\left(\sum\limits_{i=1}^{n}x_{ik}^2\right)\left(\sum\limits_{i=1}^{n}x_{jk}^2\right)\right]^{1/2}},\tag{11.1.8}$$

它是 $\boldsymbol{x}_i$ 和 $\boldsymbol{x}_j$ 之间的夹角余弦. 夹角余弦在图像识别中很有用, 如**A** 和 A 应当识别出同一个字符而不管其大小.

- **相关系数**

$$C_{ij}(2)=\frac{\sum\limits_{i=1}^{n}(x_{ik}-\bar{x}_i)(x_{jk}-\bar{x}_j)}{\left[\left(\sum\limits_{i=1}^{n}(x_{ik}-\bar{x}_i)^2\right)\left(\sum\limits_{i=1}^{n}(x_{jk}-\bar{x}_j)^2\right)\right]^{1/2}},\tag{11.1.9}$$

这是大家最熟悉刻画随机变量间关系的统计量. 本质上, 它为数据中心化 (或标准化) 后的夹角余弦.

如果变量是间隔尺度变量, 即离散变量, 通常采用关联测度, 如简单匹配系数、雅可比系数、列联系数、Russel-Rao 系数等, 详见张尧庭, 方开泰 (2003) 或 Diday(1974). 下面以二分变量为例, 给出简单匹配系数和雅可比系数的定义.

设两变量 X_i 和 X_j 为二分变量, 取值为 0 或 1, $\boldsymbol{x}_i=(x_{i1},\cdots,x_{ip})$ 和 $\boldsymbol{x}_j=(x_{j1},\cdots,x_{jp})'$ 分别为其 p 次观测值. 显然, 对每对 (x_{ik},x_{jk}), 有四种可能取值:

$$x_{ik}=x_{jk}=1;$$

$$x_{ik}=0,\ x_{jk}=1;$$

$$x_{ik}=1,\ x_{jk}=0;$$

$$x_{ik}=x_{jk}=0.$$

记

$$a_1=\sum_{k=1}^{p}I(x_{ik}=x_{jk}=1),$$

$$a_2=\sum_{k=1}^{p}I(x_{ik}=0,x_{jk}=1),$$

$$a_3=\sum_{k=1}^{p}I(x_{ik}=1,x_{jk}=0),$$

$$a_4=\sum_{k=1}^{p}I(x_{ik}=x_{jk}=0),$$

其中 $I(\cdot)$ 为示性函数, 事件 $(\cdot)$ 发生时取值为 1, 否则为 0.

- **简单匹配系数**

$$S_{ij}=\frac{a_1+a_4}{a_1+a_2+a_3+a_4},$$

即 X_i 和 X_j 各分量取值相同的频率. 适用于状态 1 和状态 0 地位相同的情形.

- **雅可比系数**

$$S_{ij}=\frac{a_1}{a_1+a_2+a_3},$$

它是在简单匹配系数基础上进行的改进, 排除了同时不拥有某个特征的情况. 当状态 1 比状态 0 更有意义时, 如临床检验中的阳性特征, 通常更倾向于采用雅可比系数.

按照某个相似系数的定义, 计算所有指标两两间的相似系数 $c_{ij}, i,j=1,\cdots,p$, 并将其列成一个矩阵

$$\boldsymbol{C}=\begin{pmatrix} c_{11} & \cdots & c_{1p} \\ \vdots & & \vdots \\ c_{p1} & \cdots & c_{pp} \end{pmatrix},$$

称之为指标的相似系数矩阵. 若采用的相似系数的定义为相关系数, 则 p 个指标的相似系数矩阵 $\boldsymbol{C}$ 就是其相关系数矩阵 $\boldsymbol{R}$.

有时指标间也可以用距离来描述它们的接近程度, 实际上距离和相似系数之间可以相互转化, 如 X_i 和 X_j 的相似系数也可用其距离表达为

$$C_{ij}=\frac{1}{1+d_{ij}}.$$

11.2 类 间 距 离

11.1 节介绍的距离和相似系数分别刻画的是样品与样品间、变量与变量间的 "距离". 聚类分析另一个关键步骤是定义类与类之间的距离. 本节主要介绍几种常用的定义类间距离的方法.

用 d_{ij} 表示样品 i 和样品 j 的距离, $G_1, G_2, \cdots$ 表示类, D_{pq} 表示类 G_p 和 G_q 的距离. 则

- **最短距离 (nearest neighbor, 也称 single linkage)**

$$D_{pq}=\min_{i\in G_p, j\in G_q} d_{ij}, \tag{11.2.1}$$

即类 G_p 与类 G_q 中最邻近的样品的距离.

- **最长距离 (furthest neighbor, 也称 complete linkage)**

$$D_{pq} = \max\{d_{ij}|i \in G_p, j \in G_q\}, \tag{11.2.2}$$

即类 G_p 与类 G_q 中最远的样品的距离.

- **重心距离 (centroid clustering)**

$$D_{pq} = d(\bar{x}_p, \bar{x}_q), \tag{11.2.3}$$

即类 G_p 与类 G_q 的样品均值 $\bar{\boldsymbol{x}}_p$ 和 $\bar{\boldsymbol{x}}_q$ 间的距离, 这里

$$\bar{\boldsymbol{x}}_p = \frac{1}{l}\sum_{i\in G_p} x_i, \quad \bar{\boldsymbol{x}}_q = \frac{1}{k}\sum_{j\in G_q} x_j,$$

l 和 k 分别为类 G_p 和 G_q 中的样品数.

- **类平均 (average linkage)**

$$D_{pq} = \frac{1}{lk}\sum_{i\in G_p}\sum_{j\in G_q} d_{ij}, \tag{11.2.4}$$

即定义类 G_p 与类 G_q 的距离为两类中任两个样品距离的平均.

- **离差平方和 (wald's method)**

$$D_{pq} = \sqrt{D_{p+q} - D_p - D_q}, \tag{11.2.5}$$

即用离差平方和定义类 G_p 与类 G_q 的距离, 这里

$$D_p = \sum_{i\in G_p} (\boldsymbol{x}_i - \bar{\boldsymbol{x}}_p)'(\boldsymbol{x}_i - \bar{\boldsymbol{x}}_p),$$

$$D_q = \sum_{j\in G_q} (\boldsymbol{x}_j - \bar{\boldsymbol{x}}_q)'(\boldsymbol{x}_i - \bar{\boldsymbol{x}}_q),$$

$$D_{p+p} = \sum_{i\in G_p\bigcup G_q} (\boldsymbol{x}_i - \bar{\boldsymbol{x}})'(\boldsymbol{x}_i - \bar{\boldsymbol{x}}),$$

其中

$$\bar{\boldsymbol{x}} = \frac{1}{l+k}\sum_{i\in G_p\bigcup G_q} \boldsymbol{x}_i.$$

当样品间的距离采用欧氏距离时, 可以验证: 离差平方和法定义的类间距离为重心法定义的类间距离的 $kl/(k+l)$ 倍, 其中 l 和 k 分别为类 G_p 和 G_q 中的样品数.

除了前面介绍的这 5 种定义类间距的方法外, 还有中间距离法、可变类平均法和可变法, 由于它们用的较少, 这里不再详述, 感兴趣的读者可参阅张尧庭, 方开泰 (2003). 尽管这 8 种类间距离有不同的定义, 但 Lance 和 Williams (1967) 发现可以将它们统一表述为如下的递推公式:

$$D_{k,r}^2 = \alpha_l D_{k,l}^2 + \alpha_q D_{k,q}^2 + \beta D_{l,q}^2 + \gamma \left| D_{k,l}^2 - D_{k,q}^2 \right|, \tag{11.2.6}$$

其中, α_l, α_q, β 和 γ 对于不同的方法有不同的取值, 见表 11.1.

表 11.1　8 种类间距离的递推公式参数表

方法	α_l	α_q	β	γ
最短距离	$1/2$	$1/2$	0	$-1/2$
最长距离	$1/2$	$1/2$	0	$1/2$
中间距离	$1/2$	$1/2$	$-1/4$	0
重心法	n_l/n_r	n_q/n_r	$-\alpha_l\alpha_q$	0
类平均法	n_l/n_r	n_q/n_r	0	0
可变类平均法	$(1-\beta)n_l/n_r$	$(1-\beta)n_q/n_r$	$\beta<1$	0
可变法	$(1-\beta)/2$	$(1-\beta)/2$	$\beta<1$	0
离差平方和法	$(n_k+n_l)/(n_k+n_r)$	$(n_k+n_l)/(n_k+n_r)$	$-n_k/(n_k+n_r)$	0

一般而言, 采用不同的类间距离定义进行并类, 聚类的结果就可能不同, 最短距离法适合用于条形的类; 而重心法、类平均法、离差平方和法适用于椭圆形的类. 但总体上, 如何选择并类距离, 目前还是一个有待解决的问题.

11.3　聚类方法

聚类方法有很多, 不过大致可分成两类: 系统聚类 (hierachical clustering) 方法和动态聚类 (dynamic clustering) 方法, 其中系统聚类方法又可按照并类时所采用的类间距离的不同, 细分为最短距离系统聚类法、最长距离系统聚类法等 8 种方法; 动态聚类法中最常用的是 K- 均值聚类法.

11.3.1　系统聚类法

系统聚类法是目前国内外使用最多的一种方法, 有关它的研究极其丰富. 该方法最后将根据各类之间的亲疏关系, 逐步画成一张完整的分类系统图, 又称谱系图或树状聚类图, 使得分类结果更加形象、直观. 系统聚类法的算法分为凝聚法 (agglimeration) 和分解 (division) 法.

系统聚类中凝聚法就是先将 n 个样品各自看成一类, 然后规定样品之间的距离和类与类之间的距离, 将距离最小的一对并成一个新类, 然后, 计算新类和其他类的距离, 再将距离最近的两类合并, 这样每次减少一类, 直到所有的样品都成一类为止.

凝聚法是类由多到少的方法, 而分解法是类由少到多的算法, 是先将所有的样品看成一类, 然后将所有的样品分成两类, 使得两类之间的样品尽量的远, 接着再将各小类继续分类, $\cdots$, 直到所有的样品各成一类为止.

不管是凝聚法还是分解法, 最终都将根据各类之间的亲疏关系, 逐步画成一张完整的分类系统图, 即谱系图或树状聚类图 (dendrogram). 本节将主要介绍系统聚类的凝聚法.

由于在合并类时, 采用不同的类间距离会导致系统聚类的结果可能不同. 文献中又将聚类分析分为最短距离聚类分析、最长距离聚类分析、平均距离聚类分析 (即并类距离采用类平均距离) 等.

下面用两个例子分别来演示最短距离聚类分析和最长距离聚类分析的步骤.

例 11.3.1 最短距离聚类分析

设 5 个个体的距离阵如下

$$D=(d_{ij})=\begin{array}{c} \\ 1\\2\\3\\4\\5\end{array}\begin{array}{c}\begin{array}{ccccc}1&2&3&4&5\end{array}\\ \left(\begin{array}{ccccc}0&&&&\\12&0&&&\\3&①&0&&\\6&4&8&0&\\10&9&11&2&0\end{array}\right)\end{array}.$$

由于个体 2 和 3 距离最近, 故将个体 2 和个体 3 合并为一类 $(2,3)$. 计算类 $(2,3)$ 与个体 $1,4,5$ 的距离, 它们的最短距离分别为

$$d_{(2,3)1}=\min\{d_{21},d_{31}\}=\min\{12,3\}=3,$$

$$d_{(2,3)4}=\min\{d_{42},d_{43}\}=\min\{4,8\}=4,$$

$$d_{(2,3)5}=\min\{d_{52},d_{53}\}=\min\{9,11\}=9.$$

于是, 新的距离矩阵为

$$\begin{array}{c} \\ (2,3)\\1\\4\\5\end{array}\begin{array}{c}\begin{array}{cccc}(2,3)&1&4&5\end{array}\\ \left(\begin{array}{cccc}0&&&\\3&0&&\\4&6&0&\\9&10&②&0\end{array}\right)\end{array}.$$

现在 d_{45} 是最小距离, 故将个体 4 与个体 5 合并成 $(4,5)$, 并计算新类 $(2,3)$,$(4,5)$ 和个体 1 间的最短距离

$$d_{(2,3)(4,5)}=\min\{d_{(2,3)4},d_{(2,3)5}\}=\min\{4,9\}=4,$$

$$d_{1(4,5)} = \min\{d_{41}, d_{51}\} = \min\{6, 10\} = 6,$$

此时类的距离矩阵为

$$\begin{array}{c} \\ (2,3) \\ 1 \\ (4,5) \end{array} \begin{array}{c} \begin{array}{ccc} (2,3) & 1 & (4,5) \end{array} \\ \begin{pmatrix} 0 & & \\ \textcircled{3} & 0 & \\ 4 & 6 & 0 \end{pmatrix} \end{array}.$$

其中 $d_{(2,3)1}$ 最小, 故再将个体 1 与 (2, 3) 合并成, 即 (1, 2, 3). 计算类 (1, 2, 3) 和 (4, 5) 的最短距离为

$$d_{(1,2,3)(4,5)} = \min\{d_{1(4,5)}, d_{(2,3)(4,5)}\} = \min\{4, 6\} = 4,$$

得到距离矩阵

$$\begin{array}{c} \\ (1,2,3) \\ (4,5) \end{array} \begin{array}{c} \begin{array}{cc} (1,2,3) & (4,5) \end{array} \\ \begin{pmatrix} 0 & \\ \textcircled{4} & 0 \end{pmatrix} \end{array}.$$

最后, 便将这 5 个个体聚为一类, 见图 11.1.

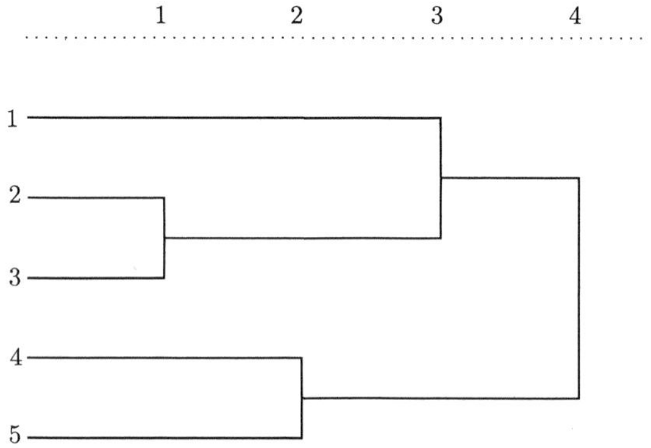

图 11.1　最短距离法的谱系聚类图

例 11.3.2　最长距离聚类分析

最长距离聚类分析就是类间距离采用最长距离的聚类分析. 仍用上例的数据, 5 个个体的距离阵为

$$D = (d_{ij}) = \begin{array}{c} \\ 1 \\ 2 \\ 3 \\ 4 \\ 5 \end{array} \begin{array}{c} \begin{array}{ccccc} 1 & 2 & 3 & 4 & 5 \end{array} \\ \begin{pmatrix} 0 & & & & \\ 12 & 0 & & & \\ 3 & \textcircled{1} & 0 & & \\ 6 & 4 & 8 & 0 & \\ 10 & 9 & 11 & 2 & 0 \end{pmatrix} \end{array}.$$

首先个体 2 和 3 距离最近, 故将个体 2 和个体 3 合并为一类 (2,3). 计算类 (2,3) 与个体 1,4,5 的最长距离, 分别为

$$d_{(2,3)1} = \max\{d_{21}, d_{31}\} = \min\{12, 3\} = 12,$$

$$d_{(2,3)4} = \max\{d_{42}, d_{43}\} = \min\{4, 8\} = 8,$$

$$d_{(2,3)5} = \max\{d_{52}, d_{53}\} = \min\{9, 11\} = 11.$$

于是, 新的距离矩阵为

$$\begin{array}{c} \\ (2,3) \\ 1 \\ 4 \\ 5 \end{array} \begin{array}{c} \begin{array}{cccc} (2,3) & 1 & 4 & 5 \end{array} \\ \begin{pmatrix} 0 & & & \\ 12 & 0 & & \\ 8 & 6 & 0 & \\ 11 & 10 & \textcircled{2} & 0 \end{pmatrix} \end{array}.$$

现在 d_{45} 是最小距离, 故将个体 4 与个体 5 合并成 (4,5), 并计算新类 (2,3),(4,5) 和个体 1 间的最长距离

$$d_{(2,3)(4,5)} = \max\{d_{(2,3)4}, d_{(2,3)5}\} = \max\{8, 11\} = 11,$$

$$d_{1(4,5)} = \max\{d_{41}, d_{51}\} = \max\{6, 10\} = 10,$$

此时类的距离矩阵为

$$\begin{array}{c} \\ (2,3) \\ 1 \\ (4,5) \end{array} \begin{array}{c} \begin{array}{ccc} (2,3) & 1 & (4,5) \end{array} \\ \begin{pmatrix} 0 & & \\ 12 & 0 & \\ 11 & \textcircled{10} & 0 \end{pmatrix} \end{array},$$

其中 $d_{(4,5)1}$ 最小, 故将个体 1 与 (4,5) 合并成 (1,4,5). 计算类 (2,3) 和 (1,4,5) 的最长距离, 得

$$d_{(2,3)(1,4,5)} = \max\{d_{(2,3)1}, d_{(2,3)(4,5)}\} = \max\{12, 11\} = 12,$$

得到距离矩阵

$$\begin{array}{c} \\ (2,3) \\ (1,4,5) \end{array} \begin{array}{c} \begin{array}{cc} (2,3) & (1,4,5) \end{array} \\ \begin{pmatrix} 0 & \\ \textcircled{12} & 0 \end{pmatrix} \end{array}.$$

最后, 便将这 5 个个体聚为一类, 见图 11.2.

注意到采用不同定义的类间距离就可能得到不同的分类结果, 于是产生的一个问题是如何选择合适的类间距离. 为了解决这个问题, 需要研究不同并类距离下系统聚类法的性质, 目前文献主要讨论了其单调性以及空间的浓缩和扩张性问题.

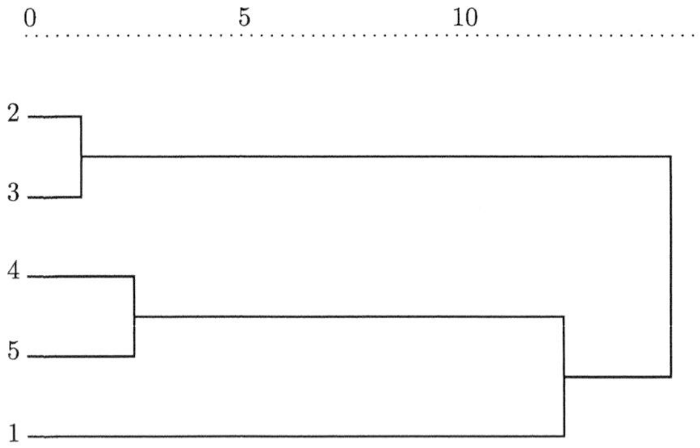

图 11.2 最长距离法的谱系聚类图

(a) 单调性. 令 $\{D_r\}$ 表示系统聚类中第 r 次并类时的距离, 单调性是指 $\{D_r\}$ 是严格单调上升的. 这个性质符合系统聚类的思想: 现将距离近的类合并, 后结合距离较远的类. 最短距离、最长距离、离差平方和法和类平均距离、可变法和可变类平均法都能确保并类距离的单调性, 只有重心法和中间距离法不具有单调性.

(b) 空间的浓缩和扩张性. 空间的浓缩和扩张性就是相对而言的, 设有 A 和 B 两个系统聚类法, 记 $\boldsymbol{A}_k = (a_{ij}(k))$ 和 $\boldsymbol{B}_k = (b_{ij}(k))$ $(k = 0, \cdots, n-1)$ 分别为第 k 步的类间距离矩阵, 若 $\boldsymbol{A}_k$ 的每个元素都大于等于 $\boldsymbol{B}_k$ 的相应元素, 即对所有的 i, j, k, 都有 $a_{ij}(k) \geqslant b_{ij}(k)$, 则称 A 比 B 扩张或者 B 比 A 浓缩. 注意到不同方法定义的类间距离, 系统聚类图中的并类距离 (横坐标) 的范围相差很远. 如最短距离法的范围最小, 最长距离的范围较大, 类平均法则介于二者之间. 相对于类平均法, 最短距离法、重心法使空间浓缩; 最长距离法、离差平方和法使空间扩张. 太浓缩的方法不够灵敏, 太扩张的方法在样本量大时容易失真, 如收音机, 灵敏度太低接受太少, 灵敏度太高, 台和台之间容易干扰. 因此, 在此意义下, 类平均法为适中.

有关系统聚类法的性质, 学者们还从其他角度提出了比较优劣的原则, 如定义分类损失函数等. 各种方法在不同的标准下各有优劣, 很难推荐哪个方法是最好的. 在应用中, 往往要凭借经验和分类的目的来决定. 如果没有任何经验, 通常就多用几种方法, 如果大多数方法给出的分类结果很类似, 则认为研究的对象间的确存在这种类结构.

可以看出这两种类间距离下的分类并不一定完全一样. 类似地也可将聚类过程的类间距离换成其他 6 种类间距 (类平均距离、离差平方和等). 下面用一个实际数据来展现不同类间距离下系统聚类的树状聚类图.

例 11.3.3 对 10.5 节中的鸢尾花数据进行聚类分析. 在判别分析中, 我们已知鸢尾花的品种并应用了这些数据. 现在假设只知道数据内有三种品种的鸢尾花而不知道每朵花的真正分类. 下面凭借花萼及花瓣的长度和宽度应用系统聚类分析将其分成三类.

下面考虑四种类间距: 最短距离(simple linkage)、最长距离(complete linkage)、中间距离(midian linkage)和离差平方和法(ward method), 应用 R 程序(见附录 B), 得到各自的树状聚类图:

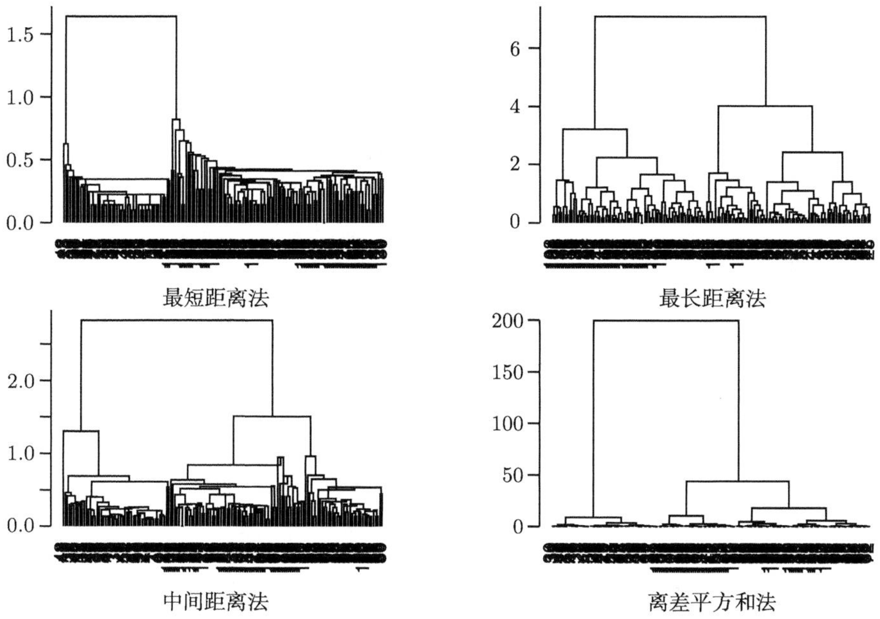

图 11.3 4 种距离法的谱系聚类图

从图 11.3 可以看出由离差平方和法所得的谱系聚类图的分类最清晰, 其次是最长距离法, 最差的是最短距离法. 已知鸢尾花数据来自三个品种, 因此, 依据离差平方和法将其分成 3 类, 如图 11.4 所示, 聚类的结果为

```
                  Species
iris.id setosa versicolor virginica
      1     50          0         0
      2      0         50        14
      3      0          0        36
```

该结果表明: 离差平方和法系统聚类所得的第一类应该是刚毛鸢尾花, 第二类应该是变色鸢尾花, 第三类应该是弗吉尼亚鸢尾花, 其中 50 朵刚毛鸢尾花全部被自成一类, 50 朵变色鸢尾花全部被聚在第二类中, 但是 50 朵弗吉尼亚鸢尾花中有 36 朵被聚为第三类, 而另 14 朵被归到了第二类中, 分类结果与实际情况吻合率达到了

136/150 = 90.7%.

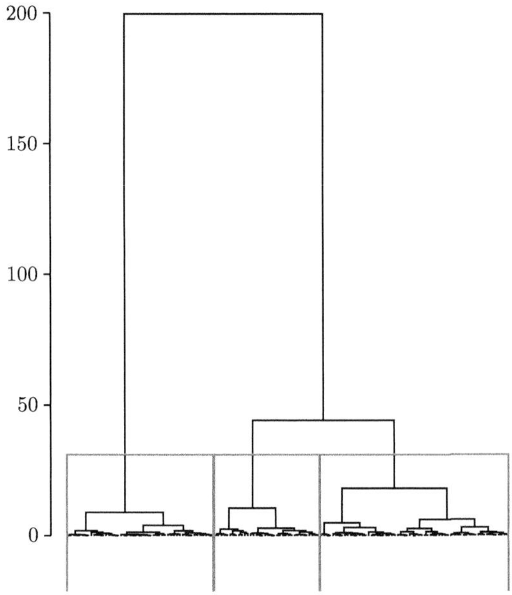

图 11.4 离差平方和法的谱系聚类图及分类

下面是由最长距离系统聚类的分类结果:

```
                 Species
iris.id setosa versicolor virginica
      1     50          0         0
      2      0         23        49
      3      0         27         1
```

该结果表明: 最长距离系统聚类所得的第一类应该是刚毛鸢尾花, 第二类应该是弗吉尼亚鸢尾花, 第三类应该是变色鸢尾花. 与离差平方和法系统聚类结果相同, 将 50 朵刚毛鸢尾花全部自成一类, 但不同的是最长距离系统聚类对弗吉尼亚鸢尾花的聚类表现更好, 将其中 49 朵弗吉尼亚鸢尾花归为第二类, 但对变色鸢尾花的聚类结果要差很多, 只有 27 朵变色鸢尾花被归为第三类, 另 23 朵被归到了第二类中, 分类结果与实际情况吻合率为 $126/150 = 84\%$, 低于离差平方和法系统聚类的吻合率.

11.3.2 动态聚类法

系统聚类的优点是事先无需知道分类对象的分类结构, 只需要一批观测数据; 只要选好分类统计量 (即采用哪种距离或相似系数进行衡量样品间、类间的亲疏关系), 并按一定的方法步骤进行计算便能自然地、客观地得到一张完整的分类系统图. 但系统聚类也存在两个缺限: (a) 样品一旦划到某个类以后就不变了, 这要求分类的方法比较准确; (b) 当样品数 n 很大时, 系统聚类法的计算很庞大, 从而使其不方便应用. 统计学家从迭代算法的思想得到启示, 先给出一个初始分类, 然后用某种原则进行修正, 直到分类比较合理为止, 采用这种思想产生的聚类法称为动态聚类 (dynamic cluster) 方法.

动态聚类方法的基本步骤可分为以下 3 步:

(i) **初始分类** 将 n 个样品初始分成 k 类, 其中分类数 k 可以事先给定, 也可以在聚类过程中逐步确定;

(ii) **修改分类** 对每个样品逐一进行搜索, 倘若将某一个样品移动到另一个类后对分类有所改近, 则将它移入改进最多的那一类;

(iii) **重复迭代** 对每个样品逐一进行搜索之后, 重复步 (ii), 直到没有样品需要移动为止, 从而得到最终分类.

为了得到初始分类, 有时设法选择一些凝聚点, 让样品按某种原则向凝聚点凝聚. 关于凝聚点选择, 通常采用以下方法 (参见张尧庭, 方开泰, 2003):

- 凭经验选择. 如果对问题已有相当的了解, 样品大体如何分类, 分几类心中有数, 这时将每一类选择一个有代表性的样品作为凝聚点.
- 将数据人为地分成 k 类, 计算每一类的均值, 将这些均值作为凝聚点.
- 密度法. 先人为给定两个正数 d_1 和 $d_2(d_2 > d_1)$, 以每个样品的为球心, 以 d_1 为半径, 落在这个球的样品数就叫作这个样品点的密度. 然后选择具有最大密度的样品作为第一凝聚点, 选择次大密度的样品点, 若它和第一凝聚点的距离小于 d_2, 该点取消, 否则定为第二凝聚点. 依次选下去, 常常取 $d_2 = 2d_1$.
- 先人为给定一个正数 d, 将全部样品的均值作为第一凝聚点, 然后依次计算样品与凝聚点间的距离, 若其距离大于 d, 则将该样品作为新的凝聚点, 然后再依次输入下一个样品.
- 当样品数 n 较大时, 可随机地从中抽取部分样品用系统聚类进行聚类, 用各类的重心作为凝聚点.

此外, 与系统聚类一样, 选择不同的类间距最终的分类也有可能不同. 在实际中最常用的 K 均值 (K-Means) 聚类方法.

K 均值聚类原理: 首先, 选择 n 个数值型变量参与聚类分析, 并选择聚类数为 k; 其次, 由系统选择 k 个样品作为聚类的种子; 第三, 按照到这些类重心的距离最小的原则把所有的样品分类到各类重心所在的类中, 完成初始分类; 第四, 重新计算各类的重心 (即现分的各子类中所包含的样品的均值); 第五, 重复第三和第四步, 直到达到迭代要求为止. 下面用一个简单例子来显示 K 均值聚类的具体操作.

例 11.3.4 K 均值聚类(Johnson, Wichern, 2007)

设在个体 A, B, C, D 的测得的变量 X_1 和 X_2 的测量值如表:

个体	观测值	
	x_1	x_2
A	5	3
B	−1	1
C	1	−2
D	−1	−2

我们的目标是将这 4 个个体分成 2 类, 即 $k=2$, 使得同类内个体间的距离比类间个体间的距离近. 第一步, 先将 4 个个体任意分成两组, 不妨为 (A,B) 和 (C,D), 计算每组的重心 (即组内个体变量观测值的均值), 得

组	组内重心坐标	
	$\bar{x}_1$	$\bar{x}_2$
(A, B)	$\dfrac{5+(-1)}{2}=2$	$\dfrac{3+1}{2}=2$
(C, D)	$\dfrac{1+(-3)}{2}=-1$	$\dfrac{-2+(-2)}{2}=-2$

第二步, 计算每个个体分别到目前各个组的组重心的欧氏距离以及和到该个体被重新调整后的各组的组重心的欧氏距离. 假设个体 A 被移到 (C,D) 组, 此时新的分类为 (B) 和 (A,C,D), 组 (B) 的重心就是个体 B 的坐标:

$$\bar{x}_{1,\text{new}}=-1,\quad \bar{x}_{2,\text{new}}=1;$$

组 (A,C,D) 的重心为

$$\bar{x}_{1,\text{new}}=\frac{5+1-3}{3}=1,\quad \bar{x}_{2,\text{new}}=\frac{3-2-2}{3}=-0.33;$$

计算个体 A 到第一次分类各组 (A,B) 和 (C,D), 和调整后各组 (B) 和 (A,C,D) 重心的距离, 得

$$d^2(\text{A},(\text{A},\text{B}))=(5-2)^2+(3-2)^2=10,$$
$$d^2(\text{A},(\text{C},\text{D}))=(5+1)^2+(3+2)^2=61,$$
$$d^2(\text{A},(\text{B}))=(5+1)^2+(3-1)^2=40,$$

$$d^2(\mathrm{A},(\mathrm{A},\mathrm{C},\mathrm{D}))=(5-1)^2+(3+0.33)^2=27.09.$$

由于 A 到组 (A,B) 的重心距离比到组 (A,C,D) 的重心距离近, 故 A 不需要调整组.

接着考虑调整个体 B 的组. 我们得到

$$\begin{aligned}
d^2(\mathrm{B},(\mathrm{A},\mathrm{B}))&=(-1-2)^2+(1-2)^2=10,\\
d^2(\mathrm{B},(\mathrm{C},\mathrm{D}))&=(-1+1)^2+(1+2)^2=9,\\
d^2(\mathrm{B},(\mathrm{A}))&=(-1-5)^2+(1-3)^2=40,\\
d^2(\mathrm{B},(\mathrm{B},\mathrm{C},\mathrm{D}))&=(-1+1)^2+(1+1)^2=4.
\end{aligned}$$

个体 B 到组 (B,C,D) 的重心距离比到组 (A,B) 的重心距离近, 因此将 B 调整到组 (C,D), 得到新的分类 (A) 和 (B,C,D).

接下来考虑个体 C 的调整. 计算

$$\begin{aligned}
d^2(\mathrm{C},(\mathrm{A}))&=(1-5)^2+(-2-3)^2=41,\\
d^2(\mathrm{C},(\mathrm{B},\mathrm{C},\mathrm{D}))&=(1+1)^2+(-2+1)^2=5,\\
d^2(\mathrm{C},(\mathrm{A},\mathrm{C}))&=(1-3)^2+(-2-0.5)^2=10.25,\\
d^2(\mathrm{C},(\mathrm{B},\mathrm{D}))&=(1+2)^2+(-2+0.5)^2=11.25.
\end{aligned}$$

个体 C 到组 (B,C,D) 的重心距离最近, 不需要调整. 用同样的步骤继续考虑 D 的调整, 可验证个体 D 到组 (B,C,D) 的重心距离最近, 不需再调整. 于是最终分组为 (A) 和 (B,C,D).

例 11.3.5 接着例 11.3.3, 对 150 多鸢尾花采用 K 均值聚类方法, 将其分为 3 类. 采用 R 软件的函数 “ kmeans( ) ”(具体程序见附录B), K 均值聚类结果如下:

```
                Species
      setosa versicolor virginica
   1      0          2        36
   2      0         48        14
   3     50          0         0
```

从上结果可看出第一类应该是弗吉尼亚鸢尾花, 第二类应该是变色鸢尾花, 第三类应该是刚毛鸢尾花, 其中 50 朵刚毛鸢尾花全部被自成一类, 48 朵变色鸢尾花被聚在第二类中, 但是 50 朵弗吉尼亚鸢尾花中有 36 朵被聚为第一类, 而另 14 朵被归到了第二类中, 与离差平方和法系统聚类的结果很接近, 其分类结果与实际分类的吻合率为 $134/150=89.3\%$.

用鸢尾花的花瓣的长度和宽度这两个特征作为横坐标和纵坐标, 将 K 均值聚类结果可视化, 见图 11.5, 其中, 不同的颜色代表不同的聚类结果, 不同形状代表训练数据集的原始分类情况.

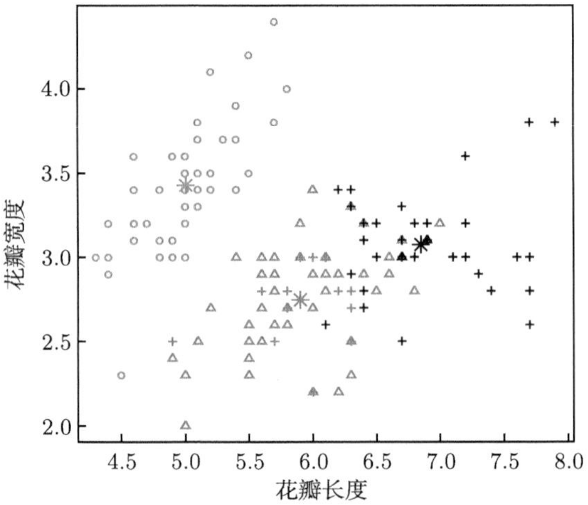

图 11.5　K 均值聚类结果的可视化图

K 均值聚类特点是能快速处理大数据集. 尽管事先给定分类数 k 是一个有争议的问题, 但在无法精确给定分类数时, 事先给出一个初始分类数也是一个可行的办法. 此时, 在初始分类时就可根据经验和专业知识, 以及观测到的数据事先给定分类数 k, 阈值 c_1 和 c_2 来实现, 其中 c_1 为类间距离的阈值, 规定任意两类之间距离不得小于 c_1, c_2 为样品到所有类的距离的阈值, 规定样品到所有类的距离不得大于 c_2.

例 11.3.6　最低工资标准是指劳动者在法定工作时间或依法签订的劳动合同约定的工作时间内提供了正常劳动的前提下, 用人单位依法应支付的最低劳动报酬. 最低工资标准是各地区根据该地区的经济发展状况具体制定的标准, 每个地区的最低工资标准可间接的得出该地区的经济发展状况. 选取 2004 年到 2012 年 7 个经济发展水平在全国领先的省市的最低工资标准 (单位: 元).

年份 / 省市	2004	2005	2006	2007	2008	2009	2010	2011	2012
北京	545	580	640	730	800	800	960	1160	1260
天津	530	590	670	740	820	820	920	1160	1310
浙江	620	670	750	750	850	960	1100	1310	1470
江苏	540	620	690	750	850	850	960	1140	1140
上海	635	690	750	840	960	960	1120	1120	1450
广东	510	684	780	780	860	860	1100	1300	1300
深圳	610	690	810	850	1000	1000	1100	1100	1500

依据 9 年的最低工资标准作为分类变量, 对 7 个地区进行快速分类, 令 $k = 2$. 分类最终结果如下:

序号	省市	聚类	距离
1	北京	1	93.755
2	天津	1	101.403
3	浙江	2	173.534
4	江苏	1	128.443
5	上海	2	77.388
6	广东	1	204.843
7	深圳	2	120.335

第 1 类为 { 北京, 天津, 江苏, 广东 }, 第 2 类为 { 浙江, 上海, 深圳 }. 从两类的聚类中心表可清楚的看到第二类的中心的每一维都大于第一类, 因此表明第二类中的地区的经济发展水平高于第一类的地区.

变量	聚类中心	
	1	2
$X1$	531	622
$X2$	619	683
$X3$	695	770
$X4$	750	813
$X5$	833	937
$X6$	833	973
$X7$	985	1107
$X8$	1190	1177
$X9$	1253	1473

11.4 影响聚类的因素

聚类分析的实践性很强, 正确地理解和掌握聚类分析需要实践, 需要注意影响最终聚类结果一些因素:

(a) 分类变量的选择. 因为聚类分析的结果完全依赖于研究者所选择的聚类变量, 增加或删除一些变量对最终的分类结果都可能产生实质性的影响.

(b) 不同的数据变换方法可能导致不同的最终分类. 如标准化前后数据点间距离的大小顺序就可能发生改变.

(c) 不同的距离、相似系数有可能导致不同的最终分类.

(d) 不同类间距离的定义有可能导致不同的最终分类.

(e) 不同的聚类方法有可能导致不同的最终分类.

(f) 在动态聚类方法中, 初始聚点和样品进入的次序都可能对迭代的最终分类结果有影响.

(g) 少数几个孤立点有可能导致聚类错误. 这是因为孤立点是不依附于一般数据行为的数据, 经常会导致有偏差的聚类结果, 因此为了得到正确的聚类, 我们必须在数据预处理时将它们剔除.

各种聚类分析方法一般都要求分类变量相互独立. 若分类变量间高度相关, 则可能导致分类的结果没有意义. 另外, 聚类分析要求选的分类变量是较能反映类特征的变量, 当分类变量中包含过多无特征变量时, 数据中的类特征变量就可能被"稀释", 从而导致分类不理想, 另一方面也会加大计算的复杂化, 造成"维数灾". 因此, 当观测向量的维数较大时, 首先需要选变量; 当现有的分类变量间高度相关时, 由于主成分间互不相关, 故可通过提取主成分, 用主成分作为分类变量, 进行分类.

11.5　分类数的确定

聚类分析的目的是要对研究对象进行分类, 因此, 如何选择分类数成为各种聚类方法中主要问题之一. 动态聚类方法需要事先指定分类数, 系统聚类方法虽然不需要事先指定分类数, 但它最终得到的只是一个树状结构图. 究竟如何确定分类数, 还是一个未完全解决的问题. 目前常采用的方法如下 (Johnson,2005):

- 从系统聚类得到树状结构图决定类的个数. 该方法只适合树状结构图有明显的分类的情形, 但有时树状结构图的分类并不清楚.
- Beale F 型统计量. 该方法是由 Beale 提出的. 假设比较两种分类结果, 前一种将对象分成 k_1 组, 后一种将对象分成 k_2 组, 不妨设 $k_1 > k_2$. 令 W_1 和 W_2 分别为两种分类下组内平方和, 记 $\boldsymbol{x}_{ij}$ 为第一种分类下的第 i 组的第 j 个个体, $i = 1, \cdots, k$, $j = 1, \cdots, n_i$, 其中 n_i 为第 i 组包含的个体数, 则

$$W_1 = \sum_{i=1}^{k_1}\sum_{j=1}^{n_i}(\boldsymbol{x}_{ij} - \bar{\boldsymbol{x}}_i)'(\boldsymbol{x}_{ij} - \bar{\boldsymbol{x}}_i),$$

类似地可计算 W_2. 如果 W_1 和 W_2 相差不多, 则倾向选择分组数较少的分类, 即选择第二种分类结果; 如果 W_1 比 W_2 小很多, 则表明第一种分类明显改善了第二种分类结果, 此时我们倾向选择第一种分类结果. 究竟两者相差多少才显著, Beale 建议用伪 F 型统计量

$$F^* = \frac{f_2}{f_1} \cdot \frac{W_2 - W_1}{W_1},$$

这里

$$f_1 = (N - k_2)k_2^{-2/p} - (N - k_2)k_2^{-2/p}, \quad f_2 = (N - k_1)k_1^{-2/p},$$

其中 p 为分类变量的个数. 如果 $F^* > F_{f_1,f_2}(\alpha)$ 则选择第一种分类结果. Beale F 型统计量的计算可用 SAS 软件中 FASTCLUS 程序实现.

- 伪 Hotelling T^2 检验. 第 5 章介绍的 Hotelling T^2 检验主要是用来比较两多元正态总体的均值差异是否显著. 当考虑两组是否合并时, 我们用伪 Hotelling T^2 检验来检验两组的均值向量是否相等, 如果两组的均值向量无显著差异, 就将其合并, 否则不合并. 在 SAS 软件 CLUSTER 程序中可得到该统计量.
- 立方聚类准则 (cubic clustering criterion,CCC). 该方法是由 Sarle(1983) 提出的. 记 $\boldsymbol{X} = (\boldsymbol{X}_1, \cdots, \boldsymbol{X}_k)$ 为所有个体的观测矩阵, 维数为 $p \times n$, $\boldsymbol{X}_i = (\boldsymbol{x}_{i1}, \cdots, \boldsymbol{x}_{in_i})$ 表示第 i 组个体的观测矩阵, $\boldsymbol{B} = (\bar{\boldsymbol{x}}_1, \cdots, \bar{\boldsymbol{x}}_k)$, 其中 $\bar{\boldsymbol{x}}_i$ 为第 i 组 n_i 个个体的均值向量, $i = 1, \cdots, k$. 因此数据的总平方和和组内平方和分别为

$$T = \mathrm{tr}(\boldsymbol{X}'\boldsymbol{X}) = \sum_{i=1}^{k}\sum_{j=1}^{n_i} \boldsymbol{x}'_{ij}\boldsymbol{x}_{ij} - n\bar{\boldsymbol{x}}'\bar{\boldsymbol{x}}, \quad W = \sum_{i=1}^{k}\sum_{j=1}^{n_i} (\boldsymbol{x}_{ij} - \bar{\boldsymbol{x}}_i)'(\boldsymbol{x}_{ij} - \bar{\boldsymbol{x}}_i),$$

其中, $\bar{\boldsymbol{x}} = \sum_{i=1}^{k}\sum_{j=1}^{n_i} x_{ij}/n$, $\bar{\boldsymbol{x}}_i = \sum_{j=1}^{n_i} x_{ij}/n_i, n = \sum_{i=1}^{k} n_i$. 因此

$$\mathrm{CCC} = \ln\left(\frac{1 - E(R^2)}{1 - R^2}\right) \times v,$$

这里 $R^2 = 1 - W/T$, v 是方差稳定化变换, 一般取值为

$$v = \frac{np/2}{(0.001 + E(R^2))^{1.2}},$$

$E(R^2)$ 一般由 p 维空间的均匀分布得到. 一般选择 $\mathrm{CCC} > 3$ 后的第一个局部极大值点对应的分类数. 该统计量也可由 SAS 软件 CLUSTER 程序给出, 详见 (Johnson, 2005).

参 考 文 献

[1] 陈希孺, 王松桂. 近代回归分析. 安徽教育出版社, 1987.

[2] 方开泰. 实用多元统计分析. 华东师范大学出版社, 1989.

[3] 方开泰, 张尧庭. 广义多元分析. 科学出版社, 1993.

[4] 何晓群. 多元统计分析. 中国人民大学出版社, 2008.

[5] 高惠璇. 应用多元统计分析. 北京大学出版社, 2005.

[6] 刘金山. Wishart 分布引论. 科学出版社, 2005.

[7] 茆诗松, 王静龙, 濮晓龙. 高等数理统计. 高等教育出版社, 1998.

[8] 苏涛等. II 型糖尿病患者尿核糖浓度显著高于正常. 生物化学与生物物理进展, 2013, 40(9): 816-825.

[9] 孙尚拱, 潘恩沛. 实用判别分析. 科学出版社, 1990.

[10] 孙山泽. 缺失数据统计分析. 中国统计出版社, 2004.

[11] 孙振球, 徐勇勇. 医学统计学. 2 版. 人民卫生出版社, 2006.

[12] 汤银才. R 语言与统计分析. 高等教育出版社, 2008.

[13] 王静龙. 多元统计分析. 科学出版社, 2008.

[14] 王松桂, 史建红, 尹素菊, 吴密霞. 线性模型引论. 科学出版社, 2004.

[15] 王松桂, 吴密霞, 贾忠贞. 矩阵不等式. 2 版. 科学出版社, 2006.

[16] 王学仁, 王松桂. 实用多元统计分析. 上海科学技术出版社, 1990.

[17] 吴密霞. 线性混合效应模型引论. 科学出版社, 2013.

[18] 薛毅, 陈立萍. R 统计建模和 R 软件. 清华大学出版社, 2007.

[19] 杨振海, 程维虎, 张军舰. 拟合优度检验. 科学出版社, 2011.

[20] 杨振海. 随机估计及 VDR 检验. 高等教育出版社, 2014.

[21] 张尧庭, 方开泰. 多元统计分析引论. 科学出版社, 2003.

[22] Akaike H. Factor analysis and AIC. Psychmetrika, 1987, 52: 317-332.

[23] Amemiya Y, Anderson T W. Asympototic chi-square testss for a large class of factor analysis models. Ann. Statist., 1990, 16: 147-160.

[24] Anderson T W. Maximum likelihood estimates for a multivariate normal distribution when some observations are missing. J. Amer. Stat. Assoc., 1957, 52: 200-203.

[25] Anderson T W. An Introduction to Multivariate Statistical Analysis. New York: Wiley, 1958.

[26] Anderson T W. Asymptotic theory for principal component analysis. Ann. Math. Statist., 1963.

[27] Anderson T W. An Interoduction to Multivariate Statistical Analysis. 2nd Edition. New York: Wiley, 1984.

[28] Anderson T W, Olkin I. Maximum-likelihood estimation of the parameters of a multivariate normal distribution. Linear Algebra Appl., 1985, 70: 147-171.

[29] Atkinson A C. Fast very robust methods for the detection of multiple outliers. J.

Amer. Stat. Assoc., 1994, 89: 1329-1339.

[30] Bai Z, Saranadasa H. Effectof high dimension:by an example of a two sample problem. Statistica Sinica, 1996, 6: 311-329.

[31] Barnett V, Lewis T. Outliers in Statistical Data. 2d ed.. New York: John Wiley & Sons, 1984.

[32] Barnett V. Probability ploting methods and order statistics. J. R. Statist. Soc. C., 1975, 24: 45-108.

[33] Bartlett M S. The vector representation of a sample. Proc. Roy. Soc. of Edinburgh, 1934.

[34] Bartlett M S. Properties of sufficiency and statistical tests. Proc. Royal Statist. Soc., Series A. 1937, 160: 268-282.

[35] Bartlett M S. Methods of estimating mental factors. Nature, 1938, 141: 609-610.

[36] Bartlett M S. An inverse matrix adjustment arising in discriminant analysis. Ann. Math. Stat. 1951, 22: 107-111.

[37] Basickes S. On parameter estimation and hypothesis tests for mean vectors with incompete multivariate data. Ph.D. dissertation, University of Pennsylvania, Philadelphia, 1972.

[38] Bhargava R P. Multivariate tests of hypothese with incomplete data. Technical report No. 3, Applied Mathematics and Statistics Laboratories, Stanford University, Stanford, CA.

[39] Box G E P. Problems in the analysis of growth and wear curves. Biometrics, 1950, 6: 362-389.

[40] Box G E P, Draper N R. Evolutionary Operation: A Statistical Method for Process Improvement. New York: John Wiley, 1969.

[41] Cai T, Liu W D, Xia Y. Supplement to 'Two-sample covariance matrix testing and support recovery'. Technical report, 2011.

[42] Chang W Y, Romer M. Finite-sample inference with monotone incomplete multivariate normal data, I. J. Multivariate Anal., 2009, 100: 1883-1899.

[43] Chang W Y, Romer M. Finite-sample inference with monotone incomplete multivariate normal data, II. J. Multivariate Anal., 2010, 101: 603-620.

[44] Chmielewski M A. Elliptically symmetric distribution: a review and bibliography. International Statistical Review, 1981, 49: 67-74.

[45] David H A. Order Statistics. 2nd Edition. New York: John Wiley & Sons, 1981.

[46] Davis A W. Percentile approximations for a class of likelihood ratio criteria. Biometrika, 1971, 27: 349-356.

[47] Diday E. Recent progress in distance and similarity measures in pattern recognition. Second International Joint Conference on Pattern Recognition, 1974: 1535-1539.

[48] Duson D B. Efficient Bayesian model averaging in factor analysis. ISDS Discussion

Paper. Duke University, 2006.
[49] Elashoff R M, Afifi A A. Missing values in multivariate statistic-I. review of the literature. J. Amer. Stat. Assoc., 1966, 61: 595-604.
[50] Filliben J J. The probability plot correlation coefficient test for normality. Technometrics, 1975, 17: 111-117.
[51] Fisher R A. Frequency distribution of the values of the correlation coefficient in samples of an indefinitely large population. Biometrika, 1915, 110 (4): 507-521.
[52] Fisher R A. On the 'probable error' of a coefficient of correlation deduced from a small sample. Metron 1921, 1: 3-32.
[53] Fokoue E. Bayesian computation of the intrinsic structure of factor analytic models. J. Data. Sci., 2009, 7: 285-311.
[54] Gayen A K. The frequency distribution of the product-moment correlation coefficient in random samples of any size drawn from non-normal universes. Biometrika, 1951, 38 (1/2): 219-247.
[55] Gilbert E S. The effect of the unequal variance-covariance matrices on Fisher's linear discriminant function. Biometrics, 1969, 25: 505-515.
[56] Glynn W J, Muirhead R J. Inference in canonical correlation analysis. J. Multivariate Anal., 1978, 8: 468-478.
[57] Gnanadesikan R. Methods for Statistical Data Analysis of Multivariate Observations. Wiley, 1977.
[58] Gnanadesikan R. Methods for Statistical Data Analysis of Multivariate Observations. 2nd ed. Wiley, 1997.
[59] Hadi A S. Indentifying multiple outliers in mulitivariate data. J. R. Statist. Soc. B., 1992, 54: 761-771.
[60] Hardle W K, Simar L. Applied Multivariate Statistical Analysis. 3rd ed.. Springer, 2012.
[61] Hartley H O, Hocking R. The analysis of incomplete data. Biometrics, 1971, 27: 783-823.
[62] Hartman P, Wintner A. On the spherical approach to the normal distribution law. Am. J. Math., 1940, 62: 759-779.
[63] Hawkins D L. Using U statistics to derive the asymptotic distribution of Fisher's Z statistic. Amer. Statistician, 1989, 43 (4): 235-237.
[64] Hotelling H. The generalization of Student's ratio. Ann.Math. Statist, 1931, 2: 360-378.
[65] Hotelling H. Relations of between two sets of variates. Biometrika, 1936, 28: 321-377.
[66] Hotelling H. New light on the correlation coefficient and its transforms. J. R. Stat. Soc., Series B, 1953, 15 (2): 193-225.
[67] Ip W C, Wu M X, Wang S G, Wong H. Estimation for parameters of interest in

random effects growth curve models. J. Multivariate Anal., 2007, 98: 317-327.

[68] Johnson D E. Applied Multivariate Methods for Data Analysts. 影印版. 高等教育出版社, 2005.

[69] Johnson N L, Kotz S, Balakrishnan N. Continuous Univariate Distributions (Vol. 2). 2nd Edition. New York: John Wiley, 1995.

[70] Johnson R, Wichern D. Applied Multivaiate Statistical Analysis. 6th Edition. Pearson Education Inc, 2007.

[71] Kaiser H F. The varimax criterion for analytic rotation in factor analysis. Psychometrika, 1958, 23: 187-200.

[72] Khatri C G, Srivastava M S. On exact non-null distributions of likelihood ratio criteria for sphericity test and equality of two covariance matrices. Sankhyā A, 1971, 33: 201-206.

[73] Kanda T, Fujikoshi Y. Some basic properties of the MLE's for a multivariate normal distribution with monotone missing data. Amer. J. Math. Manag. Sci., 1998, 18: 161-190.

[74] Katayamaa S, Kanoa Y, Srivastava M S. Asymptotic distributions of some test criteria for the mean vector with fewer observations than the dimension. J. Multivariate Anal., 2013, 116: 410-421.

[75] Korin B P. On the distribution of a statistic used for testing a covariance matrix. Biometrika, 1968, 55: 171-178.

[76] Krishnamoorthy K, Xia Y. Inference on correlation coefficients: one-sample, independent and correlated case. J. Stat. Plan. Infer., 2007, 137: 2362-2379.

[77] Krishnamoorthy K. Comparison of confidence intervals forcorrelation coefficients based on incomplete monotone samples and those based on listwise deletion. J. Multivariate. Anal., 2013, 114: 378-388.

[78] Kshirsagar A M. Multivariate Analysis. New York: Marcell Dekker, 1972.

[79] Lawley D N. The estimation of factor loadings by the method of maximum likelihood. Proc. R. Soc. Edinburgh, A, 1940, 60: 64-82.

[80] Lawley D N. Further investigations in factor estimation. Proc. R. Soc. Edinburgh, Section A, 1942, 61(02): 176-185.

[81] Lawley D N. The application of the maximum likelihood method to factor analysis. Br. J. Psychol., 1943, 33: 172-175.

[82] Lee S Y, Song X Y. Bayesian selection on the number of factors in a factor analysis model. Behaviormetrika, 2002, 29: 23-40.

[83] Little R J A, Rubin D B. Statistical Analysis with Missing Data. 2nd ed. New York: Wiley, 2002.

[84] Looney S W. How to use tests for univariate normality to assess multivatiate normality. Am. Stat., 1995, 49: 223-231.

[85] Lopes H, West M. Bayesian model assessment in factor analysis. Statistica Sinica, 2004, 14: 41-67.
[86] Kshirsagar A M, Smith W B. Growth Curves. New York: Marcel Dekker Inc., 1995.
[87] Mardia K V, Kent J T, Bibby J M. Multivariate Analysis. New York: Academic Press, 1979.
[88] Marks S, Dunn O J. Discriminant functions when covariance matrices are unequal. J. AM. Stat. Assoc., 1974, 69: 555-559.
[89] Mauchly J W. Significance test for sphericity of a normal n-variate distribution. Ann. Math. Statist., 1940: 204-209.
[90] Maxwell J C. Illustration of the dynamical theory of gases-Part I. On the motionsand collisions of perfectly elastic bodies. Taylor's Philos. Mag., 1960, 19: 19-32.
[91] Mikovich J F, Afifi A A. On tests for mulitivariate normality. J.Amer. Stat. Assoc., 1973, 68: 176-179.
[92] Morrison D F. Multivariate Statistical Methods. Thomson Brooks/Cole, 2005.
[93] Muirhead R J. Aspects of Multivariate Statistical Theory. New York: Wiley, 1982.
[94] Rao C R. An asymptotic expansion of the distribution of Wilks's criterion. B. International. Stat. Institute, 1951, 33: 177-180.
[95] Romer M, Yamada T. The Stein phenomenon for monotone incomplete multivariate normal data. J. Multivariate Anal., 2010, 101: 657-678.
[96] Rousseeuw P J, Leroy A. Robust Regression and Outlier Detection. New York: John Wiley & Sons, 1987.
[97] Schott J R. A test for the equality of covariance matrices when the dimension is large relative to the sample sizes. Comput. Stat. Data An., 2007, 51: 6535-6542.
[98] Schwarz G E. Estimating the dimension of a model. Ann. statist., 1978, 6(2): 461-464.
[99] Searle S R, Casella G and McCulloch C E. Variance Components. New York: Wiley, 1992.
[100] Seber G A F. Multivariate Observations. New York: John Wiley & Sons, 1984.
[101] Seo T, Srivastava M S. Testing equality of means and simultaneous confidence intervals in repeated measures with missing data. Biometrical J., 2000, 42: 981-993.
[102] Shapiro S S, Wilk M B. An analysisi of variance test for normality (complete samples). Biometrika, 1965, 52: 591-611.
[103] Srivastava M S, Du M. A test for the mean vector with fewer observations than the dimension. J. Multivariate Analy., 2008, 99:386-402.
[104] Srivastava M S and Carter E M. The maximum likelihood method for non-response in sample survey. Survey Methodology, 1986, 12: 61-72.
[105] Szatroski T H. Necessary and sufficient conditions for explicit solutions in the multivariate normal estimation problem for patterned means and covariances. Ann. statist., 1980, 8: 802-810.

[106] Srivastava M S, Yanagihara H. Testing the equality of several covariance matrices with fewer observations than the dimension. J. Multivariate Anal., 2010, 101: 1319-1329.

[107] Sugiura N, Nagao H. Unbiasedness of some test criteria for the quality of one or two covariance matrices. Ann. Math. Statist., 1968, 39: 1686-1692.

[108] Seo T, Kikuchi J, Koizumi K. On simultaneous confidence intervals for all contracts in the means of the intraclass correlation model with missing data. J. Multivariate. Anal., 2006, 97: 1976-1983.

[109] Timm N H. The estimation of variance-covariance and correlation matricesfrom incomplete data. Psychometrika, 1970, 35: 417-437.

[110] Wilks S S. Certain generalizations in the analysis of variance. Biometrika, 1932, 24: 471-294.

[111] Wilks S S. Moments and distributions of estimates of population parameters from fragmentary samples. Ann. Math. Stat., 1932, 3: 163-195.

[112] Wilks S S. On the independence of k sets of normally distributed statistical variable. Econometrica, 1935, 3: 309-326.

[113] Wu M X, Yu K F. Remarks on between estimator in the intraclass correlation model with missing data. J. Multivariate Anal., 2008, 99(10): 2444-2452.

[114] Wu M X, Yu K F, Liu A. Exact inference on contrasts in means of the intraclass correlation model with missing data. J. Multivariate Anal., 2009, 100(2): 301-308.

[115] Yang Z H, Fang K T, Juan L J. A characterization of multivariate normal distribution and its application. Stat. Probab. Lett., 1997, 30: 347-352.

[116] Yao Y. An approximate degrees of freedom solution to the multivariate Behrens-Fisher Problem. Biometrika, 1965, 52: 139-147.

附录 A　因子分析例子的 R 程序

一、因子分析的主因子分析法 R 程序

```
names<-c("30年","20年","10年","5年","1年")
R<-matrix(0,nrow=5,ncol=5,dimnames=list(names,names)) for(i in
1:5){
 for(j in 1:i){
  R[i,j]<-X[(i-1)*i/2+j]
  R[j,i]<-R[i,j]
  }
 }                              ##将X转换为对称的相关矩阵
source("factor.analy1.R")    ###调用因子分析的主成分法的R程序
fa<-factor.analy1(R,m=2)     ###主成分分析结果赋给fa
fa   ####以上为主因子分析的程序
######以下为主因子法的调用程序
d<-c(0.12,0.15,0.09,0.05,0.07) ###特殊方差的估计值
source("factor.analy2.R")    ###调用因子法的R程序
fb<-factor.analy2(R,m=2,d)
fb
#####以下为极大似然法的调用程序
source("factor.analy3.R")    ###调用极大似然法的R程序
fc<-factor.analy3(R,m=2,d)
fc
#####以下为主因子法计算方差最大的正交旋转
source("factor.analy.R")
fd<-factor.analy(R,m=2,method="princomp")
vm1<-varimax(fd$loadings,normalize=F)
vm1
```

二、因子分析的主成分分析法 R 程序

```
factor.analy1<-function(S, m){
p<-nrow(S); diag_S<-diag(S); sum_rank<-sum(diag_S);
rowname<-paste("X", 1:p, sep="")
colname<-paste("Factor", 1:m, sep="");
```

```
A<-matrix(0, nrow=p, ncol=m,
dimnames=list(rowname, colname))
eig<-eigen(S)
for (i in 1:m)
A[,i]<-sqrt(eig$values[i])*eig$vectors[,i]
h<-diag(A%*%t(A))
rowname<-c("SS loadings","Proportion Var","Cumulative Var")
B<-matrix(0, nrow=3, ncol=m,
dimnames=list(rowname, colname))
for (i in 1:m){
B[1,i]<-sum(A[,i]^2)
B[2,i]<-B[1,i]/sum_rank
B[3,i]<-sum(B[1,1:i])/sum_rank
}
method<-c("Principal Component Method")
list(method=method, loadings=A,
var=cbind(common=h, spcific=diag_S-h), B=B)
}
```

三、主成分分析的因子法 R 程序

```
factor.analy2<-function(R, m, d){
p<-nrow(R); diag_R<-diag(R); sum_rank<-sum(diag_R)
rowname<-paste("X", 1:p, sep="")
colname<-paste("Factor", 1:m, sep="")
A<-matrix(0, nrow=p, ncol=m,
dimnames=list(rowname, colname))
kmax=20; k<-1; h <- diag_R-d
repeat{
diag(R)<- h; h1<-h; eig<-eigen(R)
for (i in 1:m)
A[,i]<-sqrt(eig$values[i])*eig$vectors[,i]
h<-diag(A %*% t(A))
if ((sqrt(sum((h-h1)^2))<1e-4)|k==kmax) break
k<-k+1
}
```

```
rowname<-c("SS loadings","Proportion Var","Cumulative Var")
B<-matrix(0, nrow=3, ncol=m,
dimnames=list(rowname, colname))
for (i in 1:m){
B[1,i]<-sum(A[,i]^2)
B[2,i]<-B[1,i]/sum_rank
B[3,i]<-sum(B[1,1:i])/sum_rank
}
method<-c("Principal Factor Method")
list(method=method, loadings=A,
var=cbind(common=h,spcific=diag_R-h),B=B,iterative=k)
```

四、主成分的极大似然法的 R 程序

```
factor.analy3<-function(S, m, d){
p<-nrow(S); diag_S<-diag(S); sum_rank<-sum(diag_S)
rowname<-paste("X", 1:p, sep="")
colname<-paste("Factor", 1:m, sep="")
A<-matrix(0, nrow=p, ncol=m,
dimnames=list(rowname, colname))
kmax=20; k<-1
repeat{
d1<-d; d2<-1/sqrt(d); eig<-eigen(S * (d2 %o% d2))
for (i in 1:m)
A[,i]<-sqrt(eig$values[i]-1)*eig$vectors[,i]
A<-diag(sqrt(d)) %*% A
d<-diag(S-A%*%t(A))
if ((sqrt(sum((d-d1)^2))<1e-4)|k==kmax) break
k<-k+1
}
rowname<-c("SS loadings","Proportion Var","Cumulative Var")
B<-matrix(0, nrow=3, ncol=m,
dimnames=list(rowname, colname))
for (i in 1:m){
B[1,i]<-sum(A[,i]^2)
B[2,i]<-B[1,i]/sum_rank
```

```
B[3,i]<-sum(B[1,1:i])/sum_rank
}
method<-c("Maximum Likelihood Method")
list(method=method, loadings=A,
var=cbind(common=diag_S-d, spcific=d),B=B,iterative=k)
```

五、主因子法计算方差最大的正交旋转 R 程序

```
 factor.analy<-function(S, m=0,
d=1/diag(solve(S)), method="likelihood"){
if (m==0){
p<-nrow(X); eig<-eigen(S)
sum_eig<-sum(diag(S))
for (i in 1:p){
if (sum(eig$values[1:i])/sum_eig>0.70){
m<-i; break
}
}
}
source("factor.analy1.R"); source("factor.analy2.R")
source("factor.analy3.R")
switch(method,
princomp=factor.analy1(S, m),
factor=factor.analy2(S, m, d),
likelihood=factor.analy3(S, m, d)
)
}
```

附录 B　聚类分析例子的 R 程序

一、鸢尾花数据的四种系统聚类分析 (最短距离、最长距离、中间距离、Ward 方法) 的谱系聚类图的 R 程序

```
data(iris)
attach(iris)
names(iris)
library(MASS)
iris.hc1<-hclust(dist(iris[,1:4]), "single")
iris.hc2<-hclust(dist(iris[,1:4]), "complete")
iris.hc3<-hclust(dist(iris[,1:4]), "median")
iris.hc4<-hclust(dist(iris[,1:4]), "ward")
opar<-par(mfrow=c(2, 2))
plot(iris.hc1, hang = -1)
plot(iris.hc2, hang = -1)
plot(iris.hc3, hang = -1)
plot(iris.hc4, hang = -1)
par(opar)
```

二、鸢尾花数据应用最长距离系统聚类分析的谱系聚类图以及分类情况的 R 程序

```
data(iris)
attach(iris)
names(iris)
library(MASS)
iris.hc<-hclust(dist(iris[,1:4]))
plclust(iris.hc,labels = FALSE, hang=-1)
re<-rect.hclust(iris.hc,k=3)
iris.id <- cutree(iris.hc,3)
table(iris.id,Species)
```

三、鸢尾花数据应用 K 均值快速聚类的 R 程序

```
newiris <- iris;
newiris$Species <- NULL;            #####对训练数据去掉分类标记
```

```
kc <- kmeans(newiris, 3);             #####分类模型训练
fitted(kc);                           #####具体分类情况
table(kc$cluster, iris$Species); #####查看分类


#####聚类结果可视化
plot(newiris[c("Sepal.Length", "Sepal.Width")],
 col = kc$cluster, pch =as.integer(iris$Species));
points(kc$centers[,c("Sepal.Length", "Sepal.Width")],
 col = 1:3, pch = 8, cex=2);
```

K 均值快速聚类的 R 程序参见网页 http://blog.csdn.net/yucan1001/article/details/23123043.

索　　引

B

贝叶斯判别, 155-157
并交检验, 66, 68, 70
并交原理, 70

C

充分完备统计量, 14
错判概率, 159, 161, 162

D

单调缺失模式, 63, 65, 97, 100
典型相关变量, 140, 142
典型相关分析, 137, 139
典型相关系数, 138, 140-143
典型相关向量, 140, 142
典则相关系数, 141
动态聚类, 174, 181
多元统计分析, 1, 4
多元正态性检验, 28

E

二次函数判别函数, 149

F

方差最大 (varimax) 法, 127
非单调缺失模式, 65
分块矩阵的逆, 11
分块矩阵的行列式, 11
峰度检验, 27
复相关系数, 137

G

公共因子, 120, 126, 129, 131
广义方差, 43
广义枢轴量, 65

J

极大似然法, 122, 126
极大似然估计, 14, 53, 54, 60, 63,65, 98, 99, 114, 115, 143
极大似然判别, 153
交叉验证法, 161
经验分布, 25
矩阵谱分解, 9
距离判别, 155
绝对距离, 169
均值对照, 65

L

累计贡献率, 113, 116, 126, 127

M

马氏距离, 27, 76, 77

N

逆 Wishart 分布, 43

O

欧氏 (Euclidean) 距离, 169

P

偏度检验, 27

Q

奇异值分解, 10, 139
球形分布, 29
缺失数据, 63, 97

S

顺序统计量, 25, 27
似然比检验, 66, 68
随机缺失, 63, 97

T

特殊因子, 120, 123, 125, 130, 132,136
特征函数, 22,24
椭球等高分布, 28, 29

X

系统聚类, 174, 177, 181
线性变换, 16
线性判别函数, 149

Y

样本典型相关变量, 143
样本广义方差, 43, 44, 47
样本相关系数, 35, 36, 60
样本主成分, 114
一元统计分析, 1, 2
异常值, 76
因子得分, 131
因子分析, 129, 135, 136
因子分析模型, 120, 122, 124, 129
因子旋转, 127, 128
因子载荷矩阵, 120, 126, 128, 129

Z

正交变换, 16, 29
正交旋转法, 127
正交旋转方差最大法, 127, 128
正态变换, 28
正态性的检验, 17, 18
正态性检验, 17, 18
指数型分布族, 14
主成分, 111-113
主成分法, 122, 123, 126, 127
主成分分析, 111, 112, 136
主因子法, 122, 125, 127
最小方差无偏估计, MVUE, 14

其他

χ^2- 分布, 27, 30
AIC 信息量准则, 130
Bartlett 分解, 33, 44
Bartlett 因子得分, 131, 132, 135
beta 分布, 28
Blackwell-Rao-Lehmann-Scheffe 定理, 14
Box-Cox 变换, 28
Cauchy-Schwarz 不等式, 71
Cholesky 分解, 8, 31
EM 算法, 65
Fisher 线性判别, 153-155
Fisher-z 变换, 62
Hotelling-T^2 统计量, 45
James-Stein 估计, 56
K- 均值聚类 174, 181, 182, 184, 185
Q-Q 散点图, 25, 26, 28
Raylaigh-Ritz 定理, 111, 138
Schmidt 三角化分解, 7-9
Schmidt 正交化, 31
Shapiro 和 Wilk W 检验, 27
Shapiro-Wilk 统计量, 27
Slutsky 定理, 44, 45, 62
Thompson 因子得分, 131, 133, 135
Wishart 分布, 30, 36, 42, 43, 45
Wishart 阵, 103, 105